Schmitt-Egenolf · Kommunikation und Computer

Andreas Schmitt-Egenolf

KOMMUNIKATION UND COMPUTER

Trends und Perspektiven der Telematik

GABLER

CIP-Titelaufnahme der Deutschen Bibliothek

Schmitt-Egenolf, Andreas:
Kommunikation und Computer: Trends und Perspektiven der Telematik / Andreas Schmitt-Egenolf. – Wiesbaden: Gabler, 1990

Der Gabler Verlag ist ein Unternehmen der Verlagsgruppe Bertelsmann International.

© Betriebswirtschaftlicher Verlag Dr. Th. Gabler GmbH, Wiesbaden 1990
Softcover reprint of the hardcover 1st edition 1990
Lektorat: Ulrike M. Vetter

Umschlaggestaltung: Schrimpf und Partner, Wiesbaden
Satz: Satzstudio RESchulz, Dreieich-Buchschlag
Druck: Wilhelm & Adam, Heusenstamm
Buchbinder: Osswald, Neustadt
ISBN-13: 978-3-409-18901-9   e-ISBN-13: 978-3-322-83915-2
DOI: 10.1007/978-3-322-83915-2

Ich danke Herrn Prof. Dr. Hans Mathias Kepplinger,
dessen Anregungen und dessen Kritik mir eine große Hilfe
beim Verfassen dieses Buches waren.

Andreas Schmitt-Egenolf

Inhaltsübersicht

Inhaltsverzeichnis

X

Vorwort

Kaum jemand überblickt heute auch nur die wichtigsten gesellschafts-
politischen Entwicklungen vollständig. Zentrale Fragen wie zum Beispiel die Weichenstellung in der Wirtschafts- und Finanzpolitik, Ener-
giepolitik, Rüstungspolitik oder bei Gentechnologie und Umwelt-
schutz werden in einem Nebel aus Halbwissen, Emotionen, Vor- und
Pauschalurteilen diskutiert.

Solche wichtigen Themen mit derart weitreichender Bedeutung bedürfen jedoch klarer Entscheidungen; — Entscheidungen, die ein höchst-
mögliches Maß an gesellschaftlicher Konsensfähigkeit und sachlicher
Angemessenheit in sich vereinen.

In einer Demokratie müssen solche Entscheidungen von der Gesamt-
gesellschaft getroffen und mitgetragen werden. Es ist deshalb ganz besonders wichtig, im Vorfeld der Entscheidungen Informationen anzubieten, welche die jeweilige Diskussion auf eine sachliche Grundlage
stellen. Deshalb braucht die Diskussion selbst durchaus nicht weniger
intensiv und kontrovers zu werden. Es geht also um die Versachlichung
gesellschaftlicher Entscheidungsprozesse durch Information.

Genau das wird in diesem Buch versucht: die umfassende Darstellung
der grundlegenden Entwicklungen eines zentralen Bereiches mit ge-
samtgesellschaftlichem Handlungsbedarf. Es ist ein Bereich, der gekennzeichnet ist durch rasante technische, wirtschaftliche und ordnungspolitische Fortschritte, so daß es noch nicht einmal eine einheitliche Bezeichnung für dieses Phänomen gibt: man spricht von der „Informatisierung der Gesellschaft", den „Neuen Informations- und
Kommunikationstechniken", man spricht von der „Telematik" und
der „Compunication". Gemeint ist in jedem Fall die sprunghafte Entwicklung gesellschaftlicher Kommunikation und Computerisierung.

Täglich werden wir mit neuen Erfolgsmeldungen aus diesem Gebiet
überschüttet. Es werden neue, leistungsfähigere Computerchips entwickelt (Megachips), immer neue Computergenerationen werden aus-
gerufen (Computer der 5. Generation), neue Kommunikationstechni-

ken entstehen, und die entsprechenden Kommunikationsnetze werden aufgebaut (Glasfaser, Satelliten, digitaler Mobilfunk). Im Alltag erleben wir, daß Gebrauchsgegenstände mit Computersteuerungen versehen werden, auf die wir uns einstellen müssen. Computer und computergesteuerte Roboter begegnen uns am Arbeitsplatz. Viele gesellschaftliche Kommunikationsinhalte werden von den neuen Computer- und Kommunikationstechniken beeinflußt: Computermusik, Computergrafik und Computeranimationen (= Bewegtbilder) begegnen uns täglich.

Niemand zweifelt daran, daß alle diese Entwicklungen im Bereich Computertechnik (oder Mikroelektronik) und Kommunikationstechnologie einen starken Einfluß auf die Weiterentwicklung unserer Gesellschaft haben werden. Viele Teilstücke der Telematik – um diesen Ausdruck zu verwenden – werden bereits intensiv und kontrovers diskutiert, so zum Beispiel die Rationalisierungseffekte von Computer- und Robotertechnik, die ordnungspolitische Neustrukturierung des Telekommunikationswesens (Postreform) oder Datenschutzfragen. Bei diesen Diskussionen fehlt jedoch weitgehend das Verständnis des übergreifenden Zusammenhangs technischer, wirtschaftlicher und gesellschaftlicher Entwicklungen. Dieses Verständnis ist notwendig für die gesamtgesellschaftliche Entscheidung darüber, welche Entwicklungen forciert und welche eventuell kritisch beobachtet werden sollten.

In diesem Buch wird also der Versuch gemacht, die relevanten technischen, wirtschaftlichen und ordnungspolitischen Entwicklungen der Telematik zu beschreiben sowie die zentralen Zusammenhänge herauszuarbeiten. Die Ausführungen beziehen sich weitgehend auf die Bundesrepublik Deutschland, sind jedoch zu einem großen Teil allgemeingültig für die hochentwickelten Industrienationen in aller Welt.

Hier vorweg eine grobe Auflistung der zentralen Aussagen und Kernthesen des Buches. Anhand dieser Kernthesen kann die Fülle der Informationen von vorneherein besser aufgenommen und eingeordnet werden. Das Buch ist im übrigen nicht unbedingt darauf ausgelegt, vollständig und chronologisch durchgearbeitet zu werden. Anhand des

XVI

Stichwortverzeichnisses können vielmehr ganz gezielt spezifische Einzelinformationen und Zusammenhänge abgerufen werden. Insoweit ist das Buch durchaus als ein spezifisches Nachschlagewerk zu gebrauchen, zumal das Entwicklungsspektrum der Telematik auf einer sehr breiten Ebene geschildert wird.

- Der politische, wirtschaftliche und soziale Fortschritt einer Gesellschaft ist wechselseitig eng verknüpft mit der Qualität und der Quantität der Kommunikationsmöglichkeiten, die dieser Gesellschaft zur Verfügung stehen.

- Die Kommunikationstechnik hat in den vergangenen 150 Jahren gewaltige Entwicklungssprünge gemacht.

- Noch dramatischere Fortschritte hat innerhalb der letzten 50 Jahre die Computertechnik beziehungsweise Mikroelektronik gemacht.

- Die Kombination und die Verschmelzung dieser beiden Technologien schaffen völlig neue Grundlagen für die gesellschaftliche Kommunikation und damit für die gesellschaftliche Weiterentwicklung insgesamt.

- Eine von mehreren möglichen Bezeichnungen für diese Kombination von Kommunikationstechnik und Mikroelektronik ist „Telematik" (für „Telekommunikation + Informatik").

- Die letztendlichen Auswirkungen der Telematik auf die Gesellschaft und deren Teilbereiche wie Wirtschaft, politisches System oder soziale Struktur sind im Einzelnen noch nicht präzise absehbar. Vieles hängt hier auch von der sozialen Akzeptanz neuer Technologien ab.

- Die Auswirkungen werden in jedem Fall sehr stark sein. Die Begriffe, mit denen in der Literatur und auch in der Politik operiert wird, zeigen, daß ganz erhebliche gesamtgesellschaftliche Umstrukturierungen erwartet werden. So spricht man zum Beispiel von der dritten industriellen *Revolution* oder auch von einem völlig neuen Gesellschaftstyp, der postindustriellen (Informations-) Gesellschaft.

- Das Zusammenwachsen von Kommunikationstechnik und Mikroelektronik bewirkt letztendlich, daß immer größere Daten- beziehungsweise Informationsmengen in immer kürzerer Zeit über immer engmaschiger werdende Netze praktisch beliebig übertragen
  werden können.

- Voraussetzung für diese totale Übertragbarkeit von Informationen
  ist die Aufbereitung der Informationen in computerlesbarer Form
  (Digitalisierung). Jede Art von Information kann digitalisiert werden; so zum Beispiel schriftliche und grafische, akustische und audiovisuelle oder auch thermische und gestalthafte Informationen.
  Digitalisierte Informationen können durch Computer beliebig verarbeitet, also verändert werden.

- Diese mehr und mehr perfekte Verfügbarkeit von Information
  wird alle Bereich der Gesellschaft beeinflussen. Hier nur einige Beispiele für denkbare Auswirkungen:

- In der Wirtschaft werden Logistik und Produktion immer weiter
  automatisiert, Kunden können über Telematiknetze in den Produktionsprozeß eingreifen, das Ende der Massenproduktion ist in
  Sicht. Neue Technologien schaffen ein riesiges Rationalisierungspotential. Telematiknetze ermöglichen die perfekte Ausschöpfung
  des Gebrauchswertes aller Produkte über Gebrauchtwaren-
  Datenbanken.

- Die klassischen Massenmedien werden an Bedeutung verlieren,
  weil eine Vielzahl neuer, teilweise individueller Kommunikationskanäle entstehen wird. Es wird Telematikdienstleistungen geben,
  die in ihrem Erscheinungsbild und in den Aktionsmöglichkeiten,
  die sie gewähren, faszinierend nahe an die Realität reichen.

- Die gesellschaftlichen Kommunikationskanäle werden in den demokratischen Systemen immer weniger überschaubar und sind so
  gut wie überhaupt nicht inhaltlich kontrollierbar. Das kann erhebliche Auswirkungen auf die gesellschaftliche Willensbildung haben
  und damit auf die konkrete Ausgestaltung des politischen Her-
  rschaftssystems. In totalitären Systemen kann mit Hilfe der Tele-

matik theoretisch auch ein immer perfekterer Überwachungsstaat
aufgebaut werden.

Dieses Buch ist eine Bestandsaufnahme des gegenwärtigen Entwicklungsstandes der Telematik in der Bundesrepublik Deutschland. Aus
den historischen Wurzeln heraus werden die bereits heute beein-
druckenden Möglichkeiten der Telematik beschrieben. Mögliche zukünftige Entwicklungen werden untersucht. Es werden neue Schluß-
folgerungen gezogen, und viele neue Fragen werden aufgeworfen. Wer
den einen oder anderen Abschnitt dieses Buches aufmerksam gelesen
hat, wird einer Vielzahl von neuen Entwicklungen mit ganz neuem
Verständnis gegenüberstehen.

Wiesbaden, im Januar 1990   *Andreas Schmitt-Egenolf*

1. Einleitung

Die menschliche Fähigkeit zur Kommunikation mit Symbolen oder Zeichen ist unmittelbare Voraussetzung für jede kulturelle und zivilisatorische Entwicklung.[1] Nur durch das Symbolsystem Sprache war die Überlieferung von mythologischen oder stammesgeschichtlichen Inhalten möglich. Diese bilden die Voraussetzung eines kollektiven Bewußtseins und damit des Aufbaues jeglicher Kultur.[2] Gleichzeitig ermöglichte die Sprache die Weitergabe, Systematisierung und Ergänzung von technisch-zivilisatorischen Kenntnissen und Fertigkeiten, die wiederum die menschlichen Kommunikationsmöglichkeiten selbst massiv beeinflußten.

So wurde die Sprache als Medium und das menschliche Gehirn als (subjektiver, wenig genauer) Speicher von Kommunikationsinhalten im Lauf der Menschheitsgeschichte ergänzt durch immer leistungsfähigere Kommunikationsträger. Die Erfindung der Schrift ermöglichte erstmals die unveränderte Konservierung von Kommunikationsinhalten über viele Generationen hinweg und verstärkte so die integrative sowie innovative Kraft der Kommunikation. Freilich beherrschten über Jahrtausende nur kleine gesellschaftliche Machteliten die Kunst des Lesens und Schreibens, und auch die ersten geographisch weiträumigen Kommunikationsnetze waren fest in der Hand der Herrschenden. Ob persische Stafettensysteme, ob römische Boten auf dem cursus publicus, ob Briefverkehr zwischen mittelalterlichen Klöstern und Universitäten, immer waren es kleine, mächtige Eliten, die die Kontrolle über solche Systeme ausübten und den Nutzen aus dadurch verfügbaren Informationen zogen.[3]

Die Erfindung der Schrift wurde interessanterweise in verschiedenen antiken Kulturen unabhängig voneinander gemacht. Dies weist auf einen generellen positiven Zusammenhang zwischen Komplexität von Gesellschaft und deren Kommunikationstechniken hin. Der nächste kommunikationstechnische Quantensprung war die Erfindung des Buchdrucks mit beweglichen Lettern aus Metall durch Johann Gutenberg um 1440. Hier wurde die technische Voraussetzung geschaffen für eine Teilnahme der Gesamtbevölkerung am kulturellen Erbe und an der gesellschaftlichen Kommunikation. Einer Herstellung von beliebigem Schriftgut in kaum begrenzter Auflage stand nun technisch nichts mehr im Wege. Das Massenmedium Presse im heutigen Sinn kam jedoch erst Jahrhunderte später auf, wahrscheinlich in erster Linie deshalb, weil die vorhandenen sozialen und ökonomischen Strukturen der Agrargesellschaft keiner gebildeten und informierten Bevölkerung bedurften.[4] Darüber hinaus erlaubten diese Strukturen den Machteliten weitgehend, auch dieses neue Medium zu kontrollieren. Das geschah in Form von Konzessionierung, Zensur sowie diversen Prüf- und Verbotsmaßnahmen.[5]

Die Strukturen der Agrargesellschaften Europas wurden in den letzten zwei- bis dreihundert Jahren von der industriellen Revolution aufgebrochen. Die industrielle Gesellschaft brauchte eine durch entsprechende Sozialisation, unter anderem im hierzu errichteten Schulsystem, disziplinierte Bevölkerung, die in immer komplexer werdenden industriellen Produktionsabläufen Qualifikationen wie Lese- und Rechtschreibungskenntnisse haben mußte.[6] Gesellschaftliche Demokratisierungstendenzen und schließlich die Etablierung der repräsentativen Demokratie als Herrschaftsform, eher Folgen als Ursachen dieser Entwicklung, machten eine Liberalisierung des Kommunikationswesens und den Einsatz eines effizienten Massenkommunikationssystems geradezu zu einer funktionalen Notwendigkeit. Eine weitgehend freie Presse war eine fundamentale Vorraussetzung für die konkurrierende Willensbildung in der Gesellschaft. Konkurrierende Willensbildung bedeutet, daß die Bedingungen des menschlichen Zusammenlebens im offenen Widerstreit der Meinungen geschaffen werden; eine unverzichtbare Voraussetzung für die repräsentative Demokratie.[7]

Der durch die Industrialisierung ausgelöste Innovationsschub von Wissenschaft und Technik verhalf auch der Kommunikationstechnik zu neuen Dimensionen. Mit der Erfindung und dem diesmal nur unwesentlich verzögerten Einsatz der Radio- und Fernsehtechnik wurden Akzeptanz und Wirksamkeit des Massenkommunikationssystems nochmals enorm gesteigert.

2

Trotz der rasanten Entwicklung der Massenmedien und ihrem Vordringen in mehr und mehr Wahrnehmungsdimensionen haftete ihnen, verglichen mit der ursprünglichen interpersonalen Sprachkommunikation, ein entscheidendes Manko an: ihre Einseitigkeit. Die Kommunikationsinhalte wurden von zentraler Stelle aus, das heißt von den jeweiligen Redaktionen, über das jeweilige Massenmedium verteilt. Für die Partner in diesem Kommunikationsprozeß, bezeichnenderweise Rezipienten[8] genannt, gab es keine Möglichkeit zu einem direkten Feedback, einer auf den Kommunikator wirkenden Reaktion oder auch Aktion.[9] Diese Art von Massenkommunikation in Verteil-, nicht Vermittlungssystemen, war jedoch wie gesagt äußerst funktional in einer Gesellschaft, deren ökonomische Grundlage Standardisierung und Massenproduktion waren und deren Herrschaftssystem auf konkurrierender Willensbildung beruhte – mit der Notwendigkeit zur Bündelung der Meinungsvielfalt in einigen wenigen willensbildenden Organen, den politischen Parteien.

Parallel zur einseitigen Massenkommunikation entwickelte sich im Zuge der Industrialisierung die gegenseitige Individualkommunikation.[10] Den schriftlichen Austausch von Kommunikationsinhalten hatte es seit Erfindung der Schrift gegeben; er wurde aber unter Benutzung der ersten Kommunikationsnetze so gut wie ausschließlich von den gesellschaftlichen Machteliten praktiziert. Die Alphabetisierung breiter Bevölkerungsschichten im Zuge der Industrialisierung war die Voraussetzung für einen starken Anstieg des privaten Briefverkehrs. Dies führte zum Aufbau eines zuerst aus vielen privaten Postdiensten bestehenden Postwesens, das später in einen allgemeinen staatlichen Postdienst übergeführt wurde. Heute befördert allein die Deutsche Bundespost täglich 35 Millionen Briefsendungen.[11] Der mit der Industrialisierung verbundene technische Fortschritt veränderte jedoch auch die gegenseitige Individualkommunikation – völlig neue Medien und Kommunikationsformen tauchten auf.

Die Nutzung von Elektrizität war die technische Grundlage für die Entwicklung der Telegrafie in der ersten Hälfte des 19. Jahrhunderts. Elektrische Impulse, in sinnvoll codierter Form (Morsealphabet) durch einen Drahtleiter gesendet, ermöglichten eine Kommunikation zwischen zwei Punkten in beliebiger Entfernung und praktisch ohne jede zeitliche Verzögerung, wenn auch sehr langsam und extrem schmalbandig.[12]

1858 wurde das erste transatlantische Seekabel in Betrieb genommen; man benutzte die Telegrafie zur Übertragung besonders wichtiger Nachrichten in Kurzform über große Entfernungen;[13] es kam nicht zum Aufbau eines auf den alltäglichen Gebrauch ausgerichteten, engmaschigen Netzes. Ein solches Netz wurde statt dessen auf der Basis der Telefonie errichtet, einer Erfindung des Amerikaners Alexander Graham Bell aus dem Jahr 1876. Sie ermöglichte mit Hilfe einer relativ einfachen technischen Apparatur die Umwandlung von Schallwellen in analoge elektrische Impulse, deren Transport über einen Drahtleiter und Rückwandlung in Schallwellen. Zweiseitige menschliche Sprachkommunikation war auf diese Art und Weise jederzeit ohne Verzögerung über beliebige Entfernungen möglich, soweit die Leitung beziehungsweise das Netz reichte. Das Individualkommunikationsmedium Telefon setzte sich im Geschäfts- und Privatbereich durch, so daß im Lauf der Jahre durch immense Investitionen ein weltweites, dichtes Vermittlungsnetz für gegenseitige Individualkommunikation entstand. Dieses Netz reicht in den Industrienationen bis nahezu in jeden Haushalt. Allein in der Bundesrepublik werden heute bei einer Zahl von über 28 Millionen vorhandenen Hauptanschlüssen mehr als 80 Millionen Telefongespräche täglich geführt.[14]

Seit den 60er Jahren wird das weltweite Telefonnetz nicht mehr ausschließlich zur Sprachkommunikation genutzt. Der sprunghafte Fortschritt in der Nachrichtentechnik und der Mikroelektronik ermöglichte die schnelle Übertragung digitaler Computersignale in diesem Netz. Die Multifunktionalität und die universelle Anwendbarkeit der Computertechnik erlaubten die Einrichtung einer Vielzahl neuer Telekommunikationsdienste im Telefonnetz. Darüber hinaus wurden neue Netze speziell zum Zweck der Datenkommunikation geschaffen, in der Bundesrepublik zum Beispiel das integrierte Fernschreib- und Datennetz IDN.

Mittel- und langfristig plant die Deutsche Bundespost außerdem den Aufbau eines integrierten Breitband-Fernmeldenetzes (IFBN) auf der Basis der Glasfasertechnik. Dieses würde Kommunikationsmöglichkeiten und -dienste realisierbar machen, die zur Zeit kaum vorstellbar sind, beziehungsweise deren Grenzen weniger durch technische Parameter abgesteckt werden als durch die menschliche Phantasie sowie die soziale, politische und ökonomische Durchsetzbarkeit.[15]

Für die vielversprechende und hochbrisante Kombination von Nachrichtentechnik beziehungsweise Telekommunikation mit der Mikroelektronik und Informatik setzt sich in der Literatur mehr und mehr der Sammelbegriff „Telematik"[16] durch. Dieser Begriff bezeichnet auch die zunehmende Informatisierung der Gesellschaft als Ganzes, die nach der in der Literatur herrschenden Auffassung auf eine Entwicklung zu einer Informationsgesellschaft oder postindustriellen Gesellschaft hinausläuft. Dort würden die klassischen Produktionsfaktoren der Industriegesellschaft (Rohstoffe, Kapital und Arbeit) weitgehend von der Information als Produktionsfaktor abgelöst.[17]

Die gesellschaftliche Kommunikation als Basis von Kultur und politischem Herrschaftssystem wird im Verlauf der sich abzeichnenden Entwicklung entscheidende neue Impulse erhalten, vielleicht völlig neue Formen annehmen.[18] Die grundlegende Bedeutung von Kommunikation für die Gesellschaft und die starken Auswirkungen gegenwärtig anstehender Entscheidungen auf das gesellschaftliche Kommunikationssystem machen eine intensive aber nüchterne und vorurteilsfreie Auseinandersetzung mit den Chancen und Risiken der sogenannten Neuen Medien dringend erforderlich. Dieses Buch soll hierzu einen Beitrag leisten.

Der Schwerpunkt des Buches liegt in der Darstellung der Situation und der Perspektiven gegenseitiger Individualkommunikation, obwohl auch im Bereich der Massenkommunikation gegenwärtig einige hochinteressante Entwicklungen stattfinden. So werden in der Bundesrepublik seit den späten 1970er Jahren breitbandige Verteilnetze auf der Basis der Kupferkoaxialtechnik aufgebaut, die bezüglich des Angebots an Fernseh- und Hörfunkprogrammen völlig neue Dimensionen eröffnen. Nationale und internationale Rundfunkprogramme werden über Nachrichtensatelliten in diese Netze eingespeist. Außerdem werden gegenwärtig direktstrahlende Rundfunksatelliten im Orbit stationiert, die den direkten Empfang der jeweils angebotenen Programme mit Hilfe kostengünstiger Klein-Parabolantennen ermöglichen. Darüber hinaus werden in der Bundesrepublik aufgrund internationaler Vereinbarungen neue UKW-Frequenzen frei, und die seit neuestem genutzten „low power-" Frequenzen zur regionalen und lokalen Fernsehversorgung[19] werden ein übriges dazu beitragen, die sozialen, politischen und ökonomischen Strukturen der Massenkommunikation der Bundesrepublik drastisch zu verändern.

Mindestens ebenso bedeutungsvoll werden jedoch die bevorstehenden Veränderungen im Bereich der Individualkommunikation sein, wie im folgenden gezeigt wird. Hier werden völlig neue Dienste mit ebenso neuen Qualitäten sowohl in den privaten als auch in den wirtschaftlichen Bereich stark einwirken. Bei der Massenkommunikation hingegen werden zwar alte Strukturen aufbrechen und erhebliche Quantitätssteigerungen stattfinden, die Dienste selbst jedoch werden im wesentlichen dieselben bleiben. Außerdem werden die Veränderungen des Massenkommunikationswesens − abgesehen vom Strukturwandel im Werbesektor und im eigenen Produktions-, Verteilungs- und Endgerätebereich − weniger stark die Wirtschaft beeinflussen, als dies die neuen Individualkommunikationsmedien tun werden. Eine strikte Trennung zwischen einseitiger Massen- und gegenseitiger Individualkommunikation wird in Zukunft freilich kaum noch möglich sein. Dies ist ein zentraler Punkt, der bei allen Betrachtungen gegenwärtig bleiben muß und der manchen Gruppen oder Institutionen, die die klassischen Massenmedien mitkontrollieren, als ganz konkreter Verlust von Macht und Einfluß schmerzlich bewußt werden wird.

Ganz abgesehen von der Tatsache, daß mehr und mehr TV-Programmanbieter auf den Markt drängen, wird die individuelle Verfügbarkeit beliebiger audiovisueller Programminhalte, wie sie zur Zeit in Form von Video-Leihkassetten in eingeschränktem Maße gegeben ist, Wirkung zeigen. Die Zuschauerzahlen und damit die Werbeeinnahmen der klassischen Programmanbieter dürften empfindlich sinken, ohne daß diese viel dagegen tun könnten. Kommunikationsdienste, wie sie in einem integrierten Breitbandfernmeldenetz auf der Basis der Glasfasertechnik möglich wären, könnten dieser Entwicklung eine gänzlich neue Qualität und Quantität geben.

Ein weiterer Hinweis auf die zukünftige Untrennbarkeit von Massen- und Individualkommunikation ist der Trend zur Kombination von Massenmedien mit schmalbandigen Rückkanälen, sei es in Kabelfernsehnetzen oder über das Telefonnetz („TED")[20]. Auch die vermehrte Nutzung der Satellitentechnik zur breitbandigen Individualkommunikation ist in diesem Zusammenhang zu sehen, so zum Beispiel das kürzlich von der Bundespost eingerichtete Glasfaser-Overlaynetz zur Schaltung von Videokonferenzen.[21] Dieses Netz ist übrigens die erste Vorstufe zum integrierten Breitbandfernmeldenetz IFBN.

Die völlige Verschmelzung von Massen- und Individualkommunikation findet schließlich bei neuen Kommunikationsdiensten wie Bildschirmtext statt, wobei dieser Dienst wiederum nur als erste Vorstufe zu Diensten im zukünftigen digitalisierten Fernmeldenetz ISDN (oder im IFBN) zu sehen ist.[22]

Vor dem Hintergrund derartiger Entwicklungstendenzen konzentriert sich die vorliegende Arbeit auf die erweiterten Möglichkeiten von Individualkommunikation in der Gegenwart und in der Zukunft. Es würde allerdings zweifellos den Rahmen sprengen zu versuchen, die weltweite Entwicklung auf diesem Gebiet zu behandeln. So beschränken sich die weiteren Ausführungen weitgehend auf die Entwicklung in der Bundesrepublik Deutschland. Vergleichbare oder alternative Entwicklungen im Ausland werden ansatzweise dargestellt, wo dies angemessen erscheint.

In Abschnitt 2 werden die beiden zentralen Technologien vorgestellt, die die Grundlage aller neuen Informations- und Kommunikationstechniken bilden: Nachrichtentechnik und Mikroelektronik. Denn ein grundsätzliches Verständnis der technischen Zusammenhänge ist die Basisvoraussetzung für ein sinnvolles Erfassen und eine vorurteilsfreie Beurteilung sämtlicher Aspekte dieser Thematik.

Abschnitt 3 behandelt schließlich Entwicklungsstand und -perspekti-
ven der Telematik in der Bundesrepublik Deutschland. Hierzu werden
zuerst die aktuellen Tendenzen zur wirtschaftlichen und ordnungspolitischen Neustrukturierung des Telekommunikationswesens vorgestellt.

Ferner werden die vorhandenen, absehbaren und zukünftig möglichen
Telekommunikations – beziehungsweise Telematikdienste sowohl
der Deutschen Bundespost als auch privater Anbieter geschildert. Der
Schwerpunkt liegt hierbei auf der Untersuchung der Nutzbarkeit von
Telematikdiensten durch Privathaushalte. Diese sind zum Aufbau
neuer Kommunikationsnetze eine unabdingbare ökonomische Res-
source;[23] zum anderen sind sie die Zielgruppe der Massenmedien, und
anhand der Nutzungsattraktivität neuer Medien für Privathaushalte
lassen sich eventuell bevorstehende Bedeutungsverluste der Massenmedien absehen.

2. Technisch-historische Grundlagen der Telematik

Der Begriff Telematik wurde geprägt von den französischen Wissenschaftlern Simon Nora und Alein Mink[1] und hat sich im europäischen Sprachraum als Sammelbezeichnung durchgesetzt für die neuen Informations- und Kommunikationstechniken[2] und deren gesellschaftliche Auswirkungen, die „Informatisierung der Gesellschaft"[3]. Die Vielfältigkeit, Unklarheit und Mehrdeutigkeit der gesamten in diesem Zusammenhang verwendeten Terminologie werden von Nichttechnikern, speziell von Sozialwissenschaftlern, häufig kritisiert.[4] In der Tat ist es müßig, beispielsweise zu rätseln, ob CIM nun „computer integrated manufacturing" oder „computer input microfilm" bedeutet;[5] wichtig ist, daß grundlegende technische Entwicklungslinien, Zusammenhänge und Funktionsweisen einigermaßen klar sind. Erst dann kann man daran gehen, diese Entwicklungen wertend zu beurteilen. Eine derartige Vorgehensweise verringert die Wahrscheinlichkeit, den Sinn für das Machbare, das Notwendige und das Überflüssige zu verlieren. Hier soll versucht werden, eine Bestandsaufnahme der technisch-historischen Entwicklung zur modernen Telematik vorzunehmen.

„Telematik" ist ein Kunstwort aus den Begriffen „Telekommunication" und „Informatique".[6] Telekommunikation bezeichnet jede „Kommunikation zwischen Menschen und Maschinen sowie anderen Systemen mit Hilfe von nachrichtentechnischen Übermittlungs- beziehungsweise Übertragungsverfahren".[7] Informatik bedeutet in diesem Zusammenhang im weiteren Sinn Computerwissenschaft und -technologie.[8] Der Begriff „Telematik" ist nicht zwingend, denn der amerikanische Begriff „Compunication", eine Zusammensetzung von „Computer" und „Communication",[9] bezeichnet denselben Sachverhalt.

Wichtiger als die Wahl der Bezeichnung ist der Inhalt, und hier herrscht in Literatur und Politik Einigkeit darüber, daß die Fortschritte auf dem Gebiet der Mikroelektronik und der Nachrichtentechnik sowie die fortschreitende Koppelung dieser Bereiche das Telekommunikationswesen in den Industriegesellschaften revolutionieren werden. Hierbei ist es sekundär, ob man die Entwicklung mit Begriffen wie „neue Informations- und Kommunikationstechniken", „Telematik", „Compunication", Trend zur „Informationsgesellschaft", zur „Postindustriellen Gesellschaft" oder auch "zweite (oder dritte) industrielle Revolution" belegt.[10]

Tatsache ist, daß einmal mehr kommunikationstechnischer Fortschritt im Begriff ist, sich drastisch auf alle Bereiche der Gesellschaft auszuwirken. Dabei bleibt die Beziehung zwischen gesellschaftlicher und technischer Entwicklung sicherlich eine wechselseitige.

Bereits 1973 erschien in den USA das Buch des amerikanischen Soziologen Daniel Bell „The Coming of Post-Industrial Society. A Venture in Social Forecasting". Es ist mittlerweile beinahe ein Klassiker. Bell schreibt: „... das nächste halbe Jahrhundert wird durch die Revolution auf dem Gebiet der Telekommunikation geprägt werden. ... Letztlich jedoch ist heute noch gar nicht abzusehen, welch ungeheure Veränderungen die auf uns zurollende Revolution auf dem Gebiet der Telekommunikation im Bereich der industriellen Organisation und der Politik im einzelnen bringen wird."[11]

Heute, gut anderthalb Jahrzehnte nach Erscheinen von Bells Buch, ist die von ihm prognostizierte Entwicklung voll angelaufen, ohne daß allerdings die Zukunft nun viel überschaubarer wäre. Zentrales Element der Entwicklung zur Informationsgesellschaft sind zweifellos die gegenwärtigen technologischen Innovationsschübe — eine der nicht allzuvielen Feststellungen übrigens, über die man in der Enquete-Kommission „Neue Informations- und Kommunikationstechniken" des Bundestages allgemeines Einvernehmen erzielen konnte.[12] Das zentrale Element dieser Innovationsschübe wiederum ist das Zusammenwachsen der Nachrichtentechnik und der Mikroelektronik. Auch hierüber herrscht weitgehende Einigkeit zwischen Befürwortern und Kritikern aktueller Entwicklungstendenzen wie des Aufbaus flächendeckender Kabelnetze oder der Digitalisierung des Fernsprechnetzes.[13]

Im folgenden sollen diese beiden zentralen Entwicklungsstränge der Telematik, die Nachrichtentechnik und die Mikroelektronik, von ihren Wurzeln aus bis in die Gegenwart verfolgt werden, um vor diesem Hintergrund ein sinnvolles Erfassen der aktuellen Situation zu ermöglichen − wahrscheinlich die beste Voraussetzung für den Versuch von Zukunftsprognosen und Urteilsbildungen.

2.1 Entwicklung der Nachrichtentechnik/ Telekommunikation

2.1.1 Elektrizität als physikalische Grundlage

Wie oben erwähnt,[14] war die Entdeckung und die Nutzbarmachung des physikalischen Phänomens „Elektrizität" die technische Basisvoraussetzung für die elektronischen Massenmedien und die Telekommunikation.

Bereits 600 v.Ch. beobachtete der griechische Philosoph Thales die elektrische Anziehungskraft von Bernstein, den er zuvor an Stoff gerieben hatte. Das griechische Wort „elektron", zu deutsch Bernstein, bildet den terminologischen Ursprung des Begriffs Elektrizität. Weitergehende und systematische Experimente mit der Elektrizität und dem damit verbundenen Magnetismus wurden erst im Europa des 17. Jahrhunderts durchgeführt. Erst die immer weiter fortschreitende Industrialisierung im 19. Jahrhundert schuf die strukturellen Voraussetzungen für einen vorher nie dagewesenen Forschungsaufwand. Ohne die relativ neue Möglichkeit der Vermarktbarkeit von Wissenschaft wären weder die wirtschaftlichen noch die technischen Prämissen vorhanden gewesen zum Aufbau beispielsweise der „Erfindungsfabrik" eines Thomas Edison. Ebenso wenig hätten wirtschaftliche Gebilde der Dimension einer AT&T, einer Bell-, Westinghouse- oder General Electric Company[15] entstehen können. So wurde mit dem Ende des 19. Jahrhunderts die Natur der Elektrizität endgültig geklärt und sie wurde intensiv industriell und nachrichtentechnisch genutzt und vermarktet.

Die wissenschaftliche Erkenntnis darüber, was Elektizität letztendlich ist, gelang 1897 dem englischen Physiker J. J. Thomson.[16]

Jegliche Materie besteht aus Atomen. Diese Kleinstteilchen wiederum bestehen jeweils aus einem Atomkern, der sich aus sogenannten Protonen mit positiver elektrischer Ladung zusammensetzt. Um den Atomkern kreisen andere Kleinstteilchen, die sogenannten Elektronen. Sie haben eine negative elektrische Ladung. Das Atom läßt sich insofern in seinem Erscheinungsbild mit einem Sonnensystem vergleichen, in dem sich Planeten auf einer Umlaufbahn um einen Fixstern befinden. Die Kraft, welche die Elektronen auf ihrer Umlaufbahn hält, ist die Anziehungskraft zwischen den Protonen und den Elektronenn, also zwischen den beiden verschiedenen Arten elektrischer Ladung.

Eine bestimmte Art von Materie ist dann ein elektrischer Leiter, wenn mindestens ein Elektron ihrer Atome nur relativ schwach auf der Umlaufbahn um den Atomkern gehalten wird. Das ist bei den meisten Metallen, in besonderem Maße beispielsweise bei Silber oder Kupfer, der Fall. In solchen elektrischen Leitern lösen sich häufig einzelne Elektronen aus ihren Umlaufbahnen und driften solange umher, bis ein anderer Atomkern sie wieder anzieht. Man kann nun auf elektrochemischem oder einem beliebigen elektrodynamischen Weg an verschiedenen Punkten eines elektrischen Leiters ein Ungleichgewicht an freien Elektronen erzeugen. Dies geschieht zum Beispiel mit einer Batterie, einem Generator oder einer Solarzelle. Man stellt an einem Punkt des Leiters einen Kontakt zu einem Leiter mit Elektronenüberschuß her und an einem anderen Punkt einen Kontakt zu einem Leiter mit Elektronenmangel. Die freien Elektronen fließen dann von dem Punkt des Überflusses zu dem des Mangels, oder, anders ausgedrückt, vom Minuspol zum Pluspol des Leiters beziehungsweise elektrischen Stromkreises.[17] Hierbei kann der Boden, also die Erde, gleichsam als Abfluß des Elektronenstroms verwendet werden; man nennt dies Erdung.

Ein solcher Elektronenstrom in einem Stromkreis ist wie gesagt die technische Grundlage, auf der bisher fast alle leitergebundenen Formen der Telekommunikation beruhen. Der Vollständigkeit halber sei hier in aller Kürze auch die Technik der nicht leitergebundenen Telekommunikation erwähnt, die Funktechnik.

2.1.2 Technische Funktionsweise nicht leitergebundener Telekommunikation – Funktechnik

Sobald ein elektrischer Strom durch einen Leiter fließt, entsteht um diesen Leiter herum ein Energiefeld, ein elektromagnetisches Feld. Läßt man den elektrischen Strom oszillieren, das heißt sehr schnell seine Richtung wechseln, so löst sich das elektromagnetische Feld vom Leiter und pflanzt sich in einer permanenten Wellenbewegung fort. Durchläuft eine solche elektromagnetische Welle einen bestimmten Punkt, so schwankt dort das Energieniveau entsprechend dem Kamm und dem Tal der Welle. Dieser Unterschied zwischen Wellenkamm und Wellental wird Amplitude, die Anzahl der Wellen pro Sekunde Frequenz genannt. Kürzerwellige elektromagnetische Frequenzen als die Funkwellen sind beispielsweise die des Lichtes, der Infrarot-, Ultraviolett-, Röntgen- und Gammastrahlen. Diese elektromagnetischen Wellen werden jedoch nicht durch oszillierende elektrische Ströme verursacht, sondern durch kleinere Vorgänge im molekularen, atomaren und subatomaren Bereich. Trotzdem handelt es sich bei all diesen Phänomenen um verschiedene Erscheinungsformen derselben Sache – elektromagnetische Wellen.

Man kann die Amplitude oder die Frequenz einer elektromagnetischen Welle in bestimmter Art und Weise schwanken lassen, beispielsweise entsprechend (analog!) beliebiger Schallwellen. Man nennt dies Amplituden- oder Frequenzmodulation, abgekürzt AM und FM. Wenn man die elektromagnetischen Wellen mittels eines Empfangsgerätes wieder in Schallwellen umwandelt, dann kann man mit diesem Verfahren akustische Signale bis hin zu menschlicher Sprache und Musik drahtlos über große Entfernungen an eine beliebig große Anzahl von Empfangsgeräten übertragen. Nach diesem Prinzip funktioniert die Übertragung bei den großen, nicht leitergebundenen elektronischen Massenmedien des 20. Jahrhunderts, Hörfunk und später Fernsehen.

Die Entwicklung der leitergebundenen elektronischen Kommunikation begann etwas früher als die der Funkmedien und verlief im 20. Jahrhundert weniger spektakulär. Abgesehen vom qualitativen und quantitativen Ausbau von im Prinzip bereits im letzten Jahrhundert eingerichteten Diensten wurden hier keine grundlegend neuen Dienste eingeführt wie beispielsweise das Fernsehen. Hier wurden erst in den 1960er Jahren mit dem Entwicklungsboom in der Mikroelektronik die Grundlagen für revolutionäre Neuerungen geschaffen. Diese technische und historische Entwicklung wird im folgenden skizziert.

2.1.3 Entwicklung der Nachrichtentechnik bezüglich leitergebundener Kommunikationsnetze

Bevor mit der Nutzbarmachung der Elektrizität die Voraussetzungen für die moderne Nachrichtentechnik geschaffen wurden, existierte bereits ein dringender Bedarf an möglichst leistungsfähigen und schnellen Systemen zur Nachrichtenübermittlung. Dieser Bedarf entstand hauptsächlich aus militärischen, politischen und wirtschaftlichen Interessen heraus. Im Lauf der Geschichte wurden hierzu die verschiedensten Nachrichtensysteme entwickelt und praktiziert, so zum Beispiel diverse Botensysteme, Signalfeuer, akustische Systeme, Flaggensysteme in der Seefahrt.[18] Als direkter Vorläufer des ersten Nachrichtensystems mit der Elektrizität als technischer Basis, der Telegrafie, wird im allgemeinen das optische Telegrafensystem mit Signalmasten angesehen. Im ausgehenden 18. und im frühen 19. Jahrhundert entstanden in fast allen europäischen Ländern ausgedehnte Netze und Verbindungslinien aus Semaphoren[19], wie die Signalmasten genannt wurden. Hier wurde mit primitiveren technischen Mitteln die Funktion eines späteren, technisch leistungsfähigeren Nachrichtensystems im Prinzip vorweggenommen. Das spricht — ebenso wie alle vorherigen Systeme — dafür, daß der Bedarf an Informationssystemen in einer Gesellschaft die technische Weiterentwicklung dieser Systeme beeinflußt und forciert.

2.1.3.1 Telegrafie

Langwierige Forschungsarbeiten in Europa und den USA führten 1843 dazu, daß zwischen Boston und Washington die erste elektrische Telegrafenlinie der Welt in Betrieb genommen wurde. Sowohl die technische Konzeption als auch das Codiersystem zur Nachrichtenübermittlung stammten von Samuel Morse.[20]

Die Funktionsweise des elektrischen Telegrafen war denkbar einfach: Mit einem Doppel-Kupferdraht oder einem einfachen Leitungsdraht mit Erdrückleitung wird zwischen zwei Endgeräten ein Stromkreis gebildet. Das sendende Endgerät besteht aus einer Konstruktion mit einem Druckschalter oder Knopf und einer Batterie. Im Idealfall sind beide Geräte sowohl für den Empfang als auch für das Senden ausgerichtet. Durch das Drücken des Knopfes wird der Stromkreis geschlossen, und es entsteht im gesamten Stromkreis, also auch am Empfangsgerät, eine elektrische Spannung.

Das Empfangsgerät besteht aus einem Elektromagneten als wichtigstem Bauteil. Dabei handelt es sich um einen mit Kupferdraht umwickelten Weicheisenkern. Der Kupferdraht ist an den Stromkreis angeschlossen, so daß die magnetische Anziehungskraft des Weicheisens mit jedem Schließen des Stromkreises aktiviert und mit jedem Wiederöffnen deaktiviert wird. Mit Hilfe einer Glocke kann dann beispielsweise eine akustische, mit einem Stift und einem durchlaufenden Papierband eine grafische Datenausgabe erfolgen.

Der elektrische Widerstand, der sich aus der großen Länge der Leitungen ergab, wurde durch die Einrichtung von verstärkenden Relaisstationen in den erforderlichen Abständen überbrückt. Ein Relais ist ein Schaltelement, das mit dem ankommenden Reststrom magnetisch einen neuen Stromkreis schließt.[21] Die Nachrichtenübermittlung auf diese Art war relativ langsam, weil die Daten jeweils manuell eingeben werden mußten, die Leitung war schmalbandig, das heißt es konnten pro Zeiteinheit nur wenige Informationen übertragen werden. Hier wurden jedoch bald durch leistungsfähigere Endgeräte beträchtliche Verbesserungen erzielt.

Bevor auf die Weiterentwicklung der Telegrafie näher eingegangen wird, soll eine weitere Erfindung des 19. Jahrhunderts vorgestellt werden, welche die gesellschaftliche Kommunikation revolutionierte: das Telefon.

2.1.3.2 Telefonie

Die Erfolge der Telegrafie führten dazu, daß auch die Entwicklungsaktivitäten für einen Apparat zur Übertragung menschlicher Sprache zunahmen. Bereits 1860 wurde das erste funktionierende elektrische Telefon konstruiert − von dem Deutschen Philipp Reiß. Dieser Erfindung war jedoch kein großer kommerzieller Erfolg beschieden. Das hatte verschiedene Gründe, einer davon war zweifellos die mangelnde Fähigkeit von Reiß, seine Erfindung effektiv zu vermarkten.

So kam es, daß sich das technisch aufwendigere, aber viele Jahre später konstruierte elektrische Telefon des in den USA lebenden Schotten Alexander Graham Bell schließlich durchsetzte.[22] Bell kombinierte in seinem Apparat, ähnlich wie Morse bei der Telegrafie, verschiedene Ergebnisse anderer Forscher mit eigenen Ideen; − böse Zungen behaupten auch solche aus der (praktisch gleichzeitig mit seiner eigenen erfolgten) Patentanmeldung von Elisha Gray, die ihm ein wohlmeinender Beamter des Patentamtes gezeigt haben soll. Was aber von entscheidender Bedeutung ist, Bell schaffte es, mit Hilfe seines Schwiegervaters seine Erfindung auch im großen Stil zu verkaufen.

1885 gründete Bell zur Installation von Weitverbindungsleitungen die American Telephone and Telegraph Company A T&T, in der die Bell Telephone Company aufging. A T&T ist heute der weltgrößte Kommunikationskonzern, und die Bell Telephone Laboratories, die assoziierte Forschungsorganisation, ist eine der bedeutendsten in der ganzen Welt.[23] Die erklärte Geschäftspolitik von A T&T, das technische Niveau hochzuhalten und Grundlagenforschung zu betreiben, ist zurückzuführen auf patentrechtliche Auseinandersetzungen mit frühen Konkurrenten wie Gray, Edison oder der Western Union Telegraph Company. Außerdem spielt die allgemeine Marktsituation in den USA

16

eine Rolle, in der auch marktbeherrschende Unternehmen wie A T&T mit circa 80 Prozent Marktanteil[24] darauf achten müssen, daß Marktlücken nicht von Konkurrenten besetzt und ausgebaut werden.

Die technischen Innovationen im Telefonbereich betrafen eher die Leitungs- und Vermittlungstechnik als die Endgeräte. Diese wurden — ebenso wie das technische Prinzip der Übertragung — bis in die jüngste Zeit kaum verändert. Ähnlich wie bei der Funktechnik wird auch hier menschliche Sprache beziehungsweise werden Schallwellen in elektrische Signale umgewandelt, die analog zum Schalldruck schwanken. So können sie beim Empfänger wieder in Schallwellen umgewandelt werden. Hierzu findet ein Mikrophon Verwendung, in dem eine dünne Metallmembrane Druck auf eine Schicht kleiner Kohlekörner ausübt, sobald sie durch Schall in Bewegung versetzt wird. Durch diese Kohlekörner fließt ein elektrischer Strom, der durch den variierenden elektrischen Widerstand der Kohlekörner aufgrund des wechselnden Drucks analog zu den Schallwellen in seiner Stärke schwankt. Auf der Empfängerseite durchläuft der Strom die Spule eines Elektromagneten, der wiederum eine Metallmembrane in Bewegung setzt. Auf diese Art und Weise wird schließlich das Muster der Schallwellen wieder hergestellt.

2.1.3.3 Fernschreiben

Während die Anwesenheit von Menschen bei telefonischen Verbindungen gleichsam in der Natur der Sache liegt, ist bei der Übertragung von Informationen und Daten auf telegrafischem Weg menschliche Anwesenheit am Endgerät nicht unbedingt nötig. Sie ist im Gegenteil ein unnötiger Arbeits- und Kostenfaktor, wenn es sich, wie in den meisten Fällen, um Geschäftskommunikation handelt.[25] So gingen die Entwicklungsanstrengungen im Bereich der Telegrafie in die Richtung, die Endgeräte zu verbessern und zu automatisieren.

Bereits Ende des 19. Jahrhunderts wurde der Fernschreiber entwickelt, der eine Texteingabe über eine übliche Schreibmaschinentastatur und anschließende automatische Codierung ermöglichte. Hierzu wurde nicht mehr der Morse- sondern der Murray-Code verwendet. Während beim Morse-Code jeder Buchstabe durch eine Folge verschieden langer elektrischer Signale dargestellt wird, geschieht dies beim Murray-Code durch exakt fünf gleich lange Einheiten. Dabei identifiziert natürlich nicht die Signallänge, sondern die Kombination von elektrischer Spannung und Nicht-Spannung den jeweiligen Buchstaben. Durch eine ebenso trickreiche wie simple Mechanik wird mit dem Drücken einer Buchstabentaste die ensprechende Kontakt-Kombination geschaltet. Diese wird dann nacheinander (seriell) durch die Leitung geschickt und im Empfangsgerät über eine einfache Typenrad-Mechanik als Buchstabe auf Papier ausgedruckt.

Es traten jedoch immer wieder Synchronisationsprobleme auf. Man begegnete ihnen, indem man den fünf Einheiten ein Start-Element am Anfang und ein Stop-Element am Schluß hinzufügte.[26] Eine weitere Verbesserung der Fernschreibtechnik bestand in der Verwendung von Papierstreifen zur Datenein- und -ausgabe, wie sie in Ansätzen auch schon in der Telegrafie unter Verwendung des Morse-Codes praktiziert worden war.[27] Solche Lochstreifen können auf gesonderten Maschinen manuell erstellt werden, so daß keine Verzögerungen mehr durch manuelle Direkteingabe bei geschalteter Leitung entstehen. Der Lochstreifen erlaubt den Betrieb des Fernschreibers bei permanent maximaler Geschwindigkeit. Entsprechend entwickelte man einen Perforator als Endgerät, der keine geschriebenen Texte, sondern wiederum perforierte Lochstreifen ausgab. Dies machte eine schnellere Vermittlung von Fernschreiben mit extrem geringer Verzögerung auch über mehrere Stationen möglich. So wurden beispielsweise Telegramme bis in die Gegenwart hinein zur optimalen Leitungskapazitätsausnutzung über eine Kombination von automatischen Perforatoren, Lese- und Schreibmaschinen vermittelt. Die Entwicklung der Vermittlungstechnik beim Fernschreiben hingegen entspricht der beim Telefon (siehe Abschnitt 2.1.3.5).

2.1.3.4 Standbildübertragung

Ein weiteres Entwicklungsziel vieler Forscher war bereits im 19. Jahrhundert die individuelle elektrische Übertragung von visuellen Vorlagen. Man brauchte hierzu eine Vorrichtung oder eine Substanz, die wie beim Telefon die Kohlekörner unter Schalldruck — ihren elektrischen Widerstand mit wechselndem Lichteinfall variieren würde.

Das chemische Element Selenium hat diese Eigenschaft. Mit seiner Hilfe gelang es dem deutschen Physiker Arthur Korn 1903, Bilder telegrafisch zu übertragen. Die Bilder wurden punkt- und zeilenweise mit einem gebündelten Lichtstrahl abgetastet, eine Seleniumzelle registrierte den reflektierten Helligkeitsgrad und variierte einen durchlaufenden elektrischen Strom derart, daß auf der Empfängerseite ein synchron laufendes Endgerät wiederum mit Hilfe einer Lampe einen lichtempfindlichen Film Zeile für Zeile belichten konnte. Dieses System wurde im Lauf der Jahre natürlich entscheidend verbessert, so wurden zum Beispiel die Siliziumzellen gegen empfindlichere Fotoröhren ausgetauscht und auf der Empfängerseite kam man von der fotochemischen Ausgabe ab und verwandte schnellere und einfachere hochauflösende Drucker.[28]

2.1.3.5 Fernsprechvermittlungstechnik

Die Fernsprechvermittlungstechnik wiederum wurde bereits im 19. Jahrhundert substantiell weiterentwickelt. Schließlich wollte man das Telefon an Geschäfts- und Privatleute zum individuellen Gebrauch verkaufen. Also mußte die Möglichkeit geschaffen werden, daß nicht nur eine einzige feste Drahtverbindung zwischen zwei Apparaten bestand, sondern daß vielmehr jeder Fernsprechteilnehmer von seinem Anschluß aus mit jedem beliebigen anderen Teilnehmer telefonieren konnte. Man löste dieses Problem, indem man die Telefonleitungen in lokalen und regionalen Vermittlungszentralen zusammenlaufen ließ, wo sie auf einfachen Schaltbrettern zusammengefaßt wurden. Der Telefonist[29] wurde vom Teilnehmer fernmündlich über die gewünschte Verbindung informiert und stellte diese dann direkt her, indem er die Leitung in die entsprechende Buchse der Schaltbretter steckte.

Bereits 1898 ersann der amerikanische Geschäftsmann Almon B. Strowger das Prinzip des Schrittschaltwählers, dessen erster Prototyp eine spontane Kreation aus der Metalleinlage eines Hemdkragens und einer Hutnadel war. Interessant ist auch der Anlaß, der den Geschäftsmann Strowger zu dieser Erfindung motivierte: er war angeblich der Meinung, daß von seinen Konkurrenten bestochene Telefonisten seine Anrufe absichtlich fehlleiteten.[30]

In den USA wurde das Strowger-System 1912 auf breiter Basis eingeführt, und bis in die späten 60er Jahre verwendete man weltweit elektromechanische Vermittlungssysteme. Die Strowger-Schaltung besteht in ihrer modernen Ausfertigung aus einer halbzylinderförmigen Anordnung von Kontakten. Diese können von einem durch die elektrischen Wähl-Impulse des Teilnehmers gelenkten Wählarm durch horizontale und vertikale mechanische Bewegung frei angesteuert werden. So werden beliebigeVerbindungen automatisch hergestellt.

Eine Weiterentwicklung in der elektromechanischen Fernsprechvermittlungstechnik ist der 1938 in den USA erstmals verwendete Kreuzschienenwähler. Er stellt mit Hilfe von Elektromagneten, sich überlappenden Kontakten und Zwischenspeicherung der Nummer eine gewählte Verbindung ohne Zeitverlust her. Er arbeitet damit schneller als der Strowgersche Schrittschaltwähler und entlastet das Leitungsnetz.

Die weitere Entwicklung der Fernsprechvermittlungstechnik verlief weg von den elektromechanischen, hin zu elektronischen Systemen. Diese Entwicklung ist gleichzeitig einer der ersten bedeutenden Berührungspunkte der Entwicklungslinien von Nachrichtentechnik und moderner Mikroelektronik. Genau genommen sind die elektronischen Vermittlungssysteme nichts anderes als spezialisierte Computer, und es ist durchaus kein Zufall, daß beispielsweise der Transistor, eine der technischen Grundvoraussetzungen für die heutige Mikroelektronik, von einem Forscherteam der Bell Laboratories erfunden wurde.[31]

Elektronische Telefonvermittlungssysteme setzen voraus, daß das zu übertragende Signal in digitalisierter, das heißt impulsförmiger, unkontinuierlicher Form vorliegt. Hierzu ist ein mit Digitaltechnik ausgestattetes End- beziehungsweise Eingabegerät nicht unbedingt nötig, wenn menschliche Sprache telefonisch übertragen werden soll; es genügt hier ein Analog-Digital-Umwandler in der Vermittlungsstelle. Mittels Puls-Code-Modulation PCM werden die Sprachsignale in eine Vielzahl von Einzelimpulsen „zerhackt", zu Impulsgruppen von bis vierundzwanzig Gesprächen gebündelt und gemeinsam auf einer Leitung zur nächsten Vermittlungsstelle übertragen. Dort werden sie automatisch neu sortiert und zum Zielort oder gegebenenfalls anderen Vermittlungsstellen weitergeleitet. Vorteile der elektronischen Telefonvermittlung sind unter anderem der Wegfall mechanischer Teile und die damit verbundene Wartungsfreundlichkeit, der schnellere Verbindungsaufbau, die Erweiterung und effektivere Nutzung von Leitungskapazitäten und die Möglichkeit, Schaltungsänderungen softwaregesteuert auszuführen, das heißt ohne mechanische Veränderungen vornehmen zu müssen, ganz zu schweigen von der Möglichkeit, völlig neue Serviceleistungen, ja gänzlich neue Dienste anbieten zu können.

Auf diese Zusammenhänge wird in den folgenden Abschnitten noch ausführlicher eingegangen.[32]

2.1.3.6 Glasfaserkabel

Analoge und besonders digitale Signale können außer in metallischen Leiterbahnen auch in Glasfaserkabeln übertragen werden. Die Übertragung erfolgt hier nicht in Form eines Elektronenflusses, sondern über einen Lichtstrahl beziehungsweise eine Vielzahl äußerst kurzer Lichtimpulse. Diese können jedoch mit speziellen Wandlungsvorrichtungen nach der Übertragung in elektrische Ströme umgewandelt werden, und umgekehrt können elektrische Impulse zur Übertragung durch Glasfaserkabel in Lichtimpulse umgewandelt werden. Die erst seit den 1970er Jahren praktikabel zu Verfügung stehende Glasfasertechnologie ist geeignet, sehr viel mehr Informationen pro Zeiteinheit zu tranportieren, als dies mittels elektrischer Leiter möglich ist.[33] Der Einsatz von Glasfaserkabel ist dort rentabel, wo große Informationsmengen schnell übertragen werden müssen. So wird es seit den 70er Jahren im Telefonfernverkehr eingesetzt. Anfang der 80er Jahre wurden breitbandige integrierte Glasfaser-Fernmeldeortsnetze (BIGFON), die bis zum einzelnen Teilnehmer führen, in verschiedenen bundesdeutschen Großstädten getestet, und gegenwärtig wird ein bundesweites Videokonferenz-Netz in Glasfasertechnik aufgebaut.[34]

2.2 Entwicklung der Mikroelektronik

2.2.1 Zahlen und Zahlensysteme als Grundvoraussetzung

Die moderne Mikroelektronik ist, ebenso wie die Nachrichtentechnik, eine technische Errungenschaft, deren Ursprünge weit in die Menschheitsgeschichte zurückreichen. Sobald die Menschen begannen, auch nur primitive Tauschgeschäfte zu tätigen und damit die Grundvoraussetzung für ein geordnetes Handelswesen zu schaffen, wurde es notwendig, Dinge und deren Anzahl möglichst exakt zueinander ins Verhältnis zu setzen.[35] Zu diesem Zweck mußte man das Zählen lernen, ohne dabei von dem zu zählenden Gut zu abstrahieren. Später entwickelte man Zahlsysteme und Zahlzeichen, wobei in den meisten Fällen die Anzahl der menschlichen Finger beziehungsweise Zehen Grundlage des jeweiligen Systems waren. So hatten beispielsweise die Römer, die Maya und die Chinesen ein Fünfer-System, die Sumerer und Ägypter ein Zehner-System, und die Inder und die Maya hatten außerdem ein Zwanziger-System. Darüber hinaus hatten die Sumerer und Babylonier ein Sechziger-System, das bis heute der Zeitmessung nach Sekunden und Minuten zugrunde liegt.[36]

2.2.2 Erste mechanische Rechenhilfen

Im Lauf der kulturellen und der ökonomischen Entwicklung mußten immer größere Zahlen nicht nur dargestellt werden, es mußte auch mit ihnen gerechnet werden. Die recht komplizierten Zahlensysteme und die phantasievolle, symbolhafte Zahlendarstellung erleichterten dies nicht gerade.

So kam es in nahezu allen altertümlichen Hochkulturen zur Entwicklung von Rechenbrettern in den verschiedensten Ausführungen. Solche Rechenbretter waren die ersten mechanischen Rechenmaschinen, aus denen wiederum die Computertechnologie und damit die Mikroelektronik hervorging. Sie funktionierten alle mehr oder weniger nach demselben Prinzip; Kugeln, Steinchen oder auch Nägelchen dienten als Zählelemente. Sie konnten in Rillen, Schlitzen oder auf Leitstäbchen hin- und hergeschoben werden und stellten je nach ihrer Anordnung bestimmte Zahlenwerte dar. Das bekannteste Rechengerät dieser Art war wohl der römische Abakus. Auch heute noch finden in Entwicklungsländern Rechenbretter aller Art Verwendung, wobei hier gegenwärtig zum Teil ein Quantensprung zum modernen mikroelektronischen Taschenrechner stattfindet.

Im Europa des 15. und 16. Jahrhunderts wurden dann weitergehende mathematische Grundlagen geschaffen wie die Einführung des indisch-arabischen Zehner-Zahlensystems sowie die Entdeckung des Rechnens mit Potenzen und Logarithmen. Ries, Kopernikus, Galilei und Kepler sind Namen, die in diesem Zusammenhang genannt werden müssen. 1617 erfand der Schotte Lord Napier, der zuvor bereits ein Rechenstäbchen-System geschaffen hatte, die logarithmische Rechentafel, die innerhalb weniger Jahrzehnte zum logarithmischen Rechenschieber weiterentwickelt wurde; im Prinzip dasselbe Gerät, das bis vor wenigen Jahren im schulischen Gebrauch üblich war.

2.2.3 Die Erfindung mechanischer Rechenmaschinen

Die erste Rechenmaschine im eigentlichen Sinn wurde 1630 von dem
Schwaben Wilhelm Schickard konstruiert. Seine „Rechenuhr" arbeitete mit Bauteilen damaliger Uhrmacherkunst wie Zahnrädern, Fe-
dern und Trommeln. Sie erlaubte die Durchführung aller vier Grundrechenarten. Das Original ging bei einem Brand verloren; viele Unter-
lagen verschwanden durch die Wirren des Dreißigjährigen Krieges.

Der junge Franzose Blaise Pascal stellte 1642 eine selbstkonstruierte
mechanische Rechenmaschine der Öffentlichkeit vor. Er hatte sie für
seinen Vater, einen Steuerbeamten, gebaut, und sie gestattete lediglich
Additionen und Subtraktionen, wobei letzteres angesichts des Ver-
wendungszwecks wohl von größerer Bedeutung war. Pascal hatte einige Probleme mit der Genauigkeit und Zuverlässigkeit seiner Maschine. Dies war in gewisser Weise für die gesamte Epoche symptomatisch; – symptomatisch insofern, als sehr häufig Erfindungen in den
Köpfen aber auch in Form von Patenten und Konstruktionszeichnun-
gen existierten, und zwar in einer logisch durchdachten und prinzipiell
praktikablen Form existierten. In vielen Fällen waren sie jedoch aufgrund des technischen Entwicklungsstandes einfach noch nicht praktisch realisierbar.[37]
1673 stellte der bedeutende deutsche Wissenschaftler und Philosoph
Gottfried Wilhelm Leibniz in London eine Rechenmaschine aus, die
einige Neuerungen beinhaltete. Sie war komplizierter und arbeitete –
in allen Grundrechenarten – effektiver als vorherige Rechenmaschinen. Technische Neuerungen wie das Sprossenrad und die Staffelwalze
waren Bauteile, die sich auch noch in mechanischen Rechenmaschinen
jüngerer Vergangenheit finden.

2.2.4 Die Entwicklung des dualen Zahlensystems

Außer seinen Leistungen bezüglich der Entwicklung mechanischer Rechenmaschinen ist dem Universalgenie seiner Zeit Leibniz eine mathematische Entdeckung gelungen, die maßgeblich für den Fortschritt der

Computertechnologie im 20. Jahrhundert war. In seinem Bemühen, die Mechanik seiner Rechenmaschinen zu vereinfachen, schuf er das duale Zahlensystem und stellte die Gesetze der binären Arithmetik auf.[38]

Das Dualsystem stellt mit Hilfe zweier Ziffern, der Null und der Eins, jeden beliebigen Zahlenwert als Summe einer Potenzreihe mit der Basis Zwei dar. Beim heute im Alltag gebräuchlichen indisch-arabischen Zehnersystem beispielsweise werden die Zahlenwerte als Potenzreihe mit der Basis Zehn gebildet. So entspricht die Ziffer 10 im Dualsystem dem Wert Zwei; null Einer und ein Zweier könnte man salopp sagen, und die Ziffernfolge 1010 bespielsweise, null Einer, ein Zweier, null Vierer und ein Achter, entspricht dem Wert Zehn.

Der Philosoph Leibniz ist bei der Entwicklung des Dualsystems wohl auch von dem Grundgedanken des Aufbaus der Welt aus der Gegensätzlichkeit zweier Prinzipien ausgegangen, des Nichts und des Seins, der Null und des Zeichens, der Eins.[39] Aus dem Jahr 1679 ist eine Skizze von Leibniz erhalten, in der er eine Konstruktion beschreibt, die nach dem dualen Zahlensystem arbeitet. Hier werden mit Hilfe von Kügelchen, Rinnen und verschließbaren Löchern dieselben grundlegenden Logikverknüpfungen vollzogen, welche die inneren Abläufe moderner elektronischer Rechner bestimmen: „und", „oder" und „negation".[40] Es ist nicht bekannt, ob Leibniz eine solche Maschine wirklich gebaut hat; fest steht, daß bereits vor 300 Jahren die theoretische Grundlage zum Bau moderner Rechenanlagen geschaffen war.

Es gelang Leibniz jedoch nicht, eine umfassende Theorie der Logik aufzustellen, in der alles logische Denken auf wenige einfache dual beziehungsweise binär darstellbare Funktionen zurückzuführen sein würde, eines „Universalkalküls", wie er es nannte.[41] Diese Leistung erbrachte der englische Mathematiker George Boole im Jahr 1854. Mit seiner nach ihm benannten Booleschen Algebra erbrachte er den Beweis, daß sowohl numerische als auch nicht-numerische Logik auf die Funktionen „und", „oder" und „nicht" zurückführbar sind. Diese Erkenntnis, die den Dualrechner-Skizzen von Leibniz gleichsam unterschwellig innewohnte, ist eine höchst bedeutende theoretische Grundlage der Computertechnik.

2.2.5 Die Erfindung der Lochkarte als Informationsspeicher und die Erfindung der programmierbaren Rechenmaschine auf dem Papier

Die mechanischen Rechenmaschinen, die nach dem Zehnersystem arbeiteten, erfuhren im Laufe der Zeit noch einige wichtige Verbesserungen. Hier sind die Namen Giovanni Polenus, Antonius Braun und Matthäus Hahn zu nennen. Mit der Einführung der Tastatursteuerung und der Verbindung mit dem Elektromotor im 19. Jahrhundert war die mechanische beziehungsweise elektromechanische Rechenmaschine praktisch auf dem Entwicklungsstand angelangt, der ihr bis in die jüngste Vergangenheit ihren Platz in der technischen und kaufmännischen Anwendung sicherte. Außer dieser Entwicklung bedurfte es noch einer weiteren, um die Voraussetzungen zu schaffen für die Entstehung moderner Computertechnologie und Mikroelektronik. Das war die Erfindung der Lochkarte als Informationsträger sowie Daten- und Programmspeicher. Bereits 1728 baute der französische Mechaniker Falcon einen extern gesteuerten Webstuhl, bei dem eine Reihe aneinandergeknüpfter Holzbrettchen mit unterschiedlichen Lochungen die Informationen zum automatischen Weben von Mustern lieferte. Es dauerte allerdings eine Generation, bis diese Technik extensiv eingesetzt wurde. Der mit Papplochkarten gesteuerte Webstuhl des Franzosen Joseph-Marie Jacquard aus dem Jahr 1805 hatte einen derartigen Erfolg, daß hier zum ersten Mal massive negative soziale Folgen von Automatisierung auftraten. Dies wird in Gerhart Hauptmanns Drama „Die Weber" anschaulich dargestellt.[42]

Die Entwicklung von mechanischen Rechenmaschinen und lochkartengesteuerten Webstühlen inspirierte in der ersten Hälfte des 19. Jahrhunderts den englischen Mathematiker Charles Babbage zu dem Versuch, einen programmierbaren Rechenautomaten zu bauen. Eine solche Maschine wäre mit ihrem Rechen-, Speicher- und Steuerwerk und ihren Datenein- und -ausgabevorrichtungen praktisch ein mechanischer Computer gewesen. Babbages Konstruktionen, die bis ins letzte durchdacht und geplant waren und teilweise mit Dampfkraft angetrieben wurden, versagten stets aufgrund mechanischer Probleme. Die theoretische Konzeption war perfekt, nur die Feinmechanik war noch nicht weit genug entwickelt, um den Anforderungen einer solchen Maschine gerecht zu werden und elektronische Bauteile gab es noch nicht.

Programmgesteuerte Rechenmaschinen und Datenverarbeitungsanlagen sind damit keine Erfindung unseres Jahrhunderts.[43] Hätte es die gewaltigen Fortschritte der Elektrotechnik und Elektronik seit damals nicht gegeben, so wären über kurz oder lang wohl dampfgetriebene Computer gebaut worden, die allerdings nie die Leistungsfähigkeit heutiger Rechner hätten erreichen können. Trotzdem mag dies als Indiz dafür gelten, daß bei allen Variationsmöglichkeiten menschlichen Fortschritts es letztlich nur die Naturgesetze sind, die die Bahnen dieses Fortschritts bestimmen. 1871 starb Babbage als verbitterter Mann; wäre er 100 Jahre später geboren worden, er hätte ein erfüllteres Leben gehabt.[44]

Die Lochkarte als Speichermedium für Zahlen beziehungsweise Informationen, wie sie auch Babbage verwendet hatte, setzte sich im großen Stil erst durch aufgrund der Arbeit des Amerikaners Hermann Hollerith, der sich von Babbages' Werk inspirieren ließ.[45] Hollerith entwarf für die im Jahr 1890 in den USA stattfindende Volkszählung eine Maschine, welche die auf Lochkarten befindlichen Informationen auswerten konnte. Dies geschah mit einer Kombination von Abzählstiften, die je nach Lochung der Karte Stromkreise schloß, die wiederum elektromagnetische Zählwerke oder Sortierklappen aktivierten. Die Lochungen jeder Karte stellten jeweils sämtliche erhobenen Daten einer Person dar; jeder Person war also eine Karte zugeordnet.

Mit dieser elektrischen Zähl- und Registriermaschine von Hollerith wurde es möglich, die Erhebungsdaten maschinell und damit schneller und zuverlässiger als je zuvor zusammenzuzählen. So war die 1890er Volkszählung in nur vier Wochen ausgewertet, während die der Volkszählung des Jahres 1880 sieben Jahre gedauert hatte.

In den folgenden Jahren setzte sich der Gebrauch von Hollerith-Maschinen mehr und mehr durch. Auch im kaufmännischen Bereich wurden sie bald verstärkt eingesetzt. Aus der Hollerith-Gesellschaft ging dann später (1924) die International Business Machine Company

IBM hervor. Allerdings gab es auch Vorbehalte gegen diese neue Technik. So lehnte man es im damaligen Deutschen Reich lange Zeit ab, Hollerith-Maschinen bei Volkszählungen zu verwenden, vornehmlich aus sozialpolitischen Gründen.[46] Bei der deutschen Volkszählung im Jahre 1910 wurden die Hollerith- Maschinen erstmalig verwendet.

2.2.6 Die Konstruktion funktionierender programmierbarer Rechenmaschinen

Zu Beginn des 20. Jahrhunderts existierten mit den mechanischen und elektromechanischen Rechenmaschinen Geräte, die automatisch Rechnungen ausführen konnten. In Form der Hollerith-Geräte gab es Maschinen, die mittels des Speichermediums Lochkarte große Zahlenbeziehungsweise Datenmengen zählen, sortieren und bald auch ausdrucken konnten. Der Versuch von Babbage, eine programmierbare Rechenmaschine zu bauen, lag ein Menschenleben zurück. In der Autobiographie von Konrad Zuse ist zu lesen: „Die technischen Schwierigkeiten, an denen Babbage scheiterte, waren bereits 1910 überwunden."[47] Und doch schrieb man bereits das Jahr 1941, als der junge deutsche Ingenieur Konrad Zuse mit seinem ZUSE Z3 den ersten betriebsfähigen programmgesteuerten Rechner der Welt fertigstellte. Man muß diesen Satz allerdings vor dem Hintergrund der Bescheidenheit Zuses sehen, der hier wohl seine Pionierleistung ein wenig als überfälligen Akt des Vollzuges vorhandener Erkenntnisse relativieren will. Dies gilt um so mehr, als Zuse zum damaligen Zeitpunkt weder die Arbeit von Babbage kannte noch mit der Booleschen Algebra besonders vertraut war.[48]

Zuse hatte 1938 in der Berliner elterlichen Wohnung sozusagen in Heimarbeit den mechanischen Programmrechner ZUSE Z1 fertiggestellt, der wie die Rechner von Babbage aufgrund mechanischer Probleme nie zur vollen Funktionsfähigkeit gelangte. Er arbeitete aber schon unter Verwendung bistabiler Schaltelemente nach dem dualen Zahlensystem.

Der ZUSE Z2 hatte bereits ein Rechenwerk aus elektromagnetischen Relais, wenn auch das mechanische Speicherwerk des Z1 beibehalten wurde. Die Fertigstellung des Z2 stand unmittelbar bevor, als Zuse 1939 zu Militärdienst einberufen wurde. Den Z3 stellte er dann 1941 im Auftrag der Deutschen Versuchsanstalt für Luftfahrt DVL fertig. Der Z3 war ein reiner Relaisrechner; das Rechenprogramm war auf einen Kinofilmstreifen gelocht, eine Tastatur diente zur Dateneingabe, ein Lampenfeld zur Datenausgabe. Das Anfang 1945 fertiggestellte Nachfolgemodell ZUSE Z4 war leistungsfähiger, hatte einen Magnetkernspeicher und besaß die Möglichkeit zur Programmverzweigung.

Z3 und Z4 wurden unter anderem zur Entwicklung fliegender Bomben und zu ballistischen Berechnungen eingesetzt. Nach dem Zweiten Weltkrieg gelangte der Z4 auf Umwegen zur Eidgenössischen Technischen Hochschule in Zürich, wo er noch viele Jahre zuverlässig arbeitete.

In seiner Eigenschaft als Pionier der Computertechnik hatte Zuse — sozusagen — das Pech, Deutscher zu sein. Seine Arbeit wurde von den Nationalsozialisten, denen der Ruf, Innovationen schnell und effektiv in die Realität umgesetzt zu haben, zu unrecht anhaftet, nicht in angemessener Weise gefördert und fand aufgrund der weltpolitischen Lage weitestgehend isoliert statt. So versuchten Zuse und sein Mitarbeiter Helmut Schreyer, der bereits Ende der 30er Jahre die Idee gehabt hatte, Mittel zum Bau eines großen Elektronenröhren-Rechners zu bekommen — ohne Erfolg.[49] Nach dem Krieg verhinderten die Umstände, Zuses persönliche Prioritäten und vielleicht die Charakteristika des Forschungsgebietes eine US-Karriere Zuses im Stile eines Wernher von Braun. Zuse gründete später in Deutschland eine Computerfirma, hatte einige Achtungserfolge und verkaufte in den 60er Jahren an die Siemens AG.

Die weitere Entwicklung der Computertechnik fand nahezu ausschließlich in den USA statt, wenn man von der britischen Grundlagenforschung auf diesem Gebiet absieht, die zur Entschlüsselung des deutschen Chiffriergerätes „ENIGMA" durch den Vakuumröhren-Rechner „COLOSSUS" des britischen Mathematikers Alan Turing führte.[50]

In den USA stellte Howard H. Aiken, Mathematik-Professor an der Harvard-Universität in Cambridge, 1944 einen elektromechanischen Rechner vor. Der Harvard MARK I, wie er genannt wurde, war im Vergleich zum ZUSE Z3 ein wahres Ungetüm von 35 Tonnen Gewicht und 16 Metern Länge. Der MARK I arbeitete in Anlehnung an das Konzept von Charles Babbage, das Aiken kannte, mit dekadischen Zählrädern nach dem Zehnersystem. Daher kamen die gigantischen Ausmaße und die im Vergleich zum Z3 geringere Rechengeschwindigkeit. Die Nachfolgemodelle des MARK I in den folgenden Jahren waren mehr und mehr auf der Vakuumröhren-Technik aufgebaut und wesentlich leistungsfähiger.

Die Verwendung von Elektronenröhren zum Rechnerbau lag aus folgenden Gründen nahe: Röhren lassen sich ebenso wie elektromagnetische Relais als bistabile Schaltelemente verwenden. Dies geschieht folgendermaßen; ein Elektronenstrahl durchläuft ungehindert das Vakuum einer luftleeren Röhre, vom elektrischen Minuspol (Kathode) zum Pluspol (Anode). Inmitten dieser Röhre liegt ein Metallgitter. Sobald auf dieses Metallgitter elektrische Spannung geschaltet wird, blockiert es den Elektronenstrahl. Durch eine sinnvoll kombinierte Schaltung einer Vielzahl solcher Elektronenröhren ist der Aufbau eines leistungsfähigen Rechners möglich. Ein mit Elektronenröhren ausgestatteter Rechner hat im Vergleich zu einem Relaisrechner den Vorteil, daß hier jede mechanische Bewegung wegfällt. Dadurch werden völlig neue Dimensionen in der Rechengeschwindigkeit erreicht. Von Nachteil sind der hohe Energieverbrauch und die begrenzte Lebensdauer der Röhren.

Die Amerikaner J.P. Eckert und J.W. Mauchly stellten 1945 an der Universität von Pennsylvania die erste vollelektronische Großrechenanlage der Welt fertig. Dieser Rechner, genannt ENIAC (Electronic Numerical Integrator and Computer), benötigte eine Grundfläche von mehr als 140 Quadratmetern, war mit über 18 000 Elektronenröhren ausgestattet und hatte einen Stromverbrauch von mindestens 150 Kilowatt. Er rechnete 2000 mal so schnell wie ein vergleichbarer Relaisrechner. Seine aufwendige Bauweise war unter anderem darauf zurückzuführen, daß er nach dem Zehnersystem arbeitete.

Wie erst sehr viel später ein bis in die 70er Jahre andauernder Patentstreit aufdeckte, hatte der mit Mauchly befreundete John V. Atanasoff, Professor am Iowa State College, bereits 1942 eine funktionsfähige elektronische Rechenanlage in Röhrentechnik fertiggestellt, die nach dem dualen Zahlensystem arbeitete.

2.2.7 Von der starren Programmsteuerung zum flexiblen Speicherprogramm

Die nächste bedeutende Neuerung bei programmierbaren Rechenanlagen war nicht, wie man vielleicht annehmen könnte, die Verbesserung durch die Transistortechnik. Es war keine Weiterentwicklung im technisch-physikalischen Sinn, sondern es war die Erfindung der Software.

Im Prinzip bestehen alle Rechner, sowohl die damaligen als auch die modernen, aus Datenein- und -ausgabevorrichtungen, einem Rechenwerk, einem Zahlen- beziehungsweise Datenspeicher und einem Steuerteil. Die Zahlen, mit denen gerechnet werden soll, beziehungsweise die sonstwie zu verarbeitenden Daten, werden über die jeweilige Eingabevorrichtung, beispielsweise eine Tastatur, in den Speicher eingegeben, und die logischen Schaltungen im Rechenwerk ermöglichen die Ausführung der Rechenoperationen. Das Steuerwerk lenkt den gesamten Prozeß, indem es Impulse aussendet, die das Rechenwerk dazu veranlassen, mit den richtigen Zahlen die gewünschte Operation auszuführen. Diese steuernde Impulsfolge ist das Programm; und das Programm wurde bei allen vor 1946 konstruierten Rechnern mit Hilfe von Lochstreifen oder Lochkarten direkt ins Steuerwerk eingegeben. Diese externen Speichermedien wurden elektrisch abgefühlt und unmittelbar als elektrische Steuerimpulse an die Maschine weitergegeben. Die Alternative waren fest verdrahtete sogenannte Programmtafeln, die mechanisch auswechselbar waren und jeweils direkt eine fest vorgegebene Kombination von Steuerimpulsen abgaben. In jedem Fall wurden die Rechner extern durch eine fest vorgegebene Impulsfolge starr gesteuert.

An diesem Punkt setzten die Überlegungen des amerikanischen Mathematikers John von Neumann an, die in ihrer Bedeutung und ihren Auswirkungen nicht hoch genug eingeschätzt werden können. Von Neumann schlug folgendes vor: Das Programm sollte genauso wie die zu verarbeitenden Daten codiert und in der Maschine gespeichert werden. Auf diese Art und Weise sind bedingte Befehle und Programmverzweigungen möglich, beispielsweise aufgrund von Zwischenergebnissen. Das Programm beziehungsweise einzelne Programmbefehle können dann von der Maschine selbsttätig verändert werden. So braucht zum Beispiel zur Addition von mehreren Zahlen nicht mehr die gleiche Anzahl von Additionsbefehlen durch das externe Programm gegeben zu werden, sondern mit einer Programmschleife im flexiblen Speicherprogramm wird nun dasselbe erreicht. Angenommen, die zu addierenden Zahlen befinden sich hintereinender im Speicher, in sogenannten Speicheradressen, was in der Regel der Fall ist, so werden nun mit einem einzigen Additionsbefehl die relevanten Speicheradressen nacheinander abgearbeitet, solange, bis die vorher definierte letzte Adresse erreicht ist. Dann kann der nächste Programmschritt ausgeführt werden.[51]

Die Wandlung von der starren externen Programmsteuerung zum flexiblen internen Speicherprogramm war zweifellos „die Wende vom 'Rechner' zur 'Datenverarbeitung'"[52], und es ist nicht untertrieben zu vermuten, daß ohne von Neumanns Konzept sich „die ganze seitherige Technik der Rechenautomaten wohl als eine Technik von Hochleistungsrechenmaschinen für Wissenschaftler und Ingenieure stabilisiert"[53] hätte. Eine solche Entwicklung wäre allerdings in jedem Fall sehr unwahrscheinlich gewesen, da bereits vor v. Neumann andere Wissenschaftler ähnliche, wenn auch weniger weitgehende Überlegungen in dieser Richtung angestellt hatten. Zuses „Plankalkül"[54] ist ein Beispiel hierfür.

Die ersten nach dem John-von-Neumann-Konzept arbeitenden Maschinen waren der englische EDSAC (Electronic Delay Storage Automatic Computer) aus dem Jahr 1946, der amerikanische EDVAC (Electronic Discrete Variable Automatic Computer), an dessen Konstruktion von Neumann selbst beteiligt war, der aber erst in 1952 fertiggestellt wurde sowie der Sequence Electronic Calculator SSEC, der erste große Rechner der IBM, der 1948 in New York vorgestellt wurde.

2.2.8 Weiterentwicklung der Datenverarbeitungstechnik zur modernen Mikroelektronik

Mit dem Ende der 40er Jahre begann die Vermarktung der Technologie der programmierbaren Datenverarbeitungsanlagen in Röhrentechnik. Weltgrößter Anbieter war von Anbeginn die IBM, die aus der Hollerith-Gesellschaft hervorgegangen war und von daher ihr Knowhow in Sachen Büro- und Verwaltungsorganisation effektiv einbrachte.[55]

Die nächste bedeutende Erfindung auf dem Gebiet der Computertechnik wurde allerdings nicht in den Forschungslaboratorien der IBM gemacht, sondern in denen der größten amerikanischen Telefongesellschaft Bell. Dies ist durchaus als ein markantes Indiz für die Verschmelzung von Computer- und Kommunikationstechnik anzusehen.[56] Es war die Erfindung des Transistors durch das Forschungsteam Bardeen, Brattain und Shockley im Jahr 1948. 1956 wurde sie mit dem Nobelpreis honoriert. Der Transistor kann auf allen Anwendungsgebieten, also auch bei elektronischen Rechenanlagen, die Elektronenröhre ersetzen und bietet darüber hinaus einige bedeutende Vorteile; so zum Beispiel um ein Vielfaches kleinere Abmessungen, höhere Schaltgeschwindigkeiten, niedrigere Betriebsspannung, sofortige Betriebsbereitschaft ohne die Notwendigkeit wie bei Röhren vorzuheizen, geringe Störanfälligkeit bei langer Lebensdauer sowie minimale Wärmeentwicklung. Die bei elektronischen Rechnern benötigte Funktion eines bistabilen Schaltelementes, auch Flip-Flop genannt, erfüllt der Transistor auf sehr viel einfachere Weise als die elektronische Vakuumröhre. Mehrere Schichten verschieden dotierter, das heißt mit wenigen Fremdatomen durchsetzte kristalline Festkörper, meist aus Germanium oder Silizium, werden dicht nebeneinandergepackt. Diese dotierten Materialien fungieren als Halbleiter, das heißt sie lassen je nach angelegter Spannung einen Elektronenstrom durch oder blockieren ihn. So kann eine mittlere Halbleiterschicht in einem Transistor die Leiter-Isolator-Funktion des Metallgitters einer elektronischen Vakuumröhre übernehmen.

Während die Elektronenröhren-Rechner als Computer der ersten Generation bezeichnet werden, nennt man die volltransistorisierten Datenverarbeitungsanlagen, die in der zweiten Hälfte der 50er Jahre auf den Markt kamen, die Computer der zweiten Generation. Die gesteigerte Leistungsfähigkeit dieser Maschinen sowie das Aufkommen externer Magnetspeicher[57] mit extrem schnellen Zugriffszeiten erleichterten der neuen Technik die Durchsetzung in Wirtschaft und Verwaltung.

Ende der 50er Jahre wurden in den USA die Bemühungen, eine weitere Miniaturisierung und Leistungssteigerung in der Elektronik zu erreichen, immer mehr vorangetrieben. Hier waren natürlich kommerzielle Gesichtspunkte ein Antrieb, aber auch die Folgen des Sputnik-Schocks sind in ihrer Bedeutung für die Entwicklungssprünge der Mikroelektronik nicht zu unterschätzen.[58] Der erste Start eines Satelliten, des Sputnik, der 1957 den Sowjets gelang, führte dazu, daß amerikanische Politiker und Militärs Forschung und Entwicklung in dieser Richtung forcierten. Die sogenannte dritte Computergeneration der späten 50er und frühen 60er Jahre war gekennzeichnet durch einen Aufbau mit Transistoren, die nur mehr die größe von Salzkörnern hatten. Anfang der 60er Jahre ging man dazu über, mehrere Transistoren und andere Schaltelemente auf einer Siliziumplatte zusammenzufassen. Diese steckte mit Anschlußstiften auf einer mit Leiterbahnen versehenen Schaltkarte steckte und war so mit den anderen Bauteilen, auch Module genannt, verbunden.

Im Verlauf der 60er Jahre wurde die Methode, Schaltelemente auf einer Siliziumscheibe zusammenzufassen, immer weiter perfektioniert. Die amerikanischen Firmen Fairchild Semiconductor und Texas Instruments hatten maßgeblichen Anteil an dieser Entwicklung. Die Industrie, die die Herstellung und Weiterentwicklung dieser Silicon-„Chips" mit integrierten Schaltkreisen (Integrated Circuits, -ICs) betrieb, konzentrierte sich im Lauf der 60er Jahre räumlich in Palo Alto, Südkalifonien, der Heimatstadt von William Shockley, der dort nach seinem Ausscheiden bei den Bell Laboratories 1955 eine eigene Firma gegründet hatte. (Nach der aus Quarzsand gewonnenen Grundsubstanz der Chips Silizium wurde das dort entstehende Industriegebiet später „Silicone Valley" genannt.) Hier kam es während der 60er und 70er Jahre zu einer selbst für amerikanische Verhältnisse außerordentlichen Welle von Firmengründungen, -niedergängen, Personal- und damit Know-how-Fluktuation, zu Konkurrenzkämpfen mit den obligatorischen Patentstreitigkeiten und intensiven Forschungs- und Entwicklungsanstrengungen.[59]

Die Computer der vierten Generation, die seit Mitte der 60er Jahre gebaut werden, zeichnen sich durch Chip-Bausteine von außerordentlicher Integrationsdichte aus. Dies wird mit fotochemischen Herstellungs- und Dotierverfahren bei extrem hohen Temperaturen erreicht.[60] 1970 brachte die im „Valley" ansässige Firma Intel den ersten Mikroprozessor-Chip auf den Markt, der etwas pathetisch „Computer auf einem Chip" genannt wurde. Dies trifft insoweit zu, als es hier in der Tat erstmals gelungen war, komplizierte Logikschaltungen nach der Booleschen Algebra und dem Dualsystem, sozusagen das Steuer- und Rechenwerk des Computers, auf einem Chip zu integrieren.

Mit der Entwicklung des Mikroprozessors wurde die Entwicklung zum Mikrocomputer der Gegenwart eingeleitet, der den Stand der Mikroelektronik repräsentiert, welcher die modernen und bevorstehenden Telekommunikationstechniken und -Medien ermöglicht. Der Terminus Mikroelektronik hat direkt nichts mit dem Mikroprozessor zu tun, er bezeichnet allgemein die Miniaturisierung der Elektronik seit den 50er Jahren.[61]

Durch die Entwicklung des Mikroprozessors erreichte die Mikroelektronik ein Stadium, in dem es technisch, aufgrund der Kompaktheit der Bauteile, und ökonomisch, aufgrund von kostengünstiger Massenproduktion, möglich wurde, alle denkbaren (und undenkbaren) Waren, Geräte, Gegenstände des täglichen Lebens, zu computerisieren, das heißt zur leichteren Bedienung und effektiveren Funktion Computersteuerungen einzubauen. Ein vielstrapaziertes aber plastisches Bild, das die Leistungssteigerung und Kompaktheit moderner Mikroelektronik im Vergleich zu den frühen Röhrenrechnern verdeutlicht, ist das vom Automobil, das bei einer entsprechenden Entwicklung heute nur noch 10 DM kosten, 10 000 Stundenkilometer schnell fahren, 5 000 Personen befördern und 0,05 Liter Benzin auf 100 Kilometer verbrauchen würde.[62] Die Tatsache, daß militärische Interessen einen zumindest erheblichen Einfluß bei dieser Entwicklung hatten, wird von Kritikern oft als generelles Argument gegen die Mikroelektronik in ihrer heutigen Form verwendet.[63] Die zivile Auswertung der neuen Technik klappte mit der Verbesserung existierender Produkte jedenfalls sehr gut, auch wenn es in einigen Bereichen, so zum Beispiel bei der Digitaluhr, Marketing-Probleme gab.[64]

Beim Verkauf der neuen Technik an Privathaushalte in Form von kleinen sogenannten Homecomputern oder von gänzlich neuen Produkten auf der Basis dieser Technik wie zum Beispiel den Computerspielen[65] zeigte die etablierte Industrie allerdings weniger Initiative als junge Menschen, die sozusagen mit der neuen Technik aufgewachsen waren. Der junge Elektronik-Ingenieur Nolan Bushnell, der in seinen Semesterferien in einem Vergnügungspark gejobt hatte, gründete 1972 die Firma Atari, die bald der weltgrößte Hersteller von Computerspielsystemen, irreführenderweise auch Videospiele genannt, wurde; und der Werdegang der Twens aus dem Valley, Jobs und Wozniak, die 1976 in einer Garage bei dröhnender Rockmusik Computer zusammenbauten und deren Firma Apple Computer 1980 einen Umsatz von 100 Millonen Dollar hatte, ist heute Geschichte.

Sobald freilich solche Dimensionen erreicht waren und man damit begann, an die Börse zu gehen oder auf Venture-Capital zurückzugreifen, schwand der Einfluß der Gründerväter, (oder besser -söhne) in ihren Firmen.[66] Für die Initialzündungen waren sie jedoch unentbehrlich gewesen.

2.2.9 Aktuelle Entwicklungstendenzen
der Mikroelektronik

Im Verlauf der 80er Jahre wurde die mikroelektronische Technik immer leitstungsfähiger und billiger. Es ist mittlerweile eine Selbstverständlichkeit, daß Gebrauchsgegenstände soweit möglich mit mikroelektronischen Bauteilen versehen sind, von der Uhr über die Kaffee-, die Waschmaschine bis zum Automobil. Die industrielle Fertigung dieser Dinge sowie alle anderen Produktionsbereiche sind ebenfalls zu einem guten Teil computergesteuert.[67] Die Rationalisierung des Produktionsprozesses durch Mikroelektronik bewirkte letztlich, daß Lebenstandard und soziale Sicherheit für breite Bevölkerungsschichten der Industrienationen in den letzten Jahrzehnten das gegenwärtige Niveau erreichten. Allerdings könnte eine weitere Folge dieser Entwicklung zweifellos ein gesteigertes Arbeitslosenpotential sein, das bei einer Trendfortsetzung unter gleichbleibenden Rahmenbedingungen ein für demokratische Systeme noch dysfunktionalerer Faktor werden dürfte, als eine liberale Wirtschafts- und Innenpolitik funktional ist.[68]

Die technische Zukunftsperspektive ist die, daß die „mikrominiaturisierte Technik der integrierten Schaltkreise"[69] konsequent weiterentwickelt werden wird. Bis hier die endgültigen physikalischen Grenzen erreicht sind, die vorwiegend in der maximalen Beweglichkeit der Elektronen in den Leiterbahnen und der thermischen Erwärmung des Chips liegen, ist noch eine Leistungssteigerung um ein Vielfaches möglich.[70] Und selbst hier zeichnet sich bereits die Alternative der Verwendung anderer, eventuell völlig neu zu entwickelnder Materialien, sowie neuer und aufwendiger Kühltechniken ab. Mikrochips werden wie gesagt in einem komplizierten fotochemischen Verfahren hergestellt. Dabei wird vor der Dotierung durch eine Maske hindurch eine auf den Siliziumträger aufgebrachte lichtempfindliche Schicht mit dem Schaltmuster belichtet.[71] Um hier feinere Strukturen realisieren zu können, wird man in absehbarer Zeit auf Projektionstechniken mit kürzerwelligen Röntgenstrahlen ausweichen müssen.[72]

Eine wichtige gegenwärtige Entwicklung ist der Trend zu sogenannten Expertensystemen. Diese bestehen aus speziellen Softwaresystemen, das heißt nichts anderes als Programmen, in denen das durch intensive Befragung ermittelte Fachwissen von Spezialisten eines Anwendungsbereiches gespeichert ist. Typische Einsatzgebiete sind beispielsweise Ölbohrung, medizinische Diagnose oder technische Reparaturen. Solche Expertensysteme ermitteln im Dialog mit dem Anwender Fehler, stellen Diagnosen und geben Ratschläge.[73] Ein früher Prototyp eines Expertensystems war in seiner Erscheinungsweise, nicht in seiner Intention, das ELIZA-Programm des amerikanischen Computerwissenschaftlers Joseph Weizenbaum aus den späten 60er Jahren, das einen Fragen stellenden Psychotherapeuten simulierte, beziehungsweise parodierte.[74]

Aufbauend auf den Expertensystemen zeichnet sich für die Zukunft eine Weiterentwicklung der Hardware in Richtung superhoch integrierter Schaltkreise[75] ab. Dies werden Computersysteme sein mit nicht einer, sondern mehreren CPUs[76] und einer sogenannten assoziativen Speicheranordnung. Derartige Systeme arbeiten nicht nur wesentlich schneller als herkömmliche Rechner, sie erbringen Leistungen von völlig neuer Qualität.[77] KI, künstliche Intelligenz, beziehungsweise der entsprechende Anglizismus AI für artificial intelligence, Computer der 5. Generation und Wissensbanken sind die Schlagwörter, die hier auf zukünftige Entwicklungen hinweisen. An der Entwicklung von Computern der 5. Generation arbeiten insbesondere japanische Firmen mit massiver Unterstützung der japanischen Regierung. Ziel ist es, den traditionellen amerikanische Forschungs- und Entwicklungsvorsprung zu brechen.

Unter Computern der 5. Generation wird man sich in etwa folgendes vorstellen können: Rechenanlagen, die aus einer Vielzahl zum Teil parallel arbeitender Einheiten bestehen. Man könnte sie auch als „verkettete Expertensysteme..., die nicht mehr über Daten, sondern über ihre Endergebnisse miteinander kommunizieren"[78] bezeichnen. Durch diese neue Art der Datenverabeitung wird, zusammen mit neuen Datenspeichern von großer Kapazität und extrem schnellem Zugriff auch über entsprechende weiträumige Datennetze, das Manko der engen thematischen Begrenztheit und der relativen Starrheit heutiger Expertensysteme weitgehend relativiert werden. Man wird hier wahrscheinlich eher von Wissensverarbeitung sprechen. Wissensbasen, die potentiellen Nachfolger heutiger Datenbanken und -basen, werden aller Wahrscheinlichkeit nach mit einer gewissen kreativen Allgemeinbildung aufwarten können.[79] Natürlich-sprachliche Schnittstellen,[80] zuerst in schriftlicher, später in mündlicher Form, werden es ermöglichen, ohne spezielle Vorkenntnisse diese Systeme zu benutzen, was zur allgemeinen Akzeptanz beitragen dürfte. Die heutigen Datenbanken mit ihren uneinheitlichen und teilweise komplizierten Retrievalsprachen[81] sowie der Beruf des Wissensingenieurs oder Informationsbrokers würden im Zuge dieser Entwicklung überflüssig.[82]

Im Bereich der Produktion werden die heute bereits üblichen Systeme zur computergestützten Konstruktion, CAD und CAE (Computer Aided Design und Engineering), mit den computergesteuerten Produktionsanlagen, so zum Beispiel den sogenannten Industrierobotern und mit der Datenverabeitung im Büro- und Verwaltungsbereich, zusammenwachsen. Die Entwicklung von der computerunterstützten Fertigung CAM (Computer Aided Manufacturing) zur vollkommen rechnerkontrollieren Fertigung CIM (Computer Integrated Manufacturing) ist absehbar.[83] Ist das CIM-Konzept realisiert, so läuft in dem betreffenden Betrieb von Auftragserteilung und -annahme über die Planung, die Konstruktion bis zur Fertigung alles rechnergesteuert ab — und zwar im Rahmen eines integrierten Systems.[84] Dies ist ein gewaltiger Schritt in Richtung vollautomatische Fabrik und läßt die Möglichkeit der Konstruktion von Sich-selbst-reproduzierenden-Systemen, sogenannten von-Neumann-Maschinen, in neuem Licht erscheinen.[85]

In den Bereichen Dienstleistungen und Handel zeichnen sich aufgrund der weiterentwickelten Mikroelektronik ähnliche Integrationstendenzen ab. Die Selbstbedienungsautomaten der Banken, das „home banking" via Bildschirmtext sowie die Nutzung von Rechnerverbundsystemen im Handel sind Beispiele hierfür.[86]

2.3 Die Kombination von Nachrichtentechnik und Mikroelektronik zur Telematik

Die Entwicklungsstränge der Nachrichtentechnik und der Mikroelektronik begannen in den 1960er Jahren zusammenzuwachsen. Dieser Verschmelzungsprozeß intensivierte sich in den letzten Jahren immer weiter, so daß man hier ohne Übertreibung von einem Phänomen völlig neuer Qualität sprechen kann. Ob man diese Entwicklung mit werbewirksamen Anglizismen wie „Compunication" oder in kargem Amtsdeutsch als „Neue Informations- und Kommunikationstechniken" bezeichnet, ist vergleichsweise unerheblich.[87] Viel wichtiger sind die von dieser Entwicklung weiter zu erwartenden Auswirkungen im sozialen, ökonomischen und politischen Bereich sowie auf die Gesellschaft als Ganzes. Es macht sich hier in der spezifischen Literatur, in der Politik und verzögert auch in der Öffentlichkeit die Überzeugung breit, daß die sich abzeichnenden wirtschaftlichen und damit sozialen Umstrukturierungen von einer Bedeutung sind, die derjenigen der sogenannten „industriellen Revolution" des 19. Jahrhunderts mindestens gleichkommt. Man spricht von der „dritten industriellen Revolution"[88]. Als Zielrichtung des Entwicklungstrends wird weitgehend übereinstimmend eine „postindustrielle-" oder „Informationsgesellschaft"[89] angesehen.

Die technische Entwicklung, die den Weg in diese Informationsgesellschaft ebnet, ist wie gesagt das Verwachsen der Mikroelektronik mit der Nachrichtentechnik. In den 50er Jahren, als die Computertechnik und Informatik dem Forschungsstadium zu entwachsen begann, und auch noch in den 60er Jahren wurden die damaligen Großcomputer der zweiten und dritten Generation[90] außer in Forschung und Entwicklung und dem militärischen Bereich zur Massendatenverarbeitung in Wirtschaft und Verwaltung eingesetzt. Das geringe Maß an Flexibilität und Schnelligkeit von Hardware und Software verlangte, daß die Arbeitsvorgänge im Verwaltungs- und Bürobereich weitgehend an die elektronische Datenverarbeitung angepaßt wurden. Dies äußerte sich zum Beispiel in Form von Routineaufgaben wie der massenhaften Erstellung von Ablochbelegen und Lochkarten sowie der zentralen Stapelverarbeitung von Lochkarten.[91]

Diese Großdatenverarbeitungsanlagen in Wirtschaft und Verwaltung waren voneinander isoliert, und speziell die Großunternehmen der Wirtschaft hatten ein starkes Interesse daran, die Rechner verschiedener Filialen und Tochterunternehmen zu verbinden, um effizienter planen, produzieren und auch kontrollieren zu können. In der Bundesrepublik standen zu diesem Zweck zwei Netze zur Verfügung beziehungsweise wurden von der Bundespost verfügbar gemacht: das Telefonnetz und das Telexnetz.

Im Folgenden sollen die technischen Grundlagen der Übertragung von Computerdaten in Nachrichtennetzen kurz erläutert werden.

Ein Computer stellt mit den in seinem Speicherwerk vorhandenen beziehungsweise eingegebenen Daten mittels seines Steuer- und Rechenwerks logische Operationen an, entsprechend einem ebenfalls im Speicherwerk abgelegten System von Befehlen, dem Programm (Software). Dieser Vorgang wird physikalisch mit der Hardware realisiert. Die Hardware besteht heute in der Regel aus hochintegrierten Siliconhalbleitern, genannt „Chips“.[92] Die Daten, die der Computer verarbeitet, sind physikalisch nichts anderes als eine Vielzahl von elektrischen Impulsen beziehungsweise Spannungszuständen und Nicht-Spannungen. Auf Leibniz’ jahrhundertealter Idee fußend wird Information auf ihre kleinste Maßeinheit zurückgeführt, das Zeichen oder Nicht- beziehungsweise andere Zeichen bei gleicher Ereigniswahrscheinlichkeit, in diesem Fall die hohe und die niedrige elektrische Spannung.[93] Eine solche kleinstmögliche Informationseinheit, als Binärzahl ausgedrückt eine Null oder eine Eins, nennt man ein Bit, die Abkürzung für „binary digit“, zu deutsch „Binärziffer“ oder „-stelle“. Die Mikroprozessoren moderner Computer verarbeiten Daten in Gruppen zu acht Bits. Eine solche 8-Bit-Information wird 1 Byte genannt.[94] Viele Personalcomputer und einige Homecomputer[95] sind heute bereits mit 16- oder gar 32-Bit-Prozessoren ausgestattet, was die Arbeitsgeschwindigkeit und den Bedienungskomfort beträchtlich erhöht.[96]

Die Darstellung von Zahlen und Zeichen in Form von binären Ziffern-
beziehungsweise Impulsfolgen wird auch „digital" genannt. Diese digitale Darstellung steht im Gegensatz zur analogen Darstellung, das
heißt dem „Prinzip der Darstellung durch analoge Größen, zum Beispiel einer Zahl durch ein elektrisches Feld entsprechender Stärke."[97]

Es lassen sich nicht nur Zahlen digital darstellen, sondern im Grunde
jede Information, angefangen bei Buchstaben, über akustische und
grafische Signale bis zu sensorischen Wahrnehmungen. Es gibt hier
eine Vielzahl von Endgeräten, die jeweils zur Digitalisierung einer spezifischen Informationsart fähig sind; so können beispielsweise akustische Frequenzen mittels spezieller A-D(analog-digital)-Wandler blitz-
schnell abgetastet werden und sind dann als digitale Signalfolge
übertrag- und verarbeitbar. Dieses Verfahren wird PCM (pulse code
modulation) genannt.[98] Mit der Digitalisierung kann das Signal also
durch Computer gespeichert, kopiert, verändert und analysiert werden. Dem Computer ist es, salopp gesagt, „egal" mit welcher Art von
Daten erarbeitet, nur digital müssen sie sein.[99]

Digitalisierte Daten können selbstverständlich, ganz gleich welchen
Ursprungs sie sind, als Folge elektrischer Impulse mit Hilfe von Relais-
station mit elektrisch leitfähigem Kabel über beliebige Entfernungen
übertragen werden. Hier unterscheiden sie sich — abgesehen von der
hohen Übertragungsgeschwindigkeit — im Prinzip nicht von den
handgemorsten Impulsfolgen in den Telegrafennetzen der Pionierzeit
moderner Nachrichtentechnik.[100]

Im Telefonnetz allerdings, das ja ursprünglich ausschließlich auf die
analoge Sprachübertragung in Form von Tonfrequenzen hin konzi-
piert war, müssen demnach zum Zweck der Übertragung digitaler Daten Trägerfrequenzen moduliert und demoduliert werden, das heißt
eine hohe Frequenz schwankt in einer vom zu übertragenden Signal gesteuerten Weise. Hierzu bedarf es auf der Sender- und auf der Empfängerseite einer zusätzlichen technischen Einrichtung, eines Modems
(MOdulator/DEModulator). Das Modem nimmt praktisch eine Fre-
quenzumschaltung vor, es stellt die binären Zahlwerte 0 und 1 als zwei
unterschiedliche Frequenzen dar. Auf der Empfängerseite läuft der
umgekehrte Vorgang ab.

Allerdings stellt sich für die Übertragung der für Datenverarbeitungssysteme typischen digital codierten Signale „...ein homogenes Netz, welches die digitalen Signale ohne Umwandlung in analoge Signale transportiert, als eleganteste und wirtschaftlichste Lösung dar."[101]

Hier sind zwei Hauptformen von Datennetzen zu unterscheiden; Leitungsvermittlungsnetze und Paketvermittlungsnetze. In Leitungsvermittlungsnetzen geschieht die Datenübertragung auf einer festgeschalteten Leitung zwischen den kommunizierenden Datenendstationen. Die Paketvermittlung von Daten ist wesentlich effektiver, da hier die vorhandene Netzkapazität optimal ausgenutzt wird. Zu übermittelnde Daten werden hier zu sogenannten Datenpaketen geschnürt, das heißt, der zu übermittelnde Datensatz wird mit einem Digitalcode versehen, der die Zieladresse angibt. Dank der Zieladresse können mehrere Datenpakete zusammen übertragen werden. In den Vermittlungsknoten solcher Netze werden die ankommenden Datenpakete nach den Zieladressen neu sortiert, neu zusammengestellt und entsprechend weitergeleitet. Daß hier keine festgeschaltete Verbindung vorliegt, fällt aufgrund der hohen Geschwindigkeit des Gesamtablaufs kaum auf. Man spricht hier auch von virtuellen (scheinbaren) Verbindungen. Die Netzkapazität wird wie gesagt optimal ausgelastet und es können sogar eine Vielzahl von Verbindungen auf ein und derselben Leitung realisiert werden.[102] Solche Datennetze, die speziell auf die Bedürfnisse der Computerkommunikation ausgerichtet sind, wurden mit Beginn der 80er Jahre von der Deutschen Bundespost aufgebaut und entstanden auch in allen anderen Industrienationen. Da auch das analoge Telefonnetz zur Datenübertragung geeignet ist, wenn auch mit Einschränkungen bei der Übertragungsgeschwindigkeit, kann man bereits jetzt von einem weltweiten Datenübertagungsnetz sprechen.

Die bisherige und die zukünftige Entwicklung der Telematik wird maßgeblich bedingt durch folgende Faktoren:

Einmal die Weiterentwicklung kommunikationstechnischer Endgeräte sowie deren Integration in Computersysteme im Verwaltungs-, Produktions- und Privatbereich. Dies wird möglich aufgrund von Fortschritten in der Mikroelektronik. Hierbei ist es wichtig zu bedenken, daß in diesem Zusammenhang die Weiterentwicklung von Software neben der Forschung und Entwicklung im Hardwarebereich eine zentrale Rolle spielt.[103]

Das zweite Standbein der Telematik ist die Weiterentwicklung der Netze, mittels derer die Endgeräte kommunizieren. In dem Maße, in dem die Endgeräte leistungsfähiger und schneller werden, müssen die Kommunikationsnetze in der Lage sein, größere Mengen an Daten beziehungsweise Information pro Zeiteinheit zu transportieren, man spricht hier auch von Breitbandigkeit. Und in dem Maße, in dem es sinnvoll oder notwendig wird, immer mehr Teilnehmern, beispielsweise bis hinunter auf die Ebene von Kleinbetrieben, Privathaushalten oder Individuen, direkten Zugang zu bestimmten Kommunikationsnetzen zu verschaffen, müssen die Netze engmaschiger werden.

Die Entwicklung einer weltweiten Telematik aus den beiden genannten Wurzeln heraus ist keineswegs etwas, das bevorsteht und absehbar ist, sondern sie ist etwas, das hier und heute weltweit stattfindet. Die Entwicklung ist im Gange, auch wenn ihre Auswirkungen noch nicht voll durchschlagen. In der Bundesrepublik geschieht der Ausbau der Kommunikationsnetze in alleiniger Verantwortung der Deutschen Bundespost, die Endgeräte werden von der Privatwirtschaft entwickelt. Speziell im Bereich der Kommunikationsnetze werden zur Zeit in der Bundesrepublik entscheidende Maßnahmen ergriffen, die später noch im einzelnen zu untersuchen sein werden.[104]

An dieser Stelle mag es genügen festzuhalten, daß die gesellschaftlich allgemein verfügbaren Kommunikationsmöglichkeiten bezüglich sämtlicher qualitativer und quantitativer Bewertungskriterien eine enorme Steigerung erfahren und weiter erfahren werden. „Unsere Möglichkeiten, uns Welt materiell und intellektuell anzueignen und dies kommunikativ zu verwerten, werden so erheblich erweitert werden, daß der Verdacht revolutionärer Auswirkungen berechtigt ist", schreibt Gernot Wersig, ein eher kritisch eingestellter Kommunikationswissenschaftler, in diesem Zusammenhang.[105]

Im folgenden sollen technische, strukturelle, organisatorische, ökonomische und soziale Aspekte der kommunikativen Revolution durch die Telematik in der Bundesrepublik näher untersucht werden.

3. Stand und Perspektive der Telematik in der Bundesrepublik Deutschland

3.1 Die Neustrukturierung des Telekommunikationswesens

3.1.1 Juristische Grundlagen vor der Neustrukturierung

Die wichtigste rechtliche Grundlage des Fernmeldewesens (zeitgemäße Bezeichnung: Telekommunikationswesen) in der Bundesrepublik war bis zum 31.6.1989 das Gesetz über Fernmeldeanlagen oder Fernmeldeanlagengesetz (FAG). Es ist mittlerweile im Poststrukturgesetz aufgegangen.[1] Das FAG war, ebenso wie es das neue Poststrukturgesetz ist, ein Bundesgesetz. Es besagte, daß das ausschließliche Recht der Errichtung und des Betreibens von Fernmeldeanlagen Staatshoheitsrecht ist und beim Bund liegt. Der Bundesminister für das Post- und Fernmeldewesen übte dieses Hoheitsrecht aus. Die Befugnis zur Errichtung einzelner Fernmeldeanlagen konnte nach dem FAG verliehen, das heißt genehmigt werden.[2] Das FAG stützte sich in der Hauptsache auf die Artikel 73 Nr.7 und 87 Abs.1 des Grundgesetzes der Bundesrepublik Deutschland. Hier wird dem Bund die ausschließliche Gesetzgebungskompetenz über das Post- und Fernmeldewesen zuerkannt, und es wird festgelegt, daß die Bundespost in bundeseigener Verwaltung mit eigenem Verwaltungsunterbau geführt wird. Ein staatliches Fernmeldemonopol wird im Grundgesetz allerdings nicht vorgeschrieben.

Das FAG stammte, abgesehen von einigen relativ wenig bedeutenden strafrechtlichen Nebenbestimmungen, noch aus der Weimarer Republik, aus dem Jahr 1928.[3] Das im FAG festgeschriebene Fernmeldemonopol der Deutschen Bundespost war sehr umfassend. Fernmeldeanlagen wurden hier verstanden (im Sinne eines Urteils des Reichsgerichtes bezüglich der Definition von Telegrafenanlagen aus dem Jahr 1889) als Anlagen für „...jede Nachrichtenbeförderung, welche nicht durch den Transport des körperlichen Trägers der Nachrichten von Ort zu Ort, sondern dadurch bewirkt wird, daß der an einem Orte zum sinnlichen Ausdruck gebrachte Gedanke an einem anderen entfernten Orte sinnlich wahrnehmbar wiedererzeugt wird."[4]

Die weite Fassung des Fernmeldemonopols der Post ließ jede Erfindung, jede Neuerung im Fernmeldebereich unter dieses Monopol fallen. Dies war solange von vergleichsweise geringer Bedeutung, wie technische Neuerungen lediglich Detailbereiche der klassischen Fernmeldedienste Telegrafie, Telefonie und Fernschreiben (Telex) betrafen. In dem Maße allerdings, in dem technische Innovationen volkswirtschaftlich und gesamtgesellschaftlich rapide an Bedeutung gewannen, in dem qualitativ und quantitativ völlig neue Telekommunikationsdienste entstanden, mehrten sich die Stimmen, die eine weitere automatische Ausbreitung des Fernmeldemonopols der Post verhindern wollten. Ein bedeutender Aspekt hierbei ist zweifellos auch der Jahresumsatz im Fernmeldewesen von gut 20 Milliarden DM, der in der deutschen Wirtschaft „Begehrlichkeiten wecken" mag.[5]

Allerdings wird in der juristischen Fachliteratur Artikel 87 Absatz 1 des Grundgesetzes ein materieller Gehalt zugeordnet, der das Post- und Fernmeldewesen in Form einer Aufgabenzuweisung verfassungsrechtlich zur staatlichen Leistungsaufgabe erklärt.[6] Demnach kann der einfache Gesetzgeber durch Änderung oder Ersetzung des FAG keine Privatisierung der Bundespost verfügen; hierzu bedürfte es einer Verfassungsänderung. Als relativierend erweist sich in diesem Zusammenhang allerdings die Tatsache, daß das Grundgesetz den der Bundespost zugewiesenen Aufgabenbereich nicht näher definiert.

In der Literatur hat sich weitgehend die Meinung durchgesetzt, daß die wesentlichen Dienstleistungen des Post- und Fernmeldewesens, die „nach allgemeiner Übereinstimmung"[7] im gesamten Bundesgebiet zu gleichen Bedingungen angeboten werden müssen, von der Bundespost selbst zu erbringen sind.[8] Hierzu dürften im Fernmeldebereich der Aufbau und Betrieb der Kommunikationsnetze sowie der einfache herkömmliche Fernmeldedienst zählen. Man spricht hier auch von der Verpflichtung der Post auf eine notwendige „Daseinsvorsorge".[9]

Freilich ist das grundgesetzliche Gebot einer staatlichen Leistungsaufgabe „Daseinsvorsorge im Fernmeldewesen" nicht zu verwechseln mit einem grungesetzlich verfügten *Monopol* auf diesem Bereich. So ist die Einführung eines konkurrierenden privatwirtschaftlichen Angebots durch einfache Gesetzesänderung in allen Bereichen des Fernmeldewesens möglich und wurde mit Inkrafttreten des Poststrukturgesetzes auch teilweise realisiert.[10]

Was zum Beispiel den Aufbau und den Betrieb von Fernmeldenetzen angeht, so wird häufig die Meinung vertreten, es existiere hier schon aus rein ökonomischen Gründen ein „natürliches Monopol".[11] Würden mehrere Betreiber von Fernmeldeanlagen auf demselben geographischen Gebiet miteinander konkurrieren, so entstehe aus Gründen der massiven Kostendegression bei steigender Unternehmensgröße ein Verdrängungswettbewerb, der über kurz oder lang wieder nur einen Konkurrenten übrig ließe. So einleuchtend dieses Argument auch ist, durch neue Technologien könnte es an Wahrheitsgehalt verlieren, wie die jüngere Entwicklung in den USA zeigt.[12]

Das Fernmeldewesen erfuhr in der Vergangenheit bereits verschiedene Eingrenzungen durch das Bundesverfassungsgericht, die ein Ausufern des Fernmeldemonopols verhinderten. Im sogenannten Fernsehurteil vom 28.2.1961[13] grenzte das Bundesverfassungsgericht das Fernmeldewesen vom Rundfunk ab, indem es klarstellte, daß Rundfunk grundsätzlich Ländersache ist und lediglich die der Verbreitung, also dem Senden dienenden technischen Vorgänge dem Fernmeldewesen und damit der Kompetenz der Bundespost zuzuordnen sind. Interessanterweise macht das Bundesverfassungsgericht die Bemerkung, daß der Bund auch außerhalb der Bundespost Anstalten des öffentlichen Rechts bilden kann, die rundfunksendetechnische Fernmeldeanlagen errichten und betreiben dürfen.[14]

In einer weiteren zentralen Entscheidung des Bundesverfassungsgerichtes, der sogenannten Direktrufentscheidung vom 12.10.1977,[15] wurde das Fernmeldewesen von der Datenverarbeitung abgegrenzt. Das Gericht stellt hier fest, daß auch zum Zeitpunkt der Verabschiedung des FAG unbekannte Fernmeldetechniken wie die digitale

Nachrichten- und Datenübertragung technisch und rechtlich dem Fernmeldewesen zuzuordnen sind. Es bezweifelt aber gleichzeitig die Zuständigkeit der Bundespost im Bereich der Datenfernverarbeitung für Dritte. Demnach[16] zählt der Bereich der Datenverarbeitung nicht zum Fernmeldewesen. Die Bundespost hat auch niemals entsprechende Ansprüche angemeldet. Daraus folgt, daß auch die Bürokommunikation im Rahmen lokaler Netzwerke (Local Aerea Networks — LANs) und ebenso CAD, CAE, CIM[17] nicht dem Fernmeldebegriff zuzuordnen sind; zumindest solange nicht, wie die hierzu erforderlichen „Telematikgeräte"[18] nur auf privaten beziehungsweise firmeneigenen Geländen und nicht über Netze der Bundespost kommunizieren.

Laut Postverwaltungsgesetz hat der Bundespostminister das Recht, zur Regelung der Nutzungsbedingungen und Nutzungsgebühren von Einrichtungen des Fernmeldewesens Rechtsverordnungen zu erlassen. Es sind dies die Verordnung über den Fernmeldeverkehr und die Verordnung über die Gebühren im Fernmeldeverkehr mit dem Ausland und die entsprechenden Verordnungen über den Post- und Fernmeldeverkehr mit der Deutschen Demokratischen Republik. Die Benutzungsverordnungen, die das Fernmeldewesen innerhalb der Bundesrepublik Deutschland betreffen, sind die Fernmeldeordnung, die Telegrammordnung, die Verordnung für den Fernschreib- und Datendienst sowie die Verordnung über das öffentliche Direktrufnetz für die Übertragung digitaler Nachrichten. Diese Verordnungen wurden mit Wirkung vom 01.01.1988 zu einer einzigen, neuen Verordnung zusammengefaßt. Die „Telekommunikationsordnung" (TKO), vom Bundesminister für das Post- und Fernmeldewesen Christian Schwarz-Schilling als „Meilenstein in der Geschichte der Geschäftsbedingungen des Fernmeldewesens"[19] bezeichnet, hat einen um ein Drittel geringeren Umfang als die vier vorherigen Verordnungen und stellt insofern eine Vereinfachung und Verbesserung der Übersichtlichkeit für den Benutzer dar.

Ein wichtiger Grund für die Einführung der TKO ist der Aufbau des diensteintegrierenden digitalen Universalnetzes ISDN (Integrated Services Digital Network)[20], das bis 1993 bundesweit flächendeckend zur

Verfügung stehen soll. Es ist in der Lage, bisherige Dienste und Netze in einem Maße zu verbessern und vor allem zu integrieren, das eine Integration auch im Bereich der einschlägigen Verwaltungsverordnungen nahelegt. Die TKO enthält unter anderem das weltweit erste Gebührensystem für die Anschlüsse und Dienstleistungen im Rahmen des ISDN, was in der Tat international Maßstäbe setzt und als Pionierleistung bezeichnet werden kann. So wird ein sogenannter ISDN – Universalanschluß monatlich 74,— DM kosten, bei einer einmaligen Anschlußgebühr von 130,— DM. Dies entspricht der dreifachen beziehungsweise doppelten Gebühr eines herkömmlichen einfachen Telefonhauptanschlusses. Für jeden zusätzlichen Telekommunikationsdienst, der über ein und denselben ISDN-Anschluß, gegebenenfalls auch zeitgleich, genutzt wird, beispielsweise Bildschirmtext, Telefax oder ein Datenübermittlungsdienst, muß ein Zuschlag von 10,— DM auf die monatliche Gebühr gezahlt werden. Die Gebühr pro Zeiteinheit im ISDN soll sich an den Gebühren für den analogen Telefondienst orientieren.[21]

Die TKO schafft außerdem die verwaltungsrechtliche Grundlage für den Einsatz multifunktionaler Endgeräte, sogenannter Multitels, die für mehrere Telekommunikationsdienste geeignet sind.

Des weiteren wird mit der TKO eine „Gebührenharmonisierung"[22] realisiert, die per Saldo für die Gesamtheit der Postkunden eine Ersparnis von circa 320 Millionen DM bewirken dürfte.[23] Diese Ersparnis entsteht einerseits durch die Senkung von Installationsgebühren und monatlichen Gebühren für Zusatzgeräte und zusätzliche Sprechapparate am Telefonanschluß. Sie wird aber andererseits durch mehrere Änderungen im Bereich der vermieteten Festanschlüsse und Festverbindungen bewirkt. Hier stehen Gebührensenkungen von 270 Millionen DM Gebührenmehreinnahmen von 65 Millionen DM gegenüber.[24]

Die Bundespost entwickelt mit den Umstrukturierungen bei den Gebühren für Festverbindungen ein Konzept weiter, das sie bereits seit mehreren Jahren realisiert, das aber bisher international eher unüblich war. Es ist das Konzept der „nutzungszeitabhängigen Tarifierung für

Festverbindungen".[25] Dieses Konzept wird im Bericht der Regierungskommission Fernmeldewesen aus verschiedenen Gründen kritisiert
und in Frage gestellt.[26] An diesem Beispiel wird bereits deutlich, daß
sich angesichts der rasanten Entwicklung der Telematik in den letzten
Jahren nunmehr auch politisch Positionen durchzusetzen beginnen,
die eine Entwicklung dieses in so vieler Beziehung zentralen Bereiches
unter den bestmöglichen Bedingungen realisieren wollen und dabei
auch das Aufbrechen tradierter Strukturen in Kauf nehmen. So nimmt
die Regierungskommission den Standpunkt ein, daß die durchaus erfolgreiche Arbeit der Bundespost auf technischem Gebiet und die in
der Tat bemerkenswerten Liberalisierungstendenzen, die sich jedoch
bis dahin weitgehend auf den Endgerätebereich beschränkten, nicht
unbedingt ausreichen, um den zukünftigen Anforderungen der Telematik optimal gerecht zu werden.

3.1.2 Der Bericht der Regierungskommission
Fernmeldewesen

3.1.2.1 Auftrag und Ausgangssituation

Im März 1984 veröffentlichte der Bundesminister für Forschung und
Technologie die „Konzeption der Bundesregierung zur Förderung der
Entwicklung der Mikroelektronik, der Informations- und Kommunikationstechniken."[27] Hier wurde erstmals die Einsetzung einer Regierungskommission Fernmeldewesen angekündigt.[28] Dies geschah dann
am 13. März 1985. Die Kommission bestand aus 12 Mitgliedern; fünf
Vertretern der Wirtschaft, davon ein Gewerkschaftsvertreter, vier
Vertreter aus der Politik und drei aus der Wissenschaft. Der Auftrag
der Bundesregierung für die Kommission machte folgende Vorgaben:

„Die Regierungskommission Fernmeldewesen soll einen Bericht über
Aufgabenstellung und Möglichkeiten zur Verbesserung der Aufgabe-
nerledigung im Bereich des Fernmeldewesens vorlegen. ... Ziel des
Auftrags ist die bestmögliche Förderung technischer Innovation, die
Entwicklung und Wahrung internationaler Kommunikationsstan-
dards sowie die Sicherung des Wettbewerbs auf dem Markt der Tele-

kommunikation. Die Untersuchung soll sich im wesentlichen auf folgende Punkte erstrecken:

— Gegenwärtige und zukünftige Aufgabenstellung im Bereich des Fernmeldewesens unter nationalen und internationalen Aspekten;

— Umfang, Grenzen und Struktur staatlicher Aufgaben im Bereich des Fernmeldewesens;

— organisatorische, wirtschaftliche und rechtliche Voraussetzungen für eine anforderungsgerechte und rationelle Erledigung der staatlichen Aufgaben durch die Deutsche Bundespost;

— staatliche Rahmensetzung für die Erfüllung von privatwirtschaftlichen Aufgaben.

Bei der Untersuchung soll von ... Art. 73 und 87 GG ... sowie den im PostVerwG festgelegten Grundlinien ... ausgegangen werden. Es wird erwartet, daß die Kommission die Meinung aller ... relevanten gesellschaftlichen Guppen ... einbezieht."[29]

Der Abschlußbericht der Regierungskommission Fernmeldewesen liegt seit Mitte September 1987 vor; alle Empfehlungen dieses Berichts wurden mit großer Mehrheit beschlossen,[30] und der Bericht „ ... beansprucht, realistisch und konsensfähig zu sein."[31]

Die Komission erkennt und beschreibt treffend die Ausgangssituation, die eine Neuordnung des Telekommunikationswesens ratsam erscheinen läßt. Es ist dies „... das Zusammenwachsen der Märkte des Fernmeldewesens (Telekommunikation) und der Datenverarbeitung, verursacht durch die Enwicklung der Mikroelektronik als Basistechnologie ..."[32], und die damit in einem Wechselwirkungsprozeß verbundene Steigerung der Ansprüche an die Qualität und Quantität von Kommunikationsmöglichkeiten, wobei hier in erster Linie Mechanismen wirtschaftlicher Effizienz ursächlich sind. So stellt die Kommission fest, daß der Anteil der kommunikationstechnischen Industrie und der Computerindustrie am Bruttosozialprodukt der Bundesrepublik von gegenwärtig circa 2 Prozent auf wahrscheinlich 7 Prozent im

Jahr 2000 ansteigen wird.[33] So gesehen ist die Telematik- Industrie als Schlüsselindustrie auf dem besten Wege, der Kfz-Industrie den Rang abzulaufen.[34]

Der Kommissionsbericht konstatiert treffend, daß durch das Zusammenwachsen der Telekommunikation mit der Datenverarbeitung sich die weitere Entwicklung dahingehend abzeichnet, „... daß nicht nur die Geräte der Büroarbeit, sondern auch die Produktionsanlagen (computerunterstützte Fertigung), die Geräte der Forschung und Entwicklung (computerunterstützter Entwurf) ... und schließlich die Geräte des privaten Haushalts an Netze der Telekommunikation angeschlossen werden ... (Derartige Geräte − Anm.d.Verf.) können nicht lediglich als Endgeräte des Fernmeldewesens verstanden werden, sondern sind Bestandteile eines umfassenden Informations- und Kommunikationssystems.“[35]

Es sei demnach zu klären, ob solche integrierten Dienstleistungen von der Bundespost, von Privatunternehmen oder im Wettbewerb miteinander zu erbringen sind. Jedenfalls genüge die historisch gewachsene Begrenzung der Verpflichtungen der Bundespost darauf, Kommunikationsanlagen eigenwirtschaftlich zu betreiben und im übrigen der Politik der Bundesregierung zu folgen, „den modernen Anforderungen an ein Unternehmen, das allen Teilen der Bevölkerung und der Wirtschaft innovative Kommunikationsdienste anbieten soll, nicht mehr.“[36] Die Bundespost habe zwar ihrem Selbstverständnis entsprechend ein Diensteangebot geschaffen, das sich durch „Flächendeckung, Kompatibilität und Tarifeinheit im Raum“[37] auf einem hohen technischen Standard auszeichne. Es habe aber eine zu wenig marktgerechte Gebührenstruktur und ein zu restriktiv gehandhabtes Benutzungsrecht. Insbesondere im Bezug auf Mietleitungen und deren Zusammenschaltung, der Basis für innovative private Mehrwertdienste (Value Added Services − VANS) behindere dies im Vergleich zu anderen Industrienationen den Aufbau neuer, anwenderspezifischer Spezialdienste. Diese stellten im übrigen im Gegensatz zu den klassischen Grunddiensten die gegenwärtigen und zukünftigen Wachstumsmärkte dar.[38]

Weiter führt die Kommission aus: „Insbesondere das Genehmigungsverhalten einer öffentlichen Verwaltung ist bei aller Aufgeschlossenheit nicht geeignet, den neuen Anforderungen gerecht zu werden. Es bedarf vielmehr eines aktiven Marketing, das nicht auf die Äußerung des Bedarfs wartet, sondern auf die Kunden zugeht ..."[39]; und wenig später: „(Es liegt – Anm. d. Verf.) im Interesse dieser Schlüsselindustrie (Telekommunikations- und Computerindustrie – Anm. d. Verf.), auf dem Inlandsmarkt nicht nur für die Infrastruktur, sondern auch für deren Nutzung ein Innovationsniveau zu erreichen, das mindestens dem Entwicklungsstand anderer Industrieländer entspricht. Im Inland bewährte Techniken überzeugen auch im Export."[40] In Anbetracht der Wichtigkeit von Information als Produktionsfaktor müsse durch eine aktive Förderung der Entwicklung neuer Strukturen – eine passive Duldung genüge hier nicht – verhindert werden, daß technische Standards fremdbestimmt werden und daß Groß unternehmen ihre Kommunikationszentralen im Ausland plazieren.[41]

3.1.2.2 Verfassungs- und EG-rechtliche Überlegungen der Kommission

Der verfassungsrechtliche Handlungsrahmen bei einer Neuordnung des Telekommunikationswesens wird von der Regierungskommission Fernmeldewesen in Übereinstimmung mit der gängigen Literaturmeinung abgesteckt.[42] So ist sich die Kommission darüber im klaren, daß eine Privatisierung des gesamten Fernmeldewesens, also auch der Bundespost, insbesondere aufgrund von Artikel 87 Abs. 1 des Grundgesetzes verfassungsrechtlich bedenklich sein könnte, daß aber gleichzeitig das bestehende staatliche Monopol im Fernmeldewesen keineswegs verfassungsrechtlich festgeschrieben ist.[43]

Im weiteren wird im Kommissionsbericht heruausgestellt, daß das europäische Gemeinschaftsrecht ein juristischer Faktor von maßgeblicher Bedeutung bei der Ausgestaltung des Telekommunikationswesens ist. So wird sich wahrscheinlich das europäische Gemeinschaftsrecht, das Vorrang vor jedem nationalen Recht (auch Verfassungsrecht) hat, das mit den Artikeln 169 und 90 Absatz 3 des EWG-

Vertrages[44] auch faktisch durchsetzbar ist und dessen Vorschriften jederzeit von jedermann einklagbar sind, „neben der technischen Entwicklung mittel- und langfristig als die stärkste reformierende Kraft erweisen.[45]

Die in diesem Zusammenhang relevanten Vorschriften des europäischen Gemeinschaftsrechtes sind diejenigen zum freien Warenverkehr, die zum freien Dienstleistungsverkehr und die Wettbewerbsvorschriften.

Der freie Warenverkehr innerhalb der EG wird in den Artikeln 30 ff. geregelt. Artikel 37 besagt, daß staatliche Handelsmonopole dahingehend umzuformen sind, daß „jede Diskriminierung in den Versorgungs- und Absatzbedingungen zwischen den Angehörigen der Mitgliedstaaten ausgeschlossen ist."[46] Hier ist der Endgerätemarkt der Telekommunikation betroffen, wie die an diesem Gesetz gescheiterten Versuche der Bundespost zeigen, schnurlose Telefone und Modems in ihr Fernmeldemonopol mit einzubeziehen. Selbst das Monopol am einfachen ersten Fernsprechapparat ist unter diesen Umständen langfristig nicht haltbar, Artikel 37 EWG-Vertrag sowie das Grünbuch Telekommunikation der EG-Kommission gewähren hier nur eine Übergangsfrist.[47]

Was den freien Dienstleistungsverkehr im Telekommunikationswesen betrifft, so deuten die einschlägigen Vorschriften der Artikel 59 ff. des EWG-Vertrages mit aller Wahrscheinlichkeit darauf hin, daß Telekommunikationsagenturen aus dem EG-Ausland mit den von ihnen angebotenen Dienstleistungen Zutritt zum bundesdeutschen Markt verschafft werden muß. Dies hätte wohl auch die Aufhebung der in der Bundesrepublik bestehenden Agenturverbote zur Folge. In ihrem Grünbuch billigt die Eg-Kommission mit Einschränkungen lediglich ein Netzmonopol der Fernmeldeverwaltungen, bei den Diensten höchstens ein Monopol beim Telefon, „unter dem Vorbehalt einer Überprüfung in regelmäßigen Zeitabschnitten."[48]

Von den Wettbewerbsvorschriften des EWG-Vertrages könnten die Artikel 85, 86 und 90 für das Telekommunikationswesen der Bundesrepublik relevant werden. Artikel 85 befaßt sich mit dem Verbot wettbewerbsverhindernder Vereinbarungen und Beschlüsse, Artikel 86 mit dem Mißbrauch einer Marktbeherrschenden Stellung und Artikel 90 mit den Vorschriften für öffentliche und monopolartige Unternehmen. Selbst wenn die die Bundespost in ihrer Eigenschaft als Unternehmen betreffenden Vorschriften nicht greifen sollten, falls nämlich die Bundespost als Teil der Staatsverwaltung klassifiziert würde, bliebe immer noch Artikel 90 Absatz 1 des EWG-Vertrages. Dieser schreibt den Mitgliedstaaten in bezug auf öffentliche Unternehmen vor, keine dem Vertrag zuwiderlaufenden Maßnahmen zu treffen. So konnte die damalige British Telecom aufgrund der genannten Entscheidung nicht unterbinden, daß private Telexagenturen unter Ausnutzung der Möglichkeit schneller Datenübertragung über eine Telefonverbindung preisgünstigeTelexverbindungen vom gesamten europäischen Kontinent in die USA anboten. Man nennt ein solches Verfahren der Ausnutzung von unterschiedlichen Nutzungskonditionen Arbitrage. In diesem Fall handelte es sich um Zonen- und Bandbreitenarbitrage.[49]

3.1.2.3 Ordnungspolitische Überlegungen der Kommission

Den ordnungspolitischen Rahmen für eine Neuordnung der Telekommunikation in der Bundesrepublik steckt die Regierungskommission Fernmeldewesen anhand fünf verschiedener Dimensionen ab. Es sind dies öffentliche und private Unternehmen, Monopol und Wettbewerb, allgemeiner und spezieller Bedarf, Regulierungsgrad der Leistungen sowie Hoheits- und Unternehmensaufgaben.

Bei der Frage, ob Telekommunikationsleistungen von der öffentlichen oder der privaten Wirtschaft erbracht werden sollten, ist das sogenannte Subsidiaritätsprinzip von Bedeutung. Es besagt, daß der Staat sich nach Möglichkeit wirtschaftlicher Betätigung enthält, sofern dies nicht im Allgemeininteresse liegt. Die Beweislast trägt dabei der Staat. Allgemeininteresse ist im Bereich der Telekommuikation dann gegeben, wenn nur ein öffentliches Unternehmen für ein offenes, einheitliches, flächendeckendes Kommunikationssystem mit einheitlichen Tarifen sorgen kann. Diese Ansprüche können nach Auffassung der Regierungskommission heute jedoch „auch im Falle einer privatwirtschaftlichen Wahrnehmung der Telekommunikationsaufgaben weitgehend erfüllt werden."[50]

Bezüglich der Gestaltung des Telekommunikationsmarktes durch ein Monopol oder im Wettbewerb führt die Regierungskommission aus, daß ein alle drei Ebenen (Netze, Dienstleistungen, Endgeräte) der Telekommunikation umfassendes Monopol nirgendwo in Europa mehr besteht. Ein staatliches Monopol besteht in der Bundesrepublik auf der Netzebene und bei einem Großteil der Dienstleistungen, privatwirtschaftlicher Wettbewerb ohne Beteiligung des staatlichen Monopolbetriebes herrscht bei den Endgeräten. Dies entspricht einer vertikalen Trennung des aus den genannten drei Ebenen bestehenden Telekommunikationsmarktes: Eine Ebene bleibt dem Monopol vorbehalten, eine teilweise dem Monopol und zum anderen Teil dem Wettbewerb und die dritte Ebene schließlich ist voll dem Wettbewerb ausgesetzt. Eine Alternative zu dieser vertikalen Trennung wäre eine horizontale, die in jedem einzelnen der drei Teilbereiche sowohl den Staat als auch Private als Träger zuließe, wodurch jegliches Monopol wegfiele. In einem horizontal aufgeteilten Kommunikationsmarkt kämen in den Monopolbereichen die ökonomischen Größenvorteile zum Tragen, bei vertikaler Marktaufteilung kämen in allen Bereichen die Verbundvorteile zum Tragen.[51]

Eine weitere ordnungspolitisch relevante Frage ist nach Auffassung der Regierungskommission Fernmeldewesen die, ob man sich beim Ausbau des Telekommunikationssystems mehr auf den allgemeinen oder den speziellen Bedarf konzentrieren sollte. Unter dem allgemeinen Bedarf ist der Bedarf des privaten Nutzers an einem genormten, flächendeckenden, durch Tarifeinheit im Raum gekennzeichneten förmlichen Dienst zu verstehen. Spezieller Bedarf meint Dienste, die, vornehmlich für den geschäftlichen Nutzer, Telekommunikation und Datenverarbeitung integrieren und so nutzerspezifische Problemlösungen anbieten. Teletex und Telefax sind Beispiele hierfür, aber denkbar wären auch maßgeschneiderte Problemlösungen für wenige, im Extremfall einen einzigen Großkunden. Hier wäre dann Normung, Flächendeckung und Tarifeinheit völlig unerheblich.[52]

Als eine ordnungpolitische Gestaltungsdimension des Telekommunikationswesens sieht die Regierungskommission auch den Regulierungsgrad von Leistungen durch die entsprechende Hoheitsinstanz. Diese Hoheitsinstanz hat beispielsweise die Aufgabe, dem oder den öffentlichen Unternehmen bestimmte Kommunikationsleistungen in Form einer Leistungspflicht aufzuerlegen. Eine solche Leistungspflicht wäre das flächendeckende Anbieten von Telekommunikationsleistungen des allgemeinen Bedarfs zu einheitlichen Nutzungsbedingungen. Dabei spielt es keine Rolle, ob auch private Anbieter denselben Markt bedienen und ob diese Dienstleistungen kostendeckend angeboten werden können.

Freie Leistungen wären demnach im Gegesatz zu den Pflichtleistungen solche, bei denen der Marktzugang sowohl für öffentliche als auch für private Unternehmen frei ist und es gleichzeitig möglich ist, sich dem Markt fernzuhalten, zum Beispiel wenn die Gewinnaussichten gering sind. Außer der Leistungspflicht können auch Leistungsentgelte hoheitlich reguliert werden, zumindest sofern es sich um Monopolleistungen eines öffentlichen Unternehmens handelt. Allerdings muß bei jeglicher hoheitlichen Regulierung, die öffentliche Telekommunikationsunternehmen betrifft, darauf geachtet werden, daß deren Wirtschaftskraft nicht unangemessen belastet wird.[53]

Der letzte Punkt, den die Kommission unter ordnungspolitischen Gesichtspunkten betrachtet, ist das Verhältnis zwischen Hoheits- und Unternehmensaufgaben in der Telekommunikation. Nach dem von der Kommission vorgefundenen Status quo vereinte die Deutsche Bundespost die Hoheits- und Unternehmensaufgaben in sich, was ihr die Möglichkeit gab, sich selbst Wettbewerbsvorteile zu verschaffen. In diesen Zusammenhang gehört der immer wieder erhobene Vorwurf, die Post sei Mitspieler und Schiedsrichter zugleich.[54]

Bereits in der Konzeption der Bundesregierung zur Förderung der Informationstechnik wird in Verbindung mit der Ankündigung des Einsetzens der Regierungskommission Fernmeldewesen eine Überprüfung der Strukturen der Hoheits- und Unternehmensaufgaben der Bundespost angestrebt.[55] Im Fall einer Trennung von Hoheits- und

Unternehmensaufgaben müßten diese definiert und dann dem beziehungsweise einem Ministerium sowie dem oder den Unternehmen zugeordnet werden. Hoheitsaufgaben sind nach Auffassung der Kommission zweifellos „das Erlassen von Verordnungen, die Vertretung in internationalen Institutionen, die Frequenzverwaltung, die Standardisierung und die Regulierungsentscheidungen für das gesamte Kommunikationssystem, d.h. sowohl für das öffentliche als auch für die privaten Unternehmen. ... Die Unternehmensaufgaben werden um so deutlicher erkennbar, je mehr sie vom den Verpflichtungen hoheitlichen Handelns entlastet sind."[56]

3.1.2.4 Ausführungen der Kommission zur Entwicklung des Telekommunikationswesens im Ausland

Die Regierungskommission Fernmeldewesen beschäftigt sich in ihrem Bericht auch mit den Strukturveränderungen des Telekommunikationswesens im Ausland, um internationale Aspekte der Problematik mitzuberücksichtigen und Orientierungshilfen einzuholen.[57] Die bedeutendsten ausländischen Entwicklungen, die in den USA, Großbritannien und Japan, sollen hier kurz dargestellt werden.

3.1.2.4.1 USA

In den USA hatte die AT&T bis zu ihrer Entflechtung im Jahre 1984 praktisch ein Monopol inne. Dieses privatwirtschaftliche Monopol, aufgelockert lediglich durch Gebietsmonopole circa 1400 kleiner privater Telefongesellschaften in meist dünn besiedelten Gebieten, wurde noch verstärkt durch AT&Ts Eigenproduktion von Endgeräten. Gleichwohl ist die Telekommunikationslandschaft in den USA durch eine stärkere Marktdurchdringung und niedrigere Tarife als in Europa gekennzeichnet.

Aufgrund eines vom Department of Justice gegen AT&T angestrengten Antitrust-Verfahrens kam es 1984 zur Entflechtung (Divestiture) des Monopolunternehmens AT&T; und aufgrund der Absicht der von der Regierung beauftragten Aufsichtskommission FCC (Federal Communications Commission), mehr Wettbewerb im Telekommunikationsbereich zu erreichen, verfolgte diese in den letzten Jahren eine stetige Politik der Rücknahme staatlicher Eingriffe (Deregulation).

Die Entflechtung erlaubt AT&T erstmals den bis dato verbotenen Einstieg ins Computergeschäft und setzt sie gleichzeitig auf allen Ebenen der Telekommunikation der Konkurrenz mit anderen Privatfirmen aus.

Der Orts- und Nahverkehr wurde von AT&T getrennt, und sieben vollkommen selbständige regionale Holding Gesellschaften (RHCs) wurden gegründet. Diese sind wiederum in insgesamt 22 Bell Operating Companies (BOCs) unterteilt, von denen jede mehrere Nahverkehrsnetze (Local Access and Transport Areas − LATAs) bedient, in denen somit jeweils ein Gebietsmonopol besteht. Beim Fernverkehr, also bei Verbindungen, die zwischen den Bereichen der Operating- oder Holdinggesellschaften hergestellt werden, besteht eine Konkurrenz zwischen AT&T und anderen Privatfirmen. Diese Fernverkehrsgesellschaften müssen den einzelnen Bell Operating Companies Ausgleichszahlungen für deren Zubringerleistungen zahlen. Das macht es für einen Teilnehmer interessant, das Nahbereichsnetz der regionalen Bell Operating Company zu umgehen, beispielsweise mit einer eigenen Leitung oder auch per Richtfunk, und so einen unmittelbaren Anschluß an ein Fernnetz zu erreichen. Durch ein solches „Bypassing" von Nahbereichsnetzen können Großkunden günstigere Tarife erzielen. Solche Tendenzen könnten der Anfang vom Ende des „natürlichen Monopols" im Fernmeldenahbereich sein.[58]

Durch die Entflechtung von AT&T und die dadurch entstandene Konkurrenzsituation auf dem amerikanischen Telekommunikatonsmarkt wurden die Tarife den tatsächlichen Kosten angepaßt; die Fernverbindungen sind sehr zum Vorteil der Gesamtwirtschaft merklich günstiger geworden, die vormals aus dem Fernverkehr subventionierten Nahtarife sind empfindlich angestiegen. Telefonrechnungen von Privathaushalten fallen durchschnittlich nicht wesentlich höher aus, für Härtefälle gibt es in vielen Bundestaaten einen Sozialtarif.[59]

Neben der Entflechtung von AT&T ist die Deregulierung des Telekommunikationswesens durch die FCC die zweite bedeutende Maßnahme zur Neustrukturierung der Telekommunikationsmärkte in den USA. In einem pragmatischen, sozusagen „uneuropäischen" beziehungsweise „typisch amerikanischen" Trial-and-Error-Verfahren ohne gesetzgeberische Maßnahmen und ordnungspolitische Gesamtkonzeption wurden durch die Verordnungs- und Genehmigungspolitik der FCC bereits entscheidende Veränderungen realisiert. Diese Vorgehensweise ermöglichte es, schnell und unproblematisch Fehlentwicklungen zu korrigieren.

So wurde der Endgerätemarkt vollkommen freigegeben und die technischen Anforderungen an Endgeräte allein auf den Netzschutz beschränkt, die sonstigen Qualitätsmerkmale obliegen einzig der Beurteilung durch den Käufer. Das führte auf diesem Markt zu einem Preissturz, der zum völligen Rückzug einiger Gesellschaften besonders aus dem Geschäft mit einfachen Telefonapparaten führte.

Außerdem wird durch bewußtes Variieren des Regulierungsgrades bei Großanbietern und beim ehemaligen Monopolbetrieb auf der einen und bei neuen, kleinen Wettbewerbern auf der anderen Seite eine Umregulierung praktiziert, die eine Reetablierung des Monopols verhindert. Das Ziel der Deregulierung, ein Markt, der keiner Regulierung mehr bedarf, wird so über eine vorübergehende Vermehrung der Regulierungsmaßnahmen verfolgt. So bedürfen bei AT&T Tarife, Abschreibungsraten, Kapitalrendite und Gewinntransfers aus dem Telefongeschäft in neue Wettbewerbsbereiche einer Genehmigung beziehungsweise der Kontrolle der FCC, während kleine Wettbewerber hier absolut frei sind. Sie brauchen außerdem nur weit geringere Ausgleichszahlungen für Zubringerleistungen von Nahverkehrsgesellschaften zu zahlen. Zudem sind AT&T und die Nahverkehrsgesellschaften verpflichtet, neuen Wettbewerbern Zugang zu ihren Vermittlungsanlagen zu gewähren.

Die Auswirkungen von Entflechtung und Deregulierung auf dem Arbeitsmarkt waren wenig dramatisch. Den Entlassungen bei AT&T stehen ungefähr gleich viele Neueinstellungen bei anderen Firmen gegenüber.[60]

3.1.2.4.2 Großbritannien

Vor 1969 entsprach die Situation in Großbritannien exakt der gegenwärtigen Situation in der Bundesrepublik Deutschland. Post und Telekommunikation waren als Staatsbetrieb unter einem Ministerium zusammengefaßt. 1969 wurden die Unternehmensbereiche vom Hoheitsbereich Ministerium getrennt, um der sich damals schon abzeichnenden technologischen und wirtschaftlichen Entwicklung gerecht zu werden. Durch den Telekommunications Act von 1981 wurde dann das Post Office in zwei getrennte Unternehmen aufgeteilt, Post Office und British Telecom.

Diese Aufteilung in klassischen Postdienst und Telekommunikation erfolgte, um den jeweiligen Unterschieden in Marktwachstum und Innovationsgeschwindigkeit sowie den differenzierten Qualifikationsanforderungen an die Mitarbeiter Rechnung zu tragen. Mit dem Telecommunications Act von 1981 wurde auch Wettbewerb auf allen drei Ebenen der Telekommunikation eingeführt. Im Endgerätebereich kam es zu einer erheblichen Marktbelebung, von der auch British Telecom profitierte. Im Dienstleistungsbereich erhielten Privatfirmen die Möglichkeit, mit Lizenzen vom zuständigen Ministerium über von der Telecom gemietete Leitungen Mehrwertdienste anzubieten. Die Legalisierung des einfachen Wiederverkaufs von Mietleitungskapazität ist geplant.

Im Netzbereich gibt es neben zwei Funktelefongesellschaften und einigen Kabelfernsehgesellschaften nur einen einzigen lizensierten Konkurrenten der Telecom bezüglich allgemeiner Telekommunikationsnetze. Es ist dies die Mercury Communications Ltd., eine Tochter der Cable & Wireless, die bis heute einige Netze in ehemaligen britischen Kolonien und ein weltweites Seekabelnetz betreibt, in der Planung befindet sich ein transatlantisches Glasfaserkabel. Die Mercury wiederum hat bereits die britischen Wirtschaftszentren über Glasfaserleitungen miteinander verbunden, in London ein Glasfaserortsnetz errichtet und verfügt über eine Reihe festgeschalteter Satellitenkanäle. Sie steht mit der Telecom besonders bezüglich Leistungen für geschäftliche Großkunden in Konkurrenz, hat allerdings insgesamt bisher nur geringe Marktanteile.

Durch den Telecommunications Act von 1984 wurde British Telecom privatisiert, was sich auf Marktorientierung und Effizienz des Unternehmens sowie die Motivation der Mitarbeiter positiv auswirkte. Gleichzeitig wurde das Office of Telecommunications (OFTEL) als Regulierungsbehörde eingesetzt, welche die Wettbewerbsfairness auf dem Gesamtmarkt überwacht und die Tarife der Telecom genehmigt. Lizenzierungsbehörde blieb das zuständige Ministerium. OFTEL hat eine Tarifanpassung an die Kosten erwirkt. Weitverkehrstarife sanken um 30 Prozent, Ortstarife stiegen, allerdings nur in den Hauptverkehrszeiten, um 35 Prozent, die Tarifeinheit im Raum wurde im Prinzip nicht aufgegeben, jedoch wurden die Tarife hochfrequentierter sogenannter High-Density-Routen um 20 Prozent gesenkt. Die durchschnittliche Telefonrechnung des privaten Haushalts stieg geringer als die Inflationsrate.[61]

3.1.2.4.3 Japan

In Japan erstreckte sich die Umstrukturierung des Telekommunikationswesens über drei Jahrzehnte. 1952 wurde aus dem Ministerium für Post und Telekommunikation (MPT) der Unternehmensbereich der Telekommunikation ausgelagert und dem neu gegründeten öffentlichen Unternehmen „Nippon Telegraph und Telephone Public Corporation (NTT)" überantwortet. Für den Bereich der internationalen Telekommunikation wurde 1953 eine eigene Gesellschaft (KDD) gegründet. Zwischen 1971 und 1973 wurden Voraussetzungen geschaffen, die privaten Wettbewerbern das Anbieten von Mehrwertdiensten auf Wählleitungen der NTT, ab 1982 auch auf Mietleitungen, erlaubten. 1985 wurden zwei entscheidende Gesetze verabschiedet: das Telecommunications Business Law und das NTT Company Law.

Das Business Law beendete die jeweiligen Monopole von NTT und KDD, Wettbewerb wurde auf allen Ebenen nach drei Kategorien zugelassen. Die erste Kategorie umfaßt Netzbetreiber mit eigenen Übertragungswegen. Sie werden vom MPT genehmigt; Ausländer dürfen nicht zu mehr als 30 Prozent beteiligt sein. Es gibt bisher sechs solcher Netzbetreiber, die sich mit technisch verschiedenen Netzen (Glasfaserstrecken, Richtfunk, Satellitenkanäle) alle mehr oder weniger auf den Ballungsraum zwischen Tokyo und Osaka konzentrieren. Die zweite Kategorie sind große Dienstleistungsunternehmen ohne eigenes Netz. Sie realisieren ihre Dienste auf Wähl- oder Mietleitungen der NTT oder eines Konkurrenten. Die Unternehmen der Kategorie zwei müssen vom MPT registriert werden, was mit Begründung abgelehnt werden kann. Es gibt inzwischen circa zehn solcher Großunternehmen, die hauptsächlich landesweite Datendienste auf dieser Basis anbieten. Unter die dritte Kategorie fallen kleine Dienstleistungsunternehmen ohne eigenes Netz, die regionale Mehrwertdienste mit Zuschnitt auf spezielle Nutzergruppen anbieten. Hierzu ist keine Genehmigung oder Registrierung erforderlich, lediglich eine Benachrichtigung des MPT. Es gibt mittlerweile circa 200 solcher Kleinanbieter.

Bezüglich der Endgeräte hat die NTT ihr Monopol verloren, das Ministerium legt die Standards fest, und eine unabhängige Stiftung übernimmt die technische Zulassung der Geräte. Der Handel ist vollkommen frei.

Das NTT Company Law leitete die Privatisierung der NTT in Form der Umwandlung in eine Aktiengesellschaft ein. Bis 50 Prozent der Aktien sollen verkauft werden, allerdings nicht an Ausländer. NTT ist als großes, einheitliches Unternehmen erhalten geblieben, das in allen Bereichen der Telekommunikation frei agieren kann und auch über erhebliche Forschungskapazitäten verfügt, die ihr ein aktives Mitgestalten auch der technischen Entwicklung ermöglicht. Deshalb konnte sie sich als dominierendes Telekommunikationsunternehmen behaupten. Auf die Herstellung von Endgeräten verzichtet sie jedoch vorerst. Die Privatisierung der NTT hat intern die Motivation der Mitarbeiter gesteigert und nach außen zu einem merklich positiveren Unternehmensimage geführt.

Zur KDD, die seit 1953 in privater Rechtsform geführt wird, wurden zwei Konkurrenten zugelassen.

Das MPT, als Hoheitsinstanz verantwortlich für das gesamte Telekommunikationswesen, befaßt sich mit der Zulassung, Registrierung und Fortschreibung der privaten Wettbewerber der NTT sowie der Genehmigung der Tarife und des Geschäftsplans der NTT. Auch die Tarife der Netzwettbewerber, welche die NTT auf der Strecke Tokyo-Osaka drastisch unterbieten wollten, wurden vom MPT reguliert; dahigehend, daß lediglich um maximal 27 Prozent günstigere Konditionen als bei der NTT zulässig sind, was übrigens zu keinem nennenswerten Umsatzrückgang bei NTT führte. Ferner gründete das MTP zwei Forschungsinstitute, um den Wegfall allgemein zur Verfügung stehender Forschungsergebnisse infolge der Privatisierung der NTT auszugleichen.

Die japanische Umgestaltung der Telekommunikation ist bei weitem noch nicht abgeschlossen; Novellierungen des Telecommunications Business Law und des NTT Company Law stehen bevor.[62]

3.1.2.5 Die Empfehlungen der Regierungskommission Fernmeldewesen zur Neustrukturierung der Telekommunikation

Die Regierungskommission geht aus von der Notwendigkeit einer Ausgliederung des Fernmeldebereichs der Bundespost aus Gründen der Unternehmcnseffektivität (auch des Postwesens) und der die Verbundvorteile überwiegenden Spezialisierungsvorteile.[63] Sie spricht in ihren Empfehlungen, die sich ausschließlich auf den Fernmeldebereich beziehen, von diesem als einer eigenständigen organisatorischen Einheit namens „TELEKOM".[64]

Die Regierungskommission gibt insgesamt 47 Empfehlungen (E 1 bis E 47). Die wichtigsten sollen hier wiedergegeben werden.

3.1.2.5.1 Empfehlungen zum Netzbereich

Eine Empfehlung, über die Lizensierung durch die Regulierungsinstanz private Netzbetreiber zuzulassen, fand bei einem Stimmenverhältnis von 6:6 keine Mehrheit innerhalb der Regierungskommission. So wird ein bedingtes Monopol empfohlen: „E 1 Die TELEKOM behält das Netzmonopol, solange sie Mietleitungen (Festverbindungen) zu angmessenen und wettbewerbsfähigen Bedingungen entsprechend dem qualitativen und quantitativen Bedarf anderen überläßt. Die Bundesregierung wacht über die Entwicklung des Wettbewerbs. Die Überprüfung der Entwicklung erfolgt jeweils nach drei Jahren. Im Falle einer nicht befriedigenden Marktentwicklung läßt die Bundesregierung die Errichtung konkurrierender Netze zu."[65] Die Empfehlungen E 2 und E 3 besagen, daß nach dem Fernmeldeanlagengesetz bestehende Befugnisse der privaten Nutzung von Fernmeldeanlagen voll auszuschöpfen sind und daß darüber hinaus Kabelverbindungen zwischen mehreren, einem Besitzer beziehungsweise Betrieb gehörenden Grundstücken genehmigungsfrei sein sollen, soweit sie „ausschließlich für den der Benutzung der Grundstücke entsprechenden unentgeltlichen Verkehr bestimmt sind."[66] Das Argument, nur eine öffentliche Netzinfrastruktur garantiere auch eine flächendeckende Versorgung (Stichwort „Rosinenpicken" – vgl. auch unten, Abschnitte 3.1.2.6.3 und 3.1.5), kann bei der Übertragungstechnik mit Satelliten allein aus technischen Gründen nicht greifen.[67] Deshalb empfiehlt die Kommission in E 4, daß individuelle Datenkommunikation und Verteildatenkommunikation (point to point und point to mutipoint) nicht dem Netzmonopol unterliegen. Ausgeklammert bleibt hierbei der Telefon-Sprachübertragungsdienst, der aus wirtschaftlichen Gründen dem öffentlichen Unternehmen vorbehalten bleiben soll.[68]

Das bedingte Monopol für die TELEKOM verpflichtet diese nach Auffassung der Regierungskommission zur Übernahme von Aufgaben jenseits marktwirtschaftlicher Opportunität. Hierzu kann die Bundesregierung nach E5 Infrastrukturauflagen für die TELEKOM festlegen, beispielsweise bezüglich flächendeckender Versorgung, Tarifeinheit im Raum, Kontrahierungszwang und Gleichbehandlung von Kunden. Hierbei muß allerdings nach E7 verhindert werden, daß ein unfairer Wettbewerb zwischen TELEKOM und Privaten entsteht; gegebenenfalls muß nach E6 zumindest vorübergehend mittels eines Finanzausgleichs die TELEKOM „in die Lage versetzt (werden), Infrastrukturauflagen für das Gemeinwohl erfüllen zu können."[69] Über die Vermietung von Leitungskapazitäten soll allerdings kein Ausgleich stattfinden; so sollen nach E 8 die „innerbetrieblichen Verrechnungs-

preise für die Netznutzung durch die Dienstleistungsbereiche der TE-
LEKOM ... den Tarifen entsprechen, die privaten Wettbewerbern für
die Netznutzung berechnet werden."[70] Möglich und erwünscht ist hingegen, daß die TELEKOM über eine Mischkalkulation betreffs der
verschiedenen von ihr betriebenen Netze und Netzteile die Mittel zum
Aufbau neuer Netze, beispielsweise eines Glasfasernetzes, aufbringt.

Privaten soll ein Anspruch auf Vermittlungsleistungen der TELE-
KOM sowie der Betrieb öffentlicher Sprechstellen zugestanden werden.[71]

3.1.2.5.2 Empfehlungen zum Dienstleistungsbereich

Bei ihren Empfehlungen zum Dienstleistungsbereich unterscheidet die
Regierungskommission zwischen Monopolleistungen, Pflichtleistungen und freien Leistungen.

Als Monopoldienst sieht die Kommission lediglich den traditionell als
Staatsaufgabe verstandenen, zu einheitlichen Bedingungen jedermann
anzubietenden einfachen Telefondienst, zumindest sofern und solange
es mit dem EG-Recht vereinbar ist. So lautet die Empfehlung E 10:
„Die TELEKOM behält das Monopol am Telefondienst. Alle anderen
Dienstleistungen der Telekommunikation werden im Wettbewerb angeboten."[72] Gemeint ist hier ausschließlich der international als Real-
Time-Voice bezeichnete klassische Telefondienst. Dienste, die eine
Speicherung oder Umformung des Sprachsignals beinhalten, sind ausdrücklich vom Monopol ausgenommen. Insofern wird das Monopol
langfristig in dem Maße ausgehöhlt, in dem entsprechende Mehrwertdienste den klassischen Telefondienst ablösen.

Als Monopoldienst bedarf der Telefondienst der Regulierung durch
die Hoheitsinstanz. So hat nach E 11 der Bundesminister für Post und
Telekomunikation im Einvernehmen mit dem Bundesminister für
Wirtschaft die Tarife für Monopolleistungen, also Festverbindungen
und Telefon, auf ihre Angemessenheit sowie ihre Kostenorientiertheit
zu prüfen und zu genehmigen. Der Kommission ist sehr an einer Korrektur der Tarifverzerrungen zwischen Nah- und Fernverkehr gelegen,

wie sie in E 12 betont. Aufgrund mittlerweile weitgehend abgeschaffter, aufwendiger Vermittlungstechniken[73] sind die Ferngebühren heute noch circa 40 mal teurer als die Nahgebühren. Die tatsächlichen Kosten sind jedoch höchstens viermal höher, wobei allerdings die gegenwärtigen Nahtarife nicht kostendeckend sind und hier im Fall einer Kostenanpassung Sozialtarife ins Auge gefaßt werden müßten. Die Tarifverzerrungen behindern die Entfaltung des Wettbewerbs auf dem Dienstleisungssektor und verleiten zur Entfernungsarbitrage durch das Zusammenschalten von Nahverbindungen sowie zum Ausweichen auf Mietleitungen. Gegen letzteres wiederum sind nutzungszeitabhängige Tarife eine Maßnahme des Netzbetreibers.[74]

Pflichtleistungen sind solche Telekomunikationsdienste, bei denen der TELEKOM vom Hoheitsträger aufgrund öffentlichen Interesses eine Leistungspflicht auferlegt wird. Privaten Anbietern steht es frei, sich auf dem betreffenden Märkten ebenfalls zu betätigen.[75]

Bezüglich der Pflichtleistungen gibt die Kommission lediglich eine einzige Empfehlung (E 13) – und zwar, daß diese durch Gesetz oder Rechtsverordnung festzulegen sind. Die Kommission hält sich hier deshalb so bedeckt, weil sie der Meinung ist, daß Pflichtleistungen aufgrund „schwindender Bedeutung für das öffentliche Interesse oder ... voller Bedarfsdeckung durch den Markt in den unregulierten Bereich der freien Leistungen entlassen werden können"[76] oder umgekehrt. In der gegenwärtigen Situation kommen für die Kommission als Pflichtleistungen international standardisierte Dienstleistungen wie beispielsweise der Telexdienst in Betracht.

Nach den Empfehlungen E 14 bis E 18[77] sind freie Leistungen, was Privatunternehmen betrifft, alle Leistungen außer dem Telefondienst. Ohne jede Regulierung oder Lizenzierung können Dienstleistungen auf Mietleitungen, auf deren Überlassung ein Rechtsanspruch bestehen soll, angeboten werden, wobei Festverbindungen und Wählverbindungen beliebig zusammengeschaltet werden dürfen. Die Kommission will hier bewußt ein noch liberaleres Klima schaffen, als es beispielsweise in Japan existiert, um gleichsam einen Ausgleich für den in der Bundesrepublik fehlenden Netzwettbewerb zu erreichen.

Auch sollen nach E19 die Mietleitungskosten im Interesse eines echten Wettbewerbs deutlich gesenkt werden. In diesem Zusammenhang kritisiert die Kommission die nutzungszeitabhängige Tarifierung von Mietleitungen, welche die Bundespost in den letzten Jahren anstrebt, um Tarifarbitrage und eine Verlagerung des Wählleitungsverkehrs auf Festverbindungen zu verhindern. Gegen eine solche Praxis spricht die volkswirtschaftlich erwünschte verstärkte Netzauslastung bei nutzungszeitunabhängiger Tarifierung von Mietleitungen und die durch eine intensivere Nutzung von Mietleitungen zu erwartende Förderung der Entwicklung neuer Dienstleistungen. Einer Tarifarbitrage, die besonders im Weitverkehr bei nutzungszeitunabhängiger Leitungsmiete für den jeweiligen Mieter naheliegt, sollte die TELEKOM nach Auffassung der Kommission durch eine Tarifanpassung an die realen Kosten bei den Wählleitungstarifen begegnen. Dies verringert die Gefahr des sogenannten Rosinenpickens. Darüber hinaus dürfte die durch die genannte Entwicklung zu erwartende Steigerung des Gesamtverkehrsaufkommens Verluste der TELEKOM minimieren, wenn nicht ausgleichen, wie die japanische Entwicklung zeigt.[78] Zudem könnten Gewinne aus dem Monopoldienst Telefon hier Ausgleich schaffen.

Ein wichtiges Ziel der Kommission ist es zu erreichen, daß auf dem Telekommunikationsmarkt neben der TELEKOM private Tekekommunikationsunternehmen agieren. Diese sollen mit von der TELEKOM zu Realkosten[79] gemieteten und zum Wiederverkauf freigegebenen Mietleitungskapazitäten Mehrwertdienste aller Art anbieten und so den der Bedeutung dieses Bereichs angemessenen Wettbewerbs- und Innovationsdruck erzeugen.[80]

3.1.2.5.3 *Empfehlungen zum Endgerätebereich*

Die Empfehlungen E 20 bis E 29 zielen darauf ab, im Endgerätebereich einen freien Markt zu schaffen, soweit die technische Entwicklung — auch im Netzbereich (ISDN) — es erlaubt. So wird grundsätzlich und auch für den einfachen Telefonhauptanschluß die „Steckerlösung" angestrebt, die dem Teilnehmer ermöglicht, an den Netzabschluß ein Gerät seiner Wahl anzuschließen. Die TELEKOM ist berechtigt, voll am Wettbewerb auf dem Endgerätemarkt (Verkauf, Vermietung, Wartung) teilzunehmen, hat aber keinerlei Monopol, auch nicht den Telefonapparat am einfachen Telefonhauptanschluß betreffend. Die TELEKOM soll nicht die Produktion von Endgeräten und sonstiger Hardware wie beispielsweise Vermittlungsanlagen aufnehmen, zumindest solange eine völlige horizontale Aufteilung des Marktes in Form von Konkurrenz im Netzbereich nicht gegeben ist. Wohl aber sollen die Voraussetzungen geschaffen werden für eine Erweiterung der Forschungs- und Entwicklungskapazitäten der TELEKOM in allen Bereichen der Telemmunikation und der diesbezüglichen Softwareentwicklung.

Die technische Zulassung von Endgeräten soll nicht mehr Sache der TELEKOM selbst sein. Eine selbständige, direkt dem Bundesminister für Post und Telekommunikation unterstellte Behörde soll dies übernehmen; auch Geräte der TELEKOM werden hier geprüft. Die Prüfung soll schnell und kostengünstig vonstatten gehen, Prüfungskriterium soll lediglich die Vermeidung von Netzschäden sein, das Urteil über die Nutzungsqualität bleibt weitgehend dem Kunden überlassen.[81]

3.1.2.5.4 *Empfehlungen zur Neustrukturierung der Deutschen Bundespost*

Nach den Empfehlungen der Regierungskommission bezüglich der drei Bereiche der Telekommunikation zeichnet sich eine Aufteilung der Telekommunikation ab. Es soll einen der TELEKOM vorbehaltenen Monopolbereich geben, bestehend aus Netz und Telefon, einen horizontal zwischen TELEKOM und Privatanbietern aufgeteilten Bereich der Dienstleistungen, bestehend aus Pflicht- und freien Leistungen sowie einen dem Wettbewerb zwischen Privaten vorbehaltenen Endgerätebereich. Mit fortschreitender technischer Entwicklung dürfte eine horzontale Einteilung auch in den Monopolbereichen möglich und wünschenswert sein. Dann könnte die TELEKOM in den bis dahin den Privaten vorbehaltenen Endgerätemarkt einsteigen. Die langfristige Perspektive ist für die Regierungskommission also eine horizontale Aufteilung der gesamten Telekommunikation.

Regulierungen durch die Hoheitsinstanz erfolgen hauptsächlich bezüglich der Monopolbereiche der TELEKOM.

Während sich auf einem durch zunehmenden Wettbewerb gekennzeichneten Telekommunikationsmarkt private Unternehmen frei strukturieren können, „bedürfen die strukturellen Konsequenzen für die TELEKOM einer Gestaltung durch den Staat."[82] Die Empfehlungen E 30 bis E 47 befassen sich mit dieser Aufgabe. Ausgangspunkt der Empfehlungen sind die verfassungsrechtlichen Vorgaben des Artikel 187 Absatz 1 des Grundgesetzes sowie die im Kommissionsauftrag genannten Grundlinien der Verfassung der Deutschen Bundespost gemäß dem Postverwaltungsgesetz. So bleibt der Status des Post- und Fernmeldewesens als bundeseigene Verwaltung und Sondervermögen des Bundes unangetastet, ebenso die Fernmeldehoheit des Bundesministers. Folgende Änderungen werden von der Kommission empfohlen:

Hoheits- und Unternehmensaufgaben werden organisatorisch und nach Möglichkeit räumlich voneinander getrennt, das Bundesministerium für Post und Telekommunikation nimmt die Hoheitsaufgaben wahr, der Bundesminister überwacht die Erfüllung der Unternehmensaufgaben, wobei hier die langfristige Überwachung politischer Vorgaben gemeint ist. Die unmittelbare geschäftliche Leitung des Unternehmens TELEKOM soll von einem Vorstand übernommen werden, der nach wirtschaftlichen (nicht politischen) Gesichtspunkten handelt. Das Bundesministerium genehmigt im Benehmen mit dem Bundesminister der Finanzen den Haushalts/Wirtschaftsplan der TELEKOM, ist im übrigen als unparteiische Regulierungsinstanz jedoch auch verantwortlich für die gesamte Telekommunikation. Damit steht das Ministerium, was ordnungspolitische Entscheidungen betrifft, der TELEKOM theoretisch nicht näher als beispielsweise den privaten Telekommunikationsunternehmen.

Aus den zu Anfang dieses Abschnitts genannten Gründen befürwortet die Kommission die organisatorische und wirtschaftliche Trennung von Post- und Fernmeldewesen. Sie vertritt darüber hinaus bezüglich der bisher üblichen Quersubventionspraxis[83] vehement die Auffassung, daß eine unbehinderte Weiterentwicklung der Telekommunikation eine so große volkswirtschaftliche Bedeutung hat, daß „die TELEKOM nicht mit zweckfremden Ausgleichszahlungen zu belasten"[84] ist. Subventionen der TELEKOM an das Postwesen sind demnach innerhalb von fünf Jahren stufenweise abzubauen und im Haushalt gesondert auszuweisen.

Der Haushalt ist zudem so zu gestalten, daß Monopol-, Pflicht- und freie Leistungen in gesonderter Jahresrechnung geführt werden. Dadurch werden interne Finanzausgleichsbewegungen erkennbar und Subventionierungen von Konkurrenzbereichen aus Monopolgewinnen können verhindert werden. Um dem Unternehmensstatus der TELEKOM besser gerecht zu werden und Wettbewerbsverzerrungen zu vermeiden, soll die bisher übliche jährliche Ablieferungspflicht von 10 Prozent der Betriebseinnahmen von einer Mehrwertsteuerpflicht und mittelfristig einer Vollbesteurung wie für eine Kapitalgesellschaft abgelöst werden. Unter Anlehnung an das Aktienrecht sollen die Hälfte der Gewinne als Rücklagen im Unternehmen verbleiben können, über die andere Hälfte entscheidet − wie in einer Aktiengesellschaft die Aktionärsmehrheit − bei der TELEKOM die Bundesregierung. Das öffentlich- rechtliche Vertragsverhältnis der Bundespost zu ihren Kunden soll in ein privatrechliches Verhältnis zwischen der TELEKOM und ihren Kunden umgewandelt werden; im Bereich der freien Leistungen sollen uneingeschränkt privatrechtliche Tochtergesellschaften der TELEKOM sowie privatrechtliche Cooperationsgeselschaften der TELEKOM mit Privatunternehmen möglich sein.

Schließlich soll die TELEKOM intern durch eine Flexibilisierung des Dienstrechtes und Personalkostenbudgetierung die Motivation der Mitarbeiter steigern und so auch auf diesem Gebiet der Wettbewerbssituation gerecht werden.[85]

3.1.2.6 Reaktionen auf den Bericht der Regierungskommission Fernmeldewesen

Die Regierungskommission verbindet bestimmt nicht zu Unrecht den Anspruch der Konsensfähigkeit mit ihren Empfehlungen; trotzdem ist es unausweichlich, daß die Absicht einer so massiven Strukturveränderung auf einem politisch, sozial und wirtschaftlich so bedeutenden Gebiet wie dem Telekommunikationswesen auf Kritik und auf Gegenkräfte stößt.[86]

Gegnerschaft zu den Kommissionsvorschlägen ist aus verschiedenen Positionen heraus denkbar. So ist eine Gegnerschaft bereits zu der Entwicklung denkbar, die eine Neuordnung der Telekommunikation überhaupt erforderlich macht: der Weiterentwicklung von Technik, speziell der Nachrichtentechnik und der Mikroelektronik, deren Vordringen in immer neue wirtschaftliche und soziale Bereiche, der damit verbundenen Vorstellung von internationaler Konkurrenzfähigkeit, Wohlstand durch Wachstum usw. In diese Richtung geht die Haltung der Wirtschaftsprofessoren Herbert Kubicek und Arno Rolf.[87] Heftiger und mit agitatorischem Unterton vertritt Claus Eurich ähnliche kritische Standpunkte.[88]

Auf politischer Ebene ist es die Partei „Die Grünen", deren Überlegungen in eine solche Richtung gehen. So halten die Grünen die Dienste-Integration in Universalnetzen wie ISDN und IBFN, das Kabelfernsehen und den Bildschirmtexdienst für „unsinnige Verschwendungsprojekte"[89]. Bezüglich einer Umstrukturierung der Bundespost befürworten die Grünen beispielsweise eine Ausweitung beziehungsweise Einrichtung einer direkten parlamentarischen Kontrolle bei den Unternehmensaufgaben.[90] Dies steht im diametralen Gegensatz zu den Empfehlungen der Regierungskommission Fernmeldewesen.

Eine zweite Grundhaltung, aus der heraus die Empfehlungen der Regierungskommission zu kritisieren und zumindest teilweise abzulehnen sind, besagt: Technische Weiterentwicklung kann wirtschaftlich und unter Umständen auch sozial durchaus wünschbar sein, aber der Einsatz neuer Technologien muß wegen der massiven potentiellen sozialen und wirtschaftlichen Auswirkungen gesellschaftlich und politisch unter intensiven Kontrollmaßnahmen vor sich gehen. In einem solchen Konzept wäre jeder Abbau von Zuständigkeiten des Staates und jede Tendenz zur Nutzung der Dynamik eines freien Marktes bei der Etablierung neuer Technologien natürlich denkbar dysfunktional.

Was das Telekommunikationswesen betrifft, so wäre aus einer derartigen Haltung heraus eine weitgehende Beibehaltung des Status quo vor der Verabschiedung des Poststrukturgesetzes anzustreben.

Der größte Teil der Kritik an den Empfehlungen der Regierungskommission resultiert aus einer Grundhaltung dieser zweiten Kategorie. Die entsprechenden Standpunkte werden hauptsächlich von den Gewerkschaften vertreten, speziell der Deutschen Postgewerkschaft. Auf der politischen Ebene stehen die SPD und die CSU diesen Positionen nahe.[91]

Kritik an den Empfehlungen der Kommission ist natürlich auch mit der Begründung möglich, die angestrebten Strukturveränderungen gingen nicht weit genug; ein Bereich, dessen Bedeutung so groß ist wie die der Telekommunikation beziehungsweise Telematik müsse sich ungestört von jeglichem Reglement frei und damit optimal entfalten. Konkret wird in diesem Zusammenhang zumeist das nach den Empfehlungen verbleibende Netz- und Telefondienstmonopol der TELEKOM kritisiert.[92] Mehrere Unternehmerverbände, Teile der CDU und die FDP vertreten solche Auffassungen.[93]

Im folgenden sollen beispielhaft einige kritische Standpunkte kurz dargestellt werden, welche die Kommissionsempfehlungen betreffen.

3.1.2.6.1 *Das Sondervotum der sogenannten „Vierer-Bande"*

Der Kommissionsbericht selbst beinhaltet bereits drei Sondervoten von verschiedenen Kommissionsmitgliedern, deren Auffassungen im Plenum nicht mehrheitsfähig waren. Das erste stammt von den Herren Fertsch-Röver (FDP), Prof. Möschel (Jurist, Thübingen), Dr. Necker (Präsident des Bundesverbandes der Deutschen Industrie BDI) und Dr. Terrahe (Vorstandsmitglied der Commerzbank AG), die sich damit die Bezeichnung „Vierer-Bande" eingehandelt haben.[94]

Das Sondervotum[95] kritisiert, daß nach den Kommissionsempfehlungen mit dem Netzbereich und dem Telefondienst weiter 90 Prozent des Telekommunikationswesens im Monopol verbleiben. Es verweist auf die Nachteile einer monopolistischen Struktur, die es sieht in der Gefahr der Subventionierung sachfremder politischer Ziele aus den Überschüssen, der generellen Einflußnahme von Politik auf Kommunikationsbedürfnisse sowie der Effektivitätsminderung und Innovationsverzögerung durch das Ausklammern von Wettbewerb. Es verweist auf die USA, Japan und Großbritannien, die über 50 Prozent des Weltmarkts repräsentieren und auf ein Wettbewerbskonzept setzen. Ferner verweist es auf die Rolle der Telekommunikation als Schlüsselindustrie. Ein Einstieg in den weltweiten Wettbewerb solle unter optimalen Bedingungen, also einer effektiven inländischen Wettbewerbssituation, getätigt werden.

Die grundlegende Empfehlung des Sondervotums ist die Zulassung von konkurrierenden Telekommunikationsnetzen. Sollte dies politisch nicht durchsetzbar sein, so empfiehlt es die Begrenzung des Monopolbereichs auf die Netze und dessen vollständige organisatorische Trennung vom Wettbewerbsbereich Dienste und Endgeräte.

Möglichen Einwänden gegen den Netzwettbewerb tritt es mit einer Reihe von Argumenten entgegen. So ist mangelnde Kompatibilität bei mehreren Netzträgern aufgrund weltweiter Standardisierungstendenzen nicht zu befürchten. Auch ist der Bedarf nach konkurrierenden Netzen durchaus vorhanden, wie die Investitionsschübe, Nachfragesteigerungen und Infrastrukturverbesserungen in Japan und Großbritannien zeigen. Um eine flächendeckende Vollversorgung braucht bei konkurrierenden Netzen ebenfalls nicht gefürchtet zu werden, da diese bereits heute durch das Telefonnetz gegeben ist. Netzwettbewerb und neue Techniken wie Satellitenübertragung würden eher eine Überversorgung bewirken. Auch der Netzausbau ist in einer Konkurrenzsituation gesichert, solange er sich am wirtschaftlichen Bedarf orientiert.

Die „Vierer-Bande" ist sich darüber im klaren, daß eine Tarifeinheit im Raum angesichts konkurrierender Netze eher unwahrscheinlich ist. Sie betont aber im Sondervotum, daß es sich hierbei ohnehin um keine gesetzliche Anforderung handelt, sondern lediglich um eine Anwendungstradition der Bundespost. Die gegenwärtig praktizierte Überteuerung von Ferntarifen benachteiligt auch und gerade abgelegene Regionen. In einer Wettbewerbssituation, so das Sondervotum, würde durch den Wettbewerb „auch bei unterschiedlichen Tarifen im Raum der höchste Tarif unter dem jetzigen Tarif liegen"[96]. Unterschiedliche Strompreise und Mieten in verschiedenen Regionen haben zudem weit größere Auswirkungen als variierende Fernmeldegebühren.

Im übrigen ist nach dem Sondervotum das vordringliche Problem nicht der Schutz der Bundespost vor Wettbewerbern, sondern umgekehrt „der Schutz der Wettbewerber vor dem marktbeherrschenden Staatsunternehmen."[97]

3.1.2.6.2 Die abweichenden Vorstellungen des Kommissionsmitglieds Glotz

Das Kommissionsmitglied Dr. Peter Glotz, damaliger Bundesgeschäftsführer der SPD, stellt die neuen technischen Entwicklungen nicht in Frage: Glotz spricht sich „nachdrücklich für eine Neuordnug der Telekommunikation in der Bundesrepublik aus."[98] Sollte für die notwendige Effektivierung der Bundespost die Trennung von Hoheits- und Unternehmensaufgaben nötig sein, so wäre dem zuzustimmen. Kritik übt Glotz an der Auflockerung des Netzmonopols, welche die Investitionskraft der Bundespost für den Aufbau neuer Netzinfrastrukturen (ISDN, IFBN) unangemessen schwächen würde. Die daraus folgende Durchsetzung eines freien Handels würde zudem die Benachteiligung der deutschen Fernmeldeindustrie bewirken, welcher der Markzutritt im Ausland teilweise nicht im gleichen Maße gewährt wäre, wie er ausländischen Unternehmen in der Bundesrepublik möglich wäre. Auch die Trennung des Postwesens vom Fernmeldewesen und eine damit verbundene Rationalisierung und Gebührenerhöhung im Postwesen beziehungsweise das Entstehen eines massiven Subventionsbedarfs wären abzulehnen.[99]

3.1.2.6.3 Die abweichende Stellungnahme des Kommissionsmitglieds Stegmüller und die gewerkschaftlichen Positionen

Das Kommissionsmitglied Albert Stegmüller, stellvertretender Vorsitzender der deutschen Postgewerkschaft DPG, vertritt Standpunkte,[100] die den gewerkschaftlichen Vorbehalten gegen eine Neuordnung der Telekommunikation, wie sie die Kommissionsempfehlungen vorsehen, entsprechen.[101] Diese kritischen gewerkschaftlichen Positionen sind in etwa folgende:

Die sozialstaatlichen Aufgaben der Bundespost überwiegen ihre Funktion für die Privatwirtschaft. Sie ist „ein Stück praktizierter Sozialstaat"[102]. Daraus folgt die unbedingte Vorrangigkeit von Tarifeinheit im Raum, Kontrahierung, sozialverträglichen Tarifen und damit Quersubventionen zu Postdiensten und Mischkalkulation usw. gegenüber dem Anbieten aufwendiger Leistungen wie Mehrwertdiensten für Großkunden aus der Wirtschaft. „Die ordnungspolitischen Grundlagen der Telekommunikation dürfen sich weder an abstrakten wirtschaftstheoretischen Prinzipien noch an Partikularinteressen ökonomisch einflußreicher Gruppen ausrichten"[103].

Eine Liberalisierung und Deregulierung des Telekommunikationsmarktes wäre in keiner Weise dazu geeignet, die Bundespost bei der Erfüllung ihrer sozialstaatlichen Aufgaben zu unterstützen. „Der Fetisch Wettbewerb"[104] im Telekommunikationsmarkt würde durch den Wegfall von Quersubventionen und Mischkalkulation Rationalisierungsdruck und Preiserhöhungen bei Nahgesprächen und gelben Postdiensten bewirken, – Nachteile also für private Kleinkunden und Beschäftigte der Bundespost. Es ist infolgedessen von großer Wichtigkeit, daß bei allen – in Teilbereichen durchaus angemessenen – Strukturveränderungen die Einheit von Post- und Fernmeldewesen erhalten bleibt. Dasselbe gilt für die Monopolstellung der Bundespost im Netzbereich und für den Großteil der Dienste. Es geht darum, „eine Zerschlagung bewährter Grundstrukturen"[105] zu verhindern, die „Bundespost muß Bürgerpost bleiben"[106]. Auch die Finanzierung von Netzausbau, die Errichtung weiterer Netze, die Erfüllung sozialstaatlicher und politischer Aufgaben (zum Beispiel Postzeitungsdienst) muß weiter durch Gewinne möglich sein, die aus über den tatsächlichen Kosten liegenden Telefontarifen sowie der Ausnutzung von Größen- und Verbundvorteilen entstehen. Bereits die Konstatierung überhöhter Ferngebühren ist im übrigen unsachlich, da bei jeder Fernverbindung Teile von Ortsnetzen mitbenutzt werden.[107]

76

Im Gegensatz zu den Ausführungen der Regierungskommission Fernmeldewesen brachten Privatisierung und Deregulierung der Telekommunikation im Ausland, speziell in den USA und ganz besonders in Großbritannien, für den privaten Kleinkunden Nachteile in Leistung und Service sowie Mehrausgaben für den Telefondienst.[108]

Ein im Auftrag der DPG von Prof. Helmut Fangmann, Jurist und Vizepräsident der Hamburger Hochschule für Wirtschaft und Politik, verfaßtes Rechtsgutachten mit dem Titel „Verfassungsgarantie der Bundespost" sollte die verfassungsrechtliche Wünschbarkeit des damaligen Status quo im Fernmeldewesen untermauern. Auch bemüht man sich seitens der DPG, über Kontakte mit dem Europäischen Parlament in Brüssel den in absehbarer Zeit maßgeblichen Einfluß der Europäischen Gemeinschaft auf das gesamteuropäische Telekommunikationswesen im eigenen Sinn zu lenken.[109]

Mit dem Aktionsaufruf „Sichert die Post — Rettet das Fernmeldewesen" initiierte die DPG mit der Unterstützung des DGB zahlreiche Veranstaltungen, Demonstrationen und ähnliche PR-wirksame Aktionen, die den politischen Entscheidungsprozeß bezüglich der Empfehlungen der Regierungskommission Fernmeldewesen beeinflussen sollen. So wurde am Buß- und Bettag 1987, dem 18.11., bundesweit mit einer Auflage von 16 Millionen Exemplaren ein im Boulevardstil aufgemachtes Flugblatt von Postbediensteten verteilt, in dem DPG-Standpunkte publikumswirksam vertreten werden. Das Emblem der DPG-Aktion ist ein Hai, der sich anschickt, ein Kabel, ein Telefon und einen Brief zu verschlingen. Er symbolosiert die „Privatisierungs-Haie", die sich die gewinnträchtigen Teile der „Bürgerpost" einverleiben wollen, um eine finanziell handlungsunfähige „Rumpfpost" oder „Schrumpfpost" zu hinterlassen, die ihrem sozialstaatlichen Auftrag nicht mehr nachkommen kann.[110]

3.1.2.6.4 Stellungnahmen aus der Wirtschaft

Die Wirtschaft beobachtet alle Entwicklungen in der Telekommunikation mit vitalem Interesse, einerseits weil sich absehbare Änderungen der Nutzungsbedingungen auf die Wirtschaft als intensiven Nutzer der

Telekommunikationsinfrastruktur massiv auswirken. Auf der anderen Seite hoffen manche Unternehmen, vornehmlich solche, die sich selbst mit Informations- und Kommunikationstechniken befassen, auf neue Märkte, Umsatzsteigerungen und Gewinne. Zudem ist man sich in Wirtschaftskreisen mehr als irgendwo sonst darüber im klaren, daß die Verschmelzung von Kommunikationstechnik und Mikroelektronik gerade und zuerst in der Wirtschaft alte Strukturen aufbricht und dabei unter anderem den Faktor Information als einen zentralen Wirtschaftsfaktor etabliert. Man ist sich bewußt, daß Fehlentscheidungen oder Fehlentwicklungen in diesem Bereich innerhalb von nur wenigen Jahren volkswirtschaftlich fatale Folgen nach sich ziehen könnten.[111] Es gibt viele weitere Gründe für die Wirtschaftsverbände, die Empfehlungen der Regierungskommission Fernmeldewesen zu begrüßen. Da ist die betriebswirtschaftlich interessanten Perspektive voraussichtlicher Gebührensenkungen und die Möglichkeit, individuellere Problemlösungen für den anstehenden Kommunikationsbedarf zu realisieren, ferner die Aussicht, eventuell selbst am Telekommunikationsgeschäft teilzuhaben.

Einigen Verbänden gehen die Empfehlungen sogar nicht weit genug. So zeichnet der Präsident des Bundesverbandes der Deutschen Industrie BDI Dr. Tyll Necker als Kommissionsmitglied mit verantwortlich für das Sondervotum der sogenannten „Vierer-Bande"[112]. An anderer Stelle[113] machte Necker seinen Standpunkt noch deutlicher. Es gelte, Weltmarktanteile zu sichern, denn „Wir diskutieren, die anderen investieren.... Im Grundsatz gilt, daß der Markt jeder anderen Form der Steuerung des Wirtschaftsprozesses überlegen ist... Der Staat kann wirtschaftlicher Dynamik einen Gestaltungsrahmen geben, sie jedoch nicht selbst erzeugen. (Man sollte die – Anm. d. Verf.) Chance des Netzwettbewerbs nicht negieren"[114].

Es ist in Wirtschaftskreisen übrigens eine langgehegte Gepflogenheit, die Deutsche Bundespost verbal nicht eben mit Samthandschuhen anzufassen, wenn es um deren Monopole und hoheitliches Handeln geht. So ist in einer BDI-Dokumentation die Rede davon, „mit Hilfe von mehr Wettbewerb den Elefanten Bundespost am Traben zu halten"[115]. Der inzwischen verstorbene Computerindustrielle Nixdorf soll auf der Computerfachmesse CeBiT 1986 in Hannnover sogar von den „Lahmärschen bei der Post"[116] gesprochen haben.

Ohne verbale Kraftakte aber doch mit einiger Vehemenz fordert auch der Deutsche Industrie- und Handelstag DIHT eine noch weitergehende Liberalisierung des Telekommunikationswesens als die Kommissionsempfehlungen es vorsehen.[117] Speziell als Vertreter auch einer großen Zahl kleiner und mittlerer Unternehmen, die oft zusammen mit den Privathaushalten als Benachteiligte einer Liberalisierung gesehen werden, besteht der DIHT auf einem umfassenden und ausnahmslosen Wettbewerb bei den Diensten. Von der Bundespost anzubietende Pflichtdienste, die durch ein Telefondienstmonopol finanziert werden müßten, bedeuteten Wettbewerbsverzerrungen. Die Bundespost solle qua Netzmonopol eine flächendeckende Telekommunikationsinfrastruktur zu den Kosten entsprechenden Preisen anbieten, Dienste und Endgeräte würden dann im freien Wettbewerb zwischen Privatfirmen automatisch auch einer Daseinsvorsorge entsprechend verteilt. Die Netzinfrastruktur sei insofern vergleichbar mit dem öffentlichen Straßennetz. Diese Vorstellungen entsprechen übrigens weitgehend dem Alternativvorschlag der „Vierer-Bande" für den Fall, daß sich der Aufbau konkurrierender Netze als politisch nicht durchsetzbar erweisen sollte.[118]

Einige Wirtschaftsverbände gehen auch ohne weitere Einschränkungen mit den Kommissionsempfehlungen konform, so zum Beispiel der Verband Deutscher Maschinen- und Anlagenbau VDMA.[119]

Bemerkenswert ist, daß es in der Wirtschaft auch Positionen gibt, welche die Kommissionsempfehlungen als zuviel des Guten betrachten. Hierfür gibt es in der Regel zwei Gründe. Zum einen gestaltet sich die Zusammenarbeit mit dem Monopolunternehmen Bundespost für viele Zulieferfirmen durchaus angenehm. Planungssicherheit, Zahlungsmoral, bevorzugte Berücksichtigung inländischer Anbieter und eine unerschöpfliche Finanzkraft sind Attribute der Bundespost, die mit der Einführung des Wettbewerbs in der Telekommunikation verschwinden könnten; das zumindest fürchtet mancher Hersteller von Endgeräten, Netzkomponenten oder sonstiger Telekommunikations-

Hard- und Software. Als zweiter Grund kommt hinzu, daß eine schnelle Liberalisierung des Telekommunikationsmarktes zweifelsohne zum Auftauchen neuer Konkurrenten führen würde, nicht zuletzt auch solchen aus dem Ausland.

So begrüßt der Fachverband Informations- und Kommunikationstechnik FVI + K in einem eigens herausgegebenen Positionspapier[120] zwar einen Großteil der Kommissionsempfehlungen uneingeschränkt. Er argumentiert dann aber weiter, daß die Finanzkraft der Bundespost in größerem Maße gesichert werden muß, als es die Kommissionsempfehlungen vorsehen. Dies soll durch ein uneingeschränktes und nicht in regelmäßigen Abständen zur Disposition zu stellendes Netzmonopol erreicht werden, sowie bei den im Wettbewerb erbrachten Dienstleistungen durch Ausgleichsgebühren seitens privater Wettbewerber, die so den Mehraufwand der Bundespost für deren flächendeckende Infrastrukturaufgabe mit abdecken. Im Endgerätebereich soll die Aufgabe bisheriger Monopole erst nach einer Übergangszeit von fünf Jahren erfolgen, um besonders der mittelständischen Fernmeldeindustrie eine schrittweise Umstellung zu ermöglichen.[121]

Auch Dr. Karlheinz Kaske, Vorstandsvorsitzender der Siemens AG, des im Sinne einer bisherigen „Verkrustung der Anbieterstruktur"[122] größten „Hoflieferanten" der Bundespost, äußert sich moderat konservativ. Er spricht einer „alleinigen Trägerschaft der öffentlichen Kommunikationsnetze und ... standardisierten Diensten" durch die Bundespost das Wort, wobei er als Vertreter des größten privaten Kommunikationsunternehmens der Bundesrepublik altruistisch genug ist, als Grund für dieses Ansinnen die abzusehende Benachteiligung der mittleren und kleinen Teilnehmer zu nennen.[123]

3.1.3 Die Umsetzung der Kommissionsempfehlungen durch die Bundesregierung

Bereits im Mai 1988 (Kabinettsbeschluß vom 11.5.1988) legte die Bundesregierung ihre Konzeption zur Neuordnung des Kommunikationsmarktes vor.[124] Die in dieser Konzeption avisierten gesetzgeberischen

Maßnahmen zur Reform des Post- und Fernmeldewesens wurden am 20.4.1989 vom deutschen Bundestag verabschiedet und sind seit dem 1.7.1989 in Kraft. Es handelt sich um Novellierungen des Postgesetzes, des Postverwaltungsgesetzes und des Fernmeldeanlagengesetzes, zusammengefaßt im neuen Poststrukturgesetz (PostStruktG).[125]

In ihrer Konzeption betont die Bundesregierung ausdrücklich, daß der Bericht der Regierungskommission Fernmeldewesen „als wertvolle und hilfreiche Grundlage...herangezogen"[126] wurde. Der grundsätzliche Tenor, die „Eckpunkte"[127] der Konzeption stimmen demgemäß mit der Aktionsrichtung des Regierungsberichtes weitgehend überein. Trotzdem kam die Bundesregierung in einigen durchaus zentralen „Einzelbereichen zu anderen politischen und sachlichen Wertungen"[128] als die Regierungskommission.

3.1.3.1 Regelungen im Netzbereich

In Übereinstimmung mit der Regierungskommission sieht die Bundesregierung im Fernmeldewesen zukünftig den Wettbewerb als die Regel und das Monopol als die zu begründende Ausnahme. Eine solche Ausnahme ist gegeben im Netzbereich. Infrastrukturaufgaben wie flächendeckendes Angebot und Tarifeinheit im Raum können nach Auffassung der Bundesregierung nur von einem nicht ausschließlich nach betriebswirtschaftlichen Gesichtspunkten operierenden, öffentlichen Träger angemessen wahrgenommen werden.[129] Die Regierungsmeinung geht in diesem Punkt konform mit der Empfehlung E 1 der Regierungskommission Fernmeldewesen. Die Bundesregierung sieht allerdings keine Notwendigkeit für die in E 1 weiter empfohlene Überprüfung des Netzmonopols der Telekom im Dreijahres-Rhythmus und die damit verbundene Option der Zulassung von konkurrierenden Netzen.[130] Damit stärkt die Bundesregierung langfristig ganz erheblich die Position der Telekom auf dem bundesdeutschen Telekommunikationsmarkt und nimmt eine indirekte Drosselung der Marktdynamik in Kauf. Den Empfehlungen E 2 und E 4 zur weitestgehenden Ausnutzung bestehender Befugnisse zur Genehmigung privater Fernmeldeanlagen und der Ausklammerung von Satellitenkommunikation niedriger Bitraten aus dem Netzmonopol stimmt die Regierung zu. Die Empfehlung E 3, die den Wegfall der 25-Kilometer-Begrenzung genehmigungsfreier betriebsinterner Netze anstrebt, lehnt die Bundesregierung jedoch ab. Die Gefahr von massiven Verkehrsverlagerungen, welche die Erfüllung der Infrastrukturaufgaben des Netzmonopolisten in Frage stellen könnten, sei zu groß.[131]

Zweierlei Einsichten lassen es der Bundesregierung als geboten erscheinen, das Netzmonopol möglichst eng zu definieren. Zum einen ist sie sich im klaren darüber, daß EG-Recht eine weite Definition via Wettbewerbsregeln und die Dienstleistungsfreiheit mittelfristig kippen würde.[132] Zum anderen sind die auf neuen Techniken basierenden Rand bereiche des Telekommunikationsnetzes wie zum Beispiel Satellitenfunk und Mobilfunk in ganz besonderem Maße auf wettbewerbliche Strukturen angewiesen, die den innovativen Aufbau neuer und spezialisierter Dienstleistungen fördern.[133]

Demnach können gemäß Paragraph 2 Absatz 2 des novellierten Fernmeldeanlagengesetzes entsprechend der Kommissionsempfehlung E 4 Satellitenfunkanlagen niedriger Bitraten freizügig errichtet und betrieben werden. Dies betrifft in der Hauptsache point-to-multipoint-Dienste wie sie zur Informationskoordination von Unternehmen wie Banken, Versicherungen oder Zeitungen eingesetzt werden.[134] Satellitenfunkanlagen höherer Bitraten müssen nach Paragraph 2 Absatz 2 Fernmeldeanlagengesetz vom Bundesminister für Post und Telekommunikation genehmigt werden. Eine solche Genehmigung ist nur dann zu verweigern, wenn die Anlage der Sprachübermittlung dient und so das Telefondienstmonopol[135] der TELEKOM bedroht oder wenn sie funktechnische Störungen verursacht.[136]

Randwettbewerb im Netzbereich ist aufgrund der neu geschaffenen gesetzlichen Regelungen außer bei der Satellitenkommunikation auch beim Mobilfunk in zuvor nie dagewesenem Maße möglich. Beim für die 90er Jahre geplanten europaweiten digitalen zellularen Mobilfunk mit seinen für Ende der 90er geschätzten 10 Millionen Teilnehmern sieht die Bundesregierung ein derart großes Wachstumspotential, daß sie diesen Markt durch eine besondere Maßnahme dynamisieren will. Sie läßt außer der TELEKOM einen weiteren, privaten Netzbetreiber zu.[137] Auch bei den Funkrufdiensten, speziell beim Stadtfunkrufdienst oder auch Cityruf, erwartet die Bundesregierung eine sehr expansive Entwicklung und gewährt deshalb privaten Anbietern Zugang zu diesem Markt.[138] Parallele Entwicklungen sieht die Regierungskonzeption für den Betriebsfunk und schnurlose Funknebenstellenanlagen vor.[139]

Die Regelungen der Bundesregierung zur Zulassung von Randwettbewerb im Netzbereich werden von den Wirtschaftsverbänden einhellig begrüßt. Die Ausschließlichkeit, mit der die Vermittlungseinrichtungen und Abschlußeinrichtungen in das Netzmonopol der TELEKOM eingeschlossen werden, wird jedoch teilweise kritisiert. Kritisiert wird ferner, daß im Poststrukturgesetz ein offener Netzzugang im Sinne des EG-Grünbuchs (ONP − Open Network Provision) nicht festgeschrieben ist.[140]

Zusammenfassend läßt sich sagen, daß die legislativ realisierte Liberalisierung im Netzbereich hinter den Empfehlungen der Regierungskommission zurückbleibt.

3.1.3.2 Regelungen im Dienstleistungsbereich

Das Regierungskonzept greift die im Kommissionsbericht vorgegebene Klassifikation des Dienstesektors in Monopol-, Pflicht- und freie Leistungen auf. Die Einordnung einzelner Dienste in diese drei Kategorien übernimmt nach Paragraph 22 Absatz 2 des Postverfassungsgesetzes der Bundesminister für Post und Telekommunikation.

Im Monopolbereich verbleibt, übereinstimmend mit Empfehlung E10 der Regierungskommission, einzig der Telefondienst. Die in diesem Monopoldienst erwirtschafteten Überschüsse sollen die TELEKOM in die Lage versetzen, eine Vielzahl finanzieller Verpflichtungen zu erfüllen. Es sind dies der Netzausbau, die Infrastrukturauflagen im Pflichtleistungsbereich, die Ablieferungspflicht an den Bundeshaushalt, die Vorfinanzierung neu einzuführender Dienste sowie die Quersubventionierung des Postdienstes.[141] Die drei zuletzt genannten Verpflichtungen der TELEKOM stehen in mehr oder weniger starkem Widerspruch zu entsprechenden Empfehlungen der Regierungskommission

Fernmeldewesen. Die Ablieferungspflicht sollte nach Empfehlung E 42 zumindest im Wettbewerbsbereich umgehend zugunsten der Umsatzsteuerpflicht abgeschafft werden.[142]

Ferner sollen nach dem Kommissionsbericht keine Anlaufverluste neuer Dienste durch Gewinne aus dem Telefonmonopol finanziert werden,[143] und drittens sollen die Quersubventionen aus dem Telekommunikationsbereich an das Postwesen weitgehend abgeschafft werden, da sie die volkswirtschaftlich erwünschte dynamische Entwicklung des TELEKOM munikationsmarktes hemmen.[144]

Ein weiterer zentraler Widerspruch zwischen den Empfehlungen der Regierungskommission und dem Reformkonzept der Bundesregierung ist die expansive Definition des Telefondienstmonopols im Reformkonzept. Die Kommission hatte noch die Entwicklungsperspektive gesehen, „daß auch der Telefondienst in absehbarer Zukunft dem Monopol entgleitet. … Das Monopol löst sich … insoweit auf, wie die Sprachvermittlung in Mehrwertdiensten aufgeht."[145] Das Telefondienstmonopol sollte sich ausschließlich auf die reine Sprachübermittlung, den Real-Time-Voice-Dienst, erstrecken.[146]

Nach den Vorstellungen der Bundesregierung beinhaltet das Telefondienstmonopol nun „auch Weiterentwicklungen und Ergänzungen des Telefondienstes, also Dienste, bei denen aus der Sicht der Nutzer die Sprachübermittlung den Hauptzweck der Telekommunikation darstellt und die ohne die unveränderte zeitgleiche Sprachübermittlung nicht sinnvoll erbracht werden könnten."[147] Diese Sichtweise dürfte Innovationshemmnisse und Konflikte hinsichtlich der Einordnung vieler Mehrwertdienste hervorrufen. Ein zentraler Streitpunkt wird wahrscheinlich der Bildtelefondienst sein, der zu Beginn der 90er Jahre eingeführt wird.[148] Die oben genannte Formulierung deutet darauf hin, daß der Bildtelefondienst vom Telefonmonopol der TELEKOM erfaßt werden soll. Dies wurde von der bundesdeutschen Wirtschaft bereits registriert und kritisiert.[149] So wenig sinnvoll diese expansive Definition des Telefondienstmonopols sein mag, was die Dynamisierung des bundesdeutschen Telekommunikationsmarktes und die Steigerung seiner internationalen Konkurrenzfähigkeit anbelangt, so notwendig erscheint sie auf der anderen Seite, um den im Vergleich zu den Kommissionsempfehlungen gesteigerten finanziellen Verpflichtungen der TELEKOM eine langfristige adäquate Einnahmequelle entgegenzusetzen.

Die zweite Dienstekategorie nach dem Monopoldienst sind die Pflichtleistungen.[150] Für diese kann die Hoheitsinstanz im Fernmeldewesen, der Bundesminister für Post und Telekommunikation, ebenso wie für den Monopoldienst Infrastrukturauflagen machen. Im Regierunskonzept werden beide Kathegorien dementsprechend auch als Infrastrukturdienste bezeichnet.[151] Die Entscheidung darüber, ob ein bestimmter Telekommunikationsdienst als Pflichtleistung einzuordnen ist, trifft nach Paragraph 22 Absatz 2 des novellierten Postverfassungsgesetzes nicht der Bundesminister für Post und Telekommunikation, sondern die Bundesregierung selbst nach Anhörung des Ministers auf dem Wege der Rechtsverordnung.

Diese Konstruktion bewirkt, daß hier die Bundesländer über den Bundesrat zustimmungspflichtig sind.[152] Die Finanzierung der Infrastrukturauflagen bei den Pflichtleistungen soll, wie bereits im Kommissionsbericht empfohlen,[153] durch Überschüsse aus dem Monopolbereich gesichert werden. Über die Empfehlungen des Kommissionsberichts hinaus räumt jedoch der gemäß Regierungskonzeption ergänzte Paragraph 1a des novellierten Fernmeldeanlagengesetzes dem Bundesminister für Post und Telekommunikation das Recht ein, auch private Anbieter zu regulieren, die mit Pflichtleistungen der TELEKOM identische Leistungen anbieten. Dies ist für den Fall vorgesehen, wenn die Monopolgewinne der TELEKOM nicht mehr ausreichen sollten, um Pflichtleistungen den Infrastrukturauflagen entsprechend anzubieten. Derartige Anordnungen des Bundesministers an Privatunternehmen können die Angebotsbedingungen und Leistungsentgelte der in Frage kommenden Dienstleistungen betreffen.[154]

Die gesetzliche Möglichkeit derartiger dirigistischer Eingriffe in einen Markt, der liberalisiert und dynamisiert werden soll, stößt verständlicherweise auf wenig Gegenliebe bei der einschlägigen Industrie. Man sieht die eigene Planungssicherheit gefährdet und befürchtet: „Eine

positive Entwicklung dieser Dienste ist nicht zu erwarten,"[155] wenn
der Bundesminister in der geschilderten Art und Weise Anordnungen
treffen kann.

Bei der dritten Dienstekategorie nach den Monopol- und den Pflichtleistungen, den freien Leistungen, soll nach dem Regierungskonzept
ein unregulierter, freier unternehmerischer Wettbewerb zwischen der
TELEKOM und privaten Anbietern herrschen. Die TELEKOM ist
hier nicht verpflichtet, sich bei einzelnen Diensten in bestimmtem Umfang zu engagieren; diesbezügliche Entscheidungen fällt das Unternehmen TELEKOM frei nach rein wirtschaftlichen Kriterien.[156]

Das Poststrukturgesetz schafft allerdings eine erhebliche potentielle
Bedrohung dieses unregulierten Segments des Telekommunikationsmarktes. Der Bundesregierung obliegt vorbehaltlich der Zustimmung
des Bundesrates gemäß Paragraph 22 Absatz 2 des novellierten Post
verfassungsgesetzes die Einordnung von Telekommunikationsdien-
sten in die Dienstekategorie Pflichtleistung. Ferner kann der Bundesminister nach Paragraph 1a des novellierten Fernmeldeanlagengesetzes der TELEKOM und unter bestimmten Umständen auch Privatunternehmen im Pflichtleistungsbereich bestimmte Auflagen erteilen.

Es besteht nun die Möglichkeit, daß beispielsweise besonders erfolgreiche freie Dienste zu Plichtleistungen erklärt werden und damit un-
vermittelt doch der Regulierungsbefugnis des Bundesministers unterliegen.[157] Eine derartige Möglichkeit muß natürlich insbesondere seitens der Privatwirtschaft bei allen unternehmerischen Entscheidungen
einkalkuliert werden. Die so entstehende Planungsunsicherheit ist freilich wenig geeignet, Unternehmensentscheidungen zu begünstigen, die
auf der Linie der Zielvorstellung liegen, den bundesdeutschen Telekommunikationsmarkt durch Liberalisierung und Förderung von
kreativem wirtschaftlichem Engagement zu dynamisieren und international konkurrenzfähiger zu machen.

Die Wettbewerbsdienste (= Pflicht- und freie Leistungen) werden von
privaten Diensteanbietern in der Regel auf Mietleitungen der TELE-
KOM angeboten werden. Die kostenorientierte Tarifierung dieser
Mietleitungen ist von zentraler Bedeutung für eine wettbewerbsorien-

tierte und innovative Entwicklung aller Wettbewerbsdienste.[158] Nur
wenn Mietleitungen für private Diensteanbieter ähnlich viel oder wenig kosten wie für das Monopolunternehmen und die Mietleitungstarife der internen Kostenrechnung der TELEKOM entsprechen, kann
sich ein echter Wettbewerb entwickeln.

Die bisher von der Deutschen Bundespost angestrebte nutzungszeitabhängige Tarifierung von Mietleitungen ist insofern natürlich denkbar
dysfunktional. Eine entsprechende Einschätzung der Sachlage wird
sowohl im Kommissionsbericht als auch im Regierungskonzept vorgenommen.[159] In der Konzeption der Bunderegierung sind jedoch die
konkret avisierten Maßnahmen sehr viel verhaltener und von zeitlich
längerfristiger Perspektive. Erst „Mit dem Wirksamwerden der mehr-
stufigen Tarifreform der Fernsprechwählnetztarife und den dann vorliegenden praktischen Erfahrungen kann nach Auffassung der Bundesregierung die Anwendung des Prinzips nutzungszeitabhängiger
Mietleitungstarife grundsätzlich überdacht und entsprechend den
Fortschritten bei der Anpassung der Wählnetztarife geändert werden."[160]

Somit muß auch für den Dienstleistungsbereich zusammenfassend be-
merkt werden, daß die realisierten gesetzlichen Maßnahmen um einiges hinter den Empfehlungen der Regierungskommission Fernmeldewesen zurückbleiben, was die Effektivierung durch Liberalisierung
anbelangt.

3.1.3.3 Regelungen im Endgerätebereich

Die Regierungskonzeption zur Neuordnung des Telekommunikationsmarktes greift die Empfehlungen der Regierungskommission
Fernmeldewesen zum Endgerätemarkt weitestgehend auf. Die Bundesregierung bekennt sich zum Grundsatz des umfassenden Wettbewerbs in diesem Bereich.[161] Sie strebt bis Mitte der 90er Jahre die vollständige Umrüstung aller Telefonhauptanschlüsse auf die Steckerlösung an. Jeder Teilnehmer wird Engeräte auf dem freien Markt erwerben oder mieten können und sie, sofern sie über eine technische Zulassung verfügen, an die Netzabschluß-Steckdose des TELEKOM-Netzes

anschließen dürfen. Da diese Maßnahme erhebliche Umstellungen der Beschaffung, der Logistik und des Absatzmarketing der TELEKOM und auch der Privatanbieter bewirkt, hat sich die Bundesregierung dazu entschlossen, das bisherige Telefonapparatemonopol der Bundespost erst ein Jahr nach Inrafttreten des Poststrukturgesetzes, spätestens jedoch zum 1.7.1990 aufzuheben.[162]

Die Zulassung von Endgeräten liegt nach der Trennung von Hoheits- und Unternehmensaufgaben[163] beim Hoheitsträger im Telekommunikationswesen, dem Bundesminister für Post und Telekommunikation. Das Zentralamt für Zulassungen im Fernmeldewesen wird als organisatorisch selbständige Behörde direkt dem Bundesminister unterstellt. Alle Endgeräte, die an öffentliche Telekommunikationsnetze angeschlossen werden, bedürfen einer Zulassung – auch solche, die von der TELEKOM selbst vertrieben werden.[164]

Das Gebot der Expertenkommission Fernmeldewesen, die TELEKOM solle nicht selbst die Produktion von Endgeräten aufnehmen,[165] wird in der Regierungskonzeption nicht explizit aufgegriffen. Es ist insofern verständlich, wenn die einschlägige (Zuliefer-) Industrie vor dieser marktwirtschaftlich allerdings eher unwahrscheinlichen Möglichkeit warnt.[166]

3.1.3.4 Regelungen zur Neustrukturierung der Deutschen Bundespost

Artikel 1 des Poststrukturgesetzes enthält das novellierte Postverfassungsgesetz, in dem die neue Struktur der Deutschen Bundespost festgeschrieben ist. Die zentralen Elemente der Neustrukturierung sind:

– Trennung der Hoheits- und Unternehmensaufgaben
– Aufteilung des Unternehmensbereichs in drei öffentliche Unternehmen für die verschiedenen Märkte, in denen die Bundespost sich betätigt.

Diese drei Unternehmen sind:

– Deutsche Bundespost POSTDIENST
– Deutsche Bundespost POSTBANK
– Deutsche Bundespost TELEKOM

Die Trennung von Hoheits- und Unternehmensaufgaben hatte auch die Regierungskommission Fernmeldewesen empfohlen;[167] zur Aufteilung des Unternehmensbereiches hatte sie keine konkreten Vorschläge gemacht, da sich ihr Auftrag auf Überlegungen zur Neustrukturierung ausschließlich der Telekommunikation beschränkte. Ganz allgemein hatte sie jedoch ebenfalls eine zumindest organisatorische Trennung von Post und Fernmeldewesen empfohlen.[168]

Der Grund für die Trennung von Hoheits- und Unternehmensaufgaben im Staatsunternehmen ist derselbe, aus dem das gesamte Telekommunikatioswesen liberalisiert und verstärkt in den wirtschaftlichen Wettbewerb überführt worden ist: Die Telekommunikation als „der Markt der Zukunft"[169] braucht Innovationsdruck durch wirtschaftliche Konkurrenz für eine dynamische Entwicklung, welche die bundesdeutsche Telekommunikationswirtschaft und letztlich die Gesamtwirtschaft international konkurrenzfähig erhalten soll. Ein Staatsunternehmen, das Hoheits- und Unternehmensaufgaben in sich vereint, das also „Schiedrichter und Mitspieler"[170] zugleich ist, schafft Planungsunsicherheiten für Konkurrenten, verringert oder verhindert Innovationsdruck, lähmt die Marktentwicklung.

Ist die Trennung von Hoheits- und Unternehmensaufgaben vollzogen, so findet sich das Staatsunternehmen als mehr oder weniger gleichberechtigter Anbieter auf dem Markt. Die Hoheitsinstanz, der Bundesminister für Post und Telekommunikation (ehemals Post- und Fernmeldewesen), reguliert im Rahmen ihrer gesetzlichen Befugnisse den gesamten Telekommunikationsmarkt, soweit allgemeingültige Normen oder Richtlinien erlassen werden müssen. Das Staatsunternehmen selbst ist aufgrund seiner Infrastrukturaufgaben einer stärkeren Regulierung durch die Hoheitsinstanz ausgesetzt als die Privatanbieter, ansonsten werden sämtliche Anbieter in gleicher Weise behandelt. Vor diesem Hintergrund wird die Notwendigkeit deutlich, das Staatsunternehmen von seinen klassischen Verwaltungsstrukturen zu befreien und es nach „Methoden moderner Unternehmensführung"[171] umzustrukturieren. Hier ist eine Aufteilung nach den drei zentralen marktwirtschaftlichen Aktionsfeldern des Unternehmens – Post, Bank und Telekommunikation in der Tat ein logischer und konsequenter Schritt.

Hinsichtlich der Möglichkeiten von Quersubventionen zwischen den drei Postunternehmen sowie zwischen dem Monopol- und Wettbewerbsbereich der TELEKOM setzt die Konzeption der Bundesregierung andere Akzente als die Regierungskommission Fernmeldewesen.

Das novellierte Postverfassungsgesetz sieht die grundsätzliche Möglichkeit des Finanzausgleichs der drei Unternehmen der Deutschen Bundespost vor,[172] während die Regierungkommission den Abbau der Subventionen der TELEKOM an das Postwesen spätestens innerhalb von fünf Jahren empfohlen hatte.[173] Bezüglich der Übertragung von Monopolgewinnen in den Wettbewerbsbereich innerhalb des Unternehmens TELEKOM hatte die Regierungskommission entsprechende Teilwirtschafts pläne und getrennte Jahresabrechnungen für Monopol-, Pflicht- und freie Leistungen gefordert, mit deren Hilfe Finanzausgleichsbewegungen zu erkennen und wirksam zu verhindern seien.[174] Die dem neuen Poststrukturgesetz zugrunde liegende Konzeption der Bundesregierung greift diese Empfehlungen nicht auf. Sie schreibt keine getrennten Jahresabschlüsse für Monopol- und Wettbewerbsbereich vor und läßt einen Finanzausgleich zwischen diesen Bereichen zumindest in zwei Fällen grundsätzlich zu.[175] Es sind dies die Finanzierung von Infrastrukturauflagen bei Pflichtleistungen und der Ausgleich von Anlaufverlusten neuer Dienste.[176]

Die Ablieferungspficht des Unternehmens Bundespost an den Bundeshaushalt von 10 Prozent der Betriebseinnahmen soll mittelfristig durch Umsatzbesteurung abgelöst werden.[177] Die Regierungskommission Fernmeldewesen hatte zumindest für die Pflichtleistungen und freien Leistungen eine kurzfristige Realisierung der Mehrwertsteuerpflicht empfohlen.[178]

In Übereinstimmung mit der entsprechenden Empfehlung der Regierungskommission sind die Kundenbeziehungen zwischen der TELEKOM in allen Dienstebereichen seit dem Inkrafttreten des Poststrukturgesetzes auf eine privat rechtliche Basis gestellt. Hoheitliche Kundenbeziehungen verletzen den Grundsatz der Wettbewerbsgleichheit.[179] Dasselbe gilt für die anderen Unternehmen der Deutschen Bundespost. Die Leistungsentgelte werden insofern nicht mehr als hoheitliche Gebühren, sondern als Tarife beziehungsweise Preise bezeichnet.[180]

3.1.4 Überlegungen zur bisherigen Neuordnung des Telekommunikationswesens

Zusammenfassend läßt sich sagen, daß die legislativ realisierte Liberalisierung des Telekommunikationswesens hinter den Empfehlungen der Regierungskommission zurückbleibt. Dies mag befremdlich klingen in Anbetracht der Tatsache, daß die Regierungskommission beinahe noch viel weitergehende Reformen empfohlen hätte als sie es schließlich tat. So hat die Regierungskommission zum Beispiel nur denkbar knapp (bei Stimmengleichheit) die Empfehlung zum mittelfristigen Aufbau konkurrierender Netze verworfen und hat sich mit ihrem grundsätzlichen Bekenntnis zum Netzmonopol der TELEKOM bereits stark am vorgefundenen Status quo orientiert.[181]

Das eher zurückhaltende Agieren der Bundesregierung wird jedoch verständlicher, wenn man sich vergegenwärtigt, daß der Gesetzgeber in einem demokratisch strukturierten Gemeinwesen nicht nur die wirtschaftliche Richtigkeit zu ergreifender Maßnahmen berücksichtigen muß, sondern auch deren politische und soziale Konsensfähigkeit. So mag es nach einem streng genommen jahzehntelangen Ringen um notwendige Strukturanpassungen im Post- und Fernmeldewesen[182] wichtiger gewesen sein, einen ersten Schritt in die richtige Richtung zu tun, als soziale und politische Konflikte zu riskieren, die wiederum zur Stagnation geführt hätten. In diesem Sinne ist sicherlich auch die Absicht des Bundesministers für das Post- und Fernmeldewesen zu sehen, die weitere Umsetzung seiner Fernmeldepolitik zu betreiben durch eine „spätere Weiterentwicklung des Fernmelderechts zu einem Gesetz zur Regelung des Wettbewerbs auf den Fernmeldemärkten ... ohne bereits heute gesetzliche Detailregelungen treffen zu müssen, die zukunftssicher erst aufgrund konkreter Erfahrungen mit der Marktentwicklung festgelegt werden können."[183]

Die Deutsche Bundespost TELEKOM als bisheriger und zukünftiger Hauptträger der Telekommunikations-Netzinfrastruktur in der Bundesrepublik ist zweifellos von zentraler Bedeutung für das weitere Verwachsen von Telekommunikation und Informatik, die Telematik. Die ordnungspolitischen, organisatorischen und wirtschaftlichen Umstrukturierungen im Bereich der Telekommunikation dürften die Dynamik der Telematik-Entwicklung nicht prinzipiell, wohl aber graduell beeinflussen. Die Eigendynamik dieser Entwicklung ist zu stark und die Bundesrepublik zu sehr politisch wie wirtschaftlich international eingebunden, als daß eine Abkoppelung von den weltweiten Entwicklungstrends realistisch wäre. Zudem ist in einem liberalen und demokratischen Herrschaftssystem wie dem der Bundesrepublik ein freier Informationsfluß auch in neuen Bereichen und über neue Medien funktional[184] und insofern juristisch wie politisch schwer einzudämmen.

Die Frage allerdings, inwieweit auch graduelle Entwicklungsdefizite wirtschaftlich und damit sozial negative Folgen nach sich ziehen könnten, stellt sich trotzdem. Sie wird jedoch gegebenenfalls letztendlich nur durch die reale Entwicklung zu beantworten sein. Es bleibt zu hoffen, daß die Neuordnung der Telekommunikation in der nun realisierten Form geeignet sein wird, wirtschaftlichen und sozialen Belangen bei gleichzeitiger gesamtgesellschaftlicher Konsensfähigkeit gerecht zu werden.

Die grundsätzliche Notwendigkeit der durchgeführten Neuordnung des Telekommunikationswesens zu leugnen, ist in jedem Fall unsachlich. Um dies zu beurteilen, muß man sich lediglich nochmals die Entwicklung vergegenwärtigen, die in den letzten Jahren und Jahrzehnten stattgefunden hat. Die Mikroelektronik, speziell die Hardware der Bürokommunikation, aber auch die Unterhaltungselektronik, wuchs mehr und mehr mit der Telekommunikation zusammen. Die Telekommunikation beziehungsweise das Fernmeldewesen war traditionell ordnungspolitisch einem staatlichen Monopol zugeordnet, die Mikroelektronik hingegen seit jeher dem privatwirtschaftlichen Bereich. Aus der Kombination von Telekommunikation und Mikroelektronik ergibt sich nun die Möglichkeit des Aufbaus völlig neuer Telekommunikationsdienste, die letztlich elektronische Dienstleistungen darstellen. Die Telekommunikationsnetze sind hierbei lediglich die Vertriebswege

92

dieser Dienstleistungen.[185] Wenn nun die Trennung zweier Bereiche
mit bisher verschiedener ordnungspolitischer Zugehörigkeit nicht
mehr aufrechtzuerhalten ist, so ist die Erforderlichkeit ordnungspolitischer Strukturanpassungen evident. Die Frage lautet also nicht, ob
die Neuordnung der Telekommunikation notwendig war, sondern ob
die getroffenen Maßnahmen ausreichen, um der Dynamik der technischen Entwicklung gerecht zu werden.[186]

3.1.5 Die Positionen des Grünbuchs Telekommunikation der EG-Kommission

Außer dem technischen Fortschritt ist noch die Entwicklung der Europäischen Gemeinschaft in ihren betreffenden ordnungspolitischen und
wirtschaftlichen Facetten eine zentrale Triebfeder der bisherigen und
zukünftigen Gestaltung der Strukturen im bundesdeutschen und europäischen Telekommunikationswesen. Über die oben geschilderten
EG-Vorschriften zu Wettbewerb und freiem Dienstleistungsverkehr[187] hinaus sind in diesem Zusammenhang die Positionen und Aktionslinien des Grünbuchs der EG-Kommission über die Entwicklung
des gemeinsamen Marktes für Telekommunikationsdienstleistungen
und Telekommunikationsgeräte von zentraler Bedeutung. Dieses
Grünbuch Telekommunikation wurde mittlerweile vom Ministerrat
angenommen und ist damit zur „Richtschnur für konkrete Maßnahmen im Fernmeldebereich geworden"[188]. Dementsprechend haben die
Regierungskommission Fernmeldewesen und die Bundesregierungen
ihre Empfehlungen beziehungsweise Regelungen an den Vorgaben des
Grünbuchs orientiert.[189] Die verschiedenen Akzentuierungen hierbei
bewegen sich jeweils im Rahmen dieser Vorgaben. Dennoch ist es sinnvoll, die Positionen des Grünbuchs an dieser Stelle kurz zu referieren,
da auf diese Art die jeweilige Ausgestaltung der Spielräume deutlich
wird und die längerfristig verbindlichen Rahmenbedingungen der
Weiterentwicklung der gesamteuropäischen Telekommunikation klar
werden.

Das Grünbuch stellt das europäische Telekommunikationswesen dar
und nennt als zentrale zukünftige Aufgabe die Förderung der konver-

gierenden, also der aufeinander zulaufenden Tendenzen der entsprechenden ordnungspolitischen und institutionellen Rahmenbedingungen in den einzelnen Mitgliedsländern. Hierzu legt das Grünbuch eine Reihe von Positionen und Aktionslinien fest. Die Positionen sind folgende:[190]

A) Bezüglich der Netzinfrastruktur akzeptiert das Grünbuch Netzmonopole der nationalen Fernmeldeverwaltungen ebenso wie liberalere Systeme, also private Netze oder Teilnetze. Dabei muß die Integrität der Netzinfrastruktur sichergestellt sein. Ein konkurrierendes Angebot von Zweiwege-Satellitenkommunikation für europaweite Dienste soll ermöglicht werden.

B) Die EG akzeptiert es ferner, wenn staatliche Fermeldeverwaltungen Monopole auf bestimmte Grunddienste haben. Sie schreibt dies also keineswegs vor. Die Gewährung solcher Monopole muß restriktiv ausgelegt und regelmäßig überprüft werden. Das Grünbuch sieht derzeit ausschließlich den einfachen Telefon(Sprach)dienst als Kandidaten hierfür.

C) Alle anderen Dienste sollen uneingeschränkt in freiem Wettbewerb angeboten werden können.

D) Strikte Auflagen bezüglich der Normen zu Netzen und Diensten sollen europaweite Interoperabilität sichern.

E) Mittels einer EG-Richtlinie soll genau festgelegt werden, welche Auflagen die Fernmeldeverwaltungen den Anbietern von Wettbewerbsdiensten für die Netzbenutzung machen dürfen. Es soll hier ein Konzept für einen offenen Netzzugang erarbeitet werden (Open Network Provision — ONP).[191]

F) Das Angebot von Endgeräten soll unbeschränkt sein. Ausnahme für eine Übergangszeit kann hier der erste Telefonapparat am Hauptanschluß sein. Für den Empfang ausgerichtete Satellitenantennen sollen den Endgeräten gleichgestellt werden.

G) Hoheitliche und betriebliche Tätigkeiten der Fernmeldeverwaltungen sollen getrennt werden.

H) Die unternehmerischen Tätigkeiten der Fernmeldeverwaltungen sollen strikt und kontinuierlich gemäß den Artikeln 85, 86 und 90 EWG-Vertrag überprüft werden.[192]

I) Alle privaten Anbieter in den neu geöffneten Bereichen sollen strikt und kontinuierlich gemäß den Artikeln 85 und 86 EWG-Vertrag überprüft werden.[193]

J) Die gemeinsame Handelspolitik der EG soll auch auf das Fernmeldewesen angewandt werden.

Wenn es für die Überlebensfähigkeit der Fernmeldeverwaltungen angesichts der kommenden Infrastrukturinvestitionen notwendig ist, den Wiederverkauf von Sprachkapazität auf Mietleitungen zu verbieten, so akzeptiert die EG-Kommission dies. In den meisten Mitgliedstaaten besteht im übrigen zur Zeit ein solches Verbot. Dennoch wird im Grünbuch hervorgehoben, daß Großbritannien und die Niederlande dieses Verbot nach einer bestimmten Frist überprüfen wollen.[194] Eine weitere Möglichkeit, die Finanzkraft der Fernmeldeverwaltungen mit Netzmonopol zu stärken und dem „Rosinenpicken" (cream skimming)[195] vorzubeugen, ist die nutzungsabhängige Tarifierung (zum Beispiel nach Zeit oder Volumen) von Mietleitungen, wie sie zur Zeit in der Bundesrepublik besteht. Die EG-Kommission ist sich der Tatsache bewußt, daß eine pauschale Tarifierung von Mietleitungen eine größere Ressourcenausnutzung und Innovationskraft bewirkt. Sie sieht die nutzungsabhängige Tarifierung insofern eher als Möglichkeit, für den Fall der Genehmigung des Wiederverkaufs von Sprachkapazität die Lebensfähigkeit der Fernmeldeverwaltungen zu sichern. Nutzungsabhängige Tarifierung und Sprachwiederverkauf sind also eher Alternativen als gegenseitige Ergänzungen. Die letztliche Entscheidung hierüber überläßt das Grünbuch den einzelnen Fernmeldeverwaltungen selbst, kündigt aber gleichzeitig an, etwaige Fälle von Mißbrauch abzustellen: „Erlaubt ist nur, was absolut notwendig ist, um zu gewährleisten, daß die Fernmeldeverwaltungen die ihnen gestellten Aufgaben erfüllen können."[196]

Und weiter wird ausgeführt: „Einerseits darf die Anwendung nutzungsabhängiger Gebühren nicht zu einer extremen Belastung bestimmter Nutzergruppen führen, und andererseits sollte es nicht so weit kommen, daß Dienste, die nur ein Sprachelement enthalten, durch ein Verbot des Wiederverkaufs von Sprach-Kapazitäten in den ausschließenden Zuständigkeitsbereich der Fernmeldeverwaltungen fallen."[197]

Zur Möglichkeit von Quersubventionen im Telekommunikationsmarkt konstatiert die EG-Kommission: „Ein gewisses Volumen von Quersubventionierung wird jedem kommerziellen Unternehmen zugestanden. ... Wenn jedoch ein Unternehmen, das eine marktbeherrschende Stellung einnimmt, etwa eine Fernmeldeverwaltung oder ein anderer Anbieter, mit Kampfpreisen arbeitet, um seine Konkurrenten zu schwächen oder aus dem Markt zu drängen, erfüllt es damit den Tatbestand der mißbräuchlichen Ausnutzung einer marktbeherrschenden Stellung."[198]

Die von der EG-Kommission im Grünbuch Telekommunikation festgelegten Aktionslinien bestehen aus dem Gebot der beschleunigten Durchführung bereits vohandener und der Einleitung neuer Aktionslinien. Als vorhandene Aktionslinien nennt die EG-Kommission die europaweite Koordination bei der Einführung von ISDN, bei der Einführung der digitalen Mobilfunkkommunikation und bei der Einführung der digitalen Breitbandkommunikation. Die letztere wird flankiert von dem Forschungs- und Entwicklungsprogramm RACE. Ferner wird angeführt die Entwicklung zu einer vollständigen gegenseitigen Anerkennung der Zulassungen für Endgeräte sowie die europaweite Marktöffnung beim Zugang zu öffentlichen Telekommunikationsaufträgen.[199]

Als neu einzuleitende Aktionslinien nennt die EG-Kommission:[200]

I)   Eine wesentlich verstärkte Entwicklung von Standards (Normen) und Spezifikationen; Schaffung eines europäischen Instituts für Telekommunikationsnormen
II) Einheitliche Konditionen für einen offenen Netzzugang (Open Network Provision – ONP)
III) Gemeinsame Entwicklung europaweiter Dienste
IV) Entwicklung einer gemeinsamen Position zur Satellitenkommunikation in der Gemeinschaft

V) Entwicklung eines gemeinsamen Konzepts hinsichtlich Telekommunikationsdienstleistungen und -Geräten von Drittländern
VI) Gemeinsame Analyse sozialer Auswirkungen

Diese Aktionslinien im Grünbuch Telekommunikation und besonders
dessen oben skizzierte Positionen machen deutlich, daß die in der Bundesrepublik durchgeführten Reformen im Telekommunikationswesen
in vielen Punkten gerade dem Mindestmaß der durch die EG angestrebten Weiterentwicklungen entsprechen. Vor diesem Hintergrund
ist es in der Tat wahrscheinlich, daß sich die Entwicklungen in der EG
„neben der technischen Entwicklung mittel- und langfristig als die
stärkste reformierende Kraft"[201] im bundesdeutschen Telekommunikationswesen erweisen wird.

3.2 Vorhandene und absehbare telematische Infrastrukturen

3.2.1 Aktivitäten der Deutschen Bundespost TELEKOM[1]

3.2.1.1 Das Telefonnetz

Das Telefonnetz der Bundesrepublik Deutschland wird gemäß dem
Fernmeldeanlagengesetz allein von der Deutschen Bundespost betrieben. Es ist das am weitesten verzweigte Vermittlungsnetz der Bundesrepublik. Mit 28,4 Millionen Telefonanschlüssen entfielen Ende 1988
46,5 Sprechstellen auf 100 Einwohner.[2] Nebenstellen sind dabei nicht
mitgerechnet.

Von jedem Telefonhauptanschluß führt eine eigene Anschlußleitung
zur jeweiligen Ortsvermittlungsstelle. Verbindungen innerhalb des
Ortsnetzes werden über Ortsverbindungsleitungen zwischen den Ortsvermittlungsstellen geschaltet. Das Telefonnetz besteht aus den Ortsnetzen, den Fernvermittlungsstellen und den verbindenden Fernleitungen. Fernverbindungen werden über bis zu vier hierarchisch geordnete
Klassen von Fernvermittlungsstellen und die entsprechenden Fernlei-

tungen hergestellt. Es sind dies die Endvermittlungsstellen, die Knotenvermittlungsstellen, die Hauptvermittlungsstellen und die Zentralvermittlungsstellen. Die Ortskennzahl eines Ortsnetzes – in Mainz ist es beispielsweise die (0)6131 – bezeichnet die Vermittlungsstellen, in der das Ortsnetz liegt. Aus wirtschaftlichen Gründen wird diese Hierarchie teilweise mittels spezieller Querleitungen umgangen. Das Telefonnetz ist aufgrund seiner Struktur als ein Stern-Netzwerk einzuordnen.[3] Es ist gekennzeichnet durch eine noch überwiegende analoge Übertragungstechnik[4] und elektromechanische Vermittlungstechnik.[5] Das Telefonnetz ist mit Funknetzen gekoppelt, auf denen verschiedene Funktelefon- und Funkrufdienste abgewickelt werden. Das Telefonnetz dient hauptsächlich der Sprachübermittlung, wird aber auch zur Datenübertragung verwandt.[6]

3.2.1.1.1 Dienste im Telefonnetz

Telefondienst

Der wichtigste Dienst im Telefonnetz ist natürlich der Telefondienst, dessen Leistungsmerkmal die Herstellung einer Wählverbindung zwischen zwei Teilnehmern und die Möglichkeit der sprachlichen Kommunikation ist.[7] Der Telefondienst ermöglicht Ortsgespräche im Ortsnetz und Nahgespräche mit Teilnehmern von Ortsnetzen im Umkreis von ungefähr 20 Kilometern zum Orts- beziehungsweise Nahtarif, z. Zt. in Form eines 8-, abends und nachts 12-Minuten-Zeittaktes pro Gebühreneinheit (0,23 DM). Bei Ferngesprächen, also Gesprächen mit Teilnehmern in Ortsnetzen außerhalb des Nahbereichs verkürzt sich der Zeittakt je nach Entfernung erheblich.[8]

Telekonferenz

Außer der Verbindung zweier Gesprächspartner bietet die Bundespost im Telefonnetz auch eine solche zwischen bis zu 15 Gesprächspartnern aus aller Welt an. Eine derartige sogenannte Telefonkonferenz ist allerdings mit einigem technischen, organisatorischen und finanziellen Aufwand verbunden. Sie muß mehrere Tage vor ihrer Durchführung bei der Fernvermittlung Frankfurt/Main angemeldet werden. Die Kosten setzen sich zusammen aus einer pauschalen Zuschlaggebühr von 3,45 DM pro beteiligtem Anschluß und einer zeitabhängigen Gebühr von 1,15 pro Minute für jeden beteiligten Anschluß in der Bundesrepublik. Die Kosten einer Telekonferenz liegen damit erheblich über den Kosten der Summe der Verbindungen als Einzelgespräche.[9]

Teletreff

In den Ortsnetzen Düren und Köln bietet die Bundespost im Testbetrieb mit großem Erfolg auch sogenannte Telefontreffs an; permanente Konferenzschaltungen, in die sich jeder Teilnehmer im jeweiligen Ortsnetz einwählen kann und in denen eine anonyme sprachliche Kommunikation zwischen den Teilnehmern möglich ist.[10] Es gibt Pläne, diesen Dienst in den 90er Jahren bundesweit einzuführen.

Sprachspeicherdienst

Der Sprachspeicherdienst wird seit 1986 bundesweit angeboten. Hierbei handelt es sich um die Möglichkeit, eine Telefonverbindung zu einem Computer der Bundespost herzustellen, der in der Lage ist, menschliche Sprache beziehungsweise jede akustische Information digital zu speichern und jederzeit wiederzugeben. In diesem Sprachspeichersystem kann nun jeder Teilnehmer ein elektronisches „Sprachpostfach" – eine sogenannte Sprachbox – mieten, in der von jedem Telefonanschluß aus akustische Nachrichten für diesen Teilnehmer hinterlegt werden können. Es ist hierbei auch möglich, mit einem einzigen Anruf bei diesem Sprachspeichersystem beliebig viele Teilnehmerboxen zu besprechen. Die Identifikation des Inhabers einer Box beim Abruf gespeicherter Nachrichten erfolgt mittels eines taschenrechnergroßen Tonfrequenzsenders.[11]

Telebox

Ähnlich wie der Sprachspeicherdienst arbeitet der Telebox-Dienst der Bundespost, allerdings werden hier in den vom Teilnehmer angemieteten Postfächern eines Computersystems der Bundespost nicht akustische Nachrichten, sondern digitalisierte Texte gespeichert und zum Abruf bereitgehalten. Folglich benötigt man ein Computerterminal und ein Modem oder einen Akustikkoppler, um Telebox über das Telefonnetz zu nutzen. Telebox ist auch über Datex-P erreichbar.[12]

GEDAN

Seit 1983 bietet die Bundespost im Telefonnetz eine Dienstleistung namens GEDAN an. Das ist das Kürzel für „Gerät zur dezentralen Anrufweiterschaltung". Dieses Gerät ist in den Vermittlungsstellen der Bundespost untergebracht und jeder Telefonanschluß kann über ein solches GEDAN geschaltet werden. Das GEDAN ist in der Lage, Anrufe an einen bestimmten Anschluß automatisch an einen anderen Anschluß weiterzuleiten, es schaltet also zwei unabhängige Telefonverbindungen zusammen. Hierbei zahlt der Anrufer nur die erste Verbindung, der angerufene GEDAN-Kunde die Weiterschaltung. Es ist sowohl eine festprogrammierte Weiterschaltung möglich, als auch eine bei Bedarf aktivierbare sowie eine beliebig programmierbare und aktivierbare, bei der das Ziel der Weiterschaltung vom Teilnehmer selbst geändert werden kann.[13]

Service 130

Ebenfalls seit 1983 und für internationale Verbindungen seit Ende 1985 bietet die Bundespost im Telefonnetz den Service 130 an. Er ermöglicht jedem Telefonteilnehmer, sich von überallher zum Orts- beziehungsweise Nahtarif erreichen zu lassen. Hierzu bekommt er eine spezielle 4stellige Rufnummer, bei der ein Anrufer dann anstatt einer Ortsnetzkennzahl die 0130 vorwählen muß, um von jedem beliebigen Telefonanschluß aus ohne Ferngebühren mit dem Service-130-Anschluß verbunden zu werden. Alle Service-130-Verbindungen wurden früher über eine besondere Vermittlungsstelle im Netzknoten Frankfurt am Main geschaltet, seit 1987 sind sechs weitere Vermittlungsstellen in Betrieb und erlauben im Service 130 eine größere zeitliche und geografische Flexibilisierung. Der über Service 130 Angerufene zahlt im Inland entfernnungsunabhängig nach einem Zeittakt von 10 Sekunden pro Gebühreneinheit, bei Anrufen aus dem Ausland zahlt er einen länderabhängigen Tarif.[14]

Funkdienste

In Verbindung mit dem Telefonnetz bietet die Bundespost auch mehrere Funkdienste an, so zum Beispiel den Europäischen Funkrufdienst, umgangssprachlich „Europiepser" genannt, der es ermöglicht, von jedem Telefonanschluß aus über Postsender den taschenrechnergroßen Funkrufempfänger eines Teilnehmers anzufunken, den dieser in der Regel stets bei sich trägt. Dieser Empfänger gibt dann ein akustisches Zeichen (Piepsen) und ein optisches Zeichen (eines von vier Lämpchen leuchtet auf). Die Bedeutung des optischen Zeichens muß zwischen den Partnern vorher verabredet worden sein.[15]

Ferner gibt es den Funktelefondienst für mobile, nicht ortsnetzgebundene Telefonhauptanschlüsse. Er wird hauptsächlich in Kraftfahrzeugen als sogenanntes Autotelefon genutzt.[16] Die Verbindung solcher Funktelefone mit dem Telefonnetz wird über Funkvermittlungsstellen und regionale Funkfeststationen der Bundespost realisiert; man spricht hier auch vom zellularen Funktelefon beziehungsweise Mobilfunk. Zur Zeit gibt es zwei Funktelefonnetze der Bundespost, das ältere B2-Netz und das seit Mitte 1986 im Wirkbetrieb laufende C-Netz.

Das C-Netz bietet sehr viel mehr Leistungs- und Komfortmerkmale als das B2-Netz für eine sehr viel größere technisch mögliche Teilnehmerzahl. Das B2-Netz wird voraussichtlich 1992 eingestellt.

Ebenfalls Anfang der 90er Jahre wird ein neues Funktelefonnetz europaweit eingerichtet werden, das D-Netz. Dieses paneuropäische Mobiltelefonnetz wird sich neuartiger, vorerst schmalbandiger digitaler Übertragungstechniken bedienen. Diese werden gesteigerte Leistungsfähigkeit und höheren Bedienungskomfort bei europaweit 10 Millionen Teilnehmern und circa 5000 Feststationen zulassen.[17] Dies wird möglich durch die Mehrfachnutzung von Frequenzen mit Hilfe der Digitaltechnik und die zellulare Gebietsaufteilung bei Verwendung einer Vielzahl von relativ schwachen Sendern.[18]

Seit Anfang 1988 betreibt die Bundespost die Einführung eines neuen Funkrufdienstes, des Stadtfunkrufdienstes SFuRD, auch genannt „Cityruf". Er ermöglicht, vorerst nur in Großstädten und Ballungsgebieten, die Übertragung von numerischen und alphanumerischen Informationen, also Zahlen und Buchstaben, an einen kaum mehr als streichholzschachtelgroßen Individualempfänger. Dieser kann wie der „Europiepser„ ständig mitgeführt werden. Er verfügt über ein Flüssigkristall-Anzeigefeld, ein Liquid Crystall Display (LCD), wie es auch neuere Taschenrechner haben. Auf ihm erscheint die Botschaft, die aus insgesamt bis zu 15 Ziffern und 80 Schriftzeichen bestehen kann. Der Zugriff auf den Stadtfunkrufdienst soll nicht nur über das Telefon, sondern auch über Fernschreiben, Teletex und Bildschirmtext möglich werden.[19]

Telefax

Seit 1979 bietet die Bundespost im Telefonnetz den Telefaxdienst an. Der Telefaxdienst ist ein Fernkopierdienst zur schwarzweißen Übertragung von Din-A4-Vorlagen. Die Verbindung zweier Telefaxgeräte wird als ganz normale Telefonwählverbindung mit dem Telefonapparat hergestellt, der sich zusätzlich am Telefaxanschluß befindet. Die neuere Generation von Telekopierern, die sogenannte Gruppe 3, arbeitet mit Hilfe der Digitaltechnik nach dem Prinzip der Redundanzreduktion, das heißt aufeinanderfolgende Bildpunkte gleicher Art werden zu einer Übertragungseinheit zusammengefaßt.[20] So wird bei einer Auflösung von 3,85 Zeilen/mm eine Seitenübertragungsdauer von maximal einer Minute erreicht, optional eine Dauer von zwei Minuten bei doppelter Auflösung. Der Telefaxdienst ist nach Empfehlungen der CCITT (Comite Consultatif International Telegraphique et Telephonique, ein Organ der internationalen Fernmeldeunion ITU) international genormt. Besonders in Japan und den USA ist die Anschlußdichte sehr viel höher als in der Bundesrepublik. Seit 1987 ist hier jedoch ein sprunghafter Anstieg zu verzeichnen, nicht zuletzt aufgrund der sinkenden Gerätepreise.[21]

Bildschirmtext (Btx)

Bildschirmtext wurde Mitte der 70er Jahre entwickelt und als Kommunikationssystem „Prestel" eingeführt.[22] Von 1979 bis 1983 führte die Bundespost zwei Btx-Feldversuche in Berlin und Düsseldorf durch. Im September 1983 wurde Btx bundesweit eingeführt. Seit Herbst 1984 bietet die Bundespost den Bildschirmtext-Dienst im sogenannten CEPT-Standard an. Dieser Standard ist der europaweit genormte und technisch anspruchsvollere Nachfolger des Prestel-Standards. CEPT ist die Konferenz der europäischen Post- und Fermeldeverwaltungen (Conférence Europénne des Administration des Postes et des Télécommunications).

Technisch funktioniert Btx folgendermaßen: An den Telefonanschluß des Teilnehmers wird über einen Umschalter ein Modem angeschlossen. So ist über die Telefonleitung wahlweise Btx- oder Telefonbetrieb möglich, wobei die Verbindungsgebühren für den Zugriff auf Btx denen des Telefon-Nahtarifs entsprechen. Das gleichzeitige Nutzen beider Dienste über eine Leitung ist nicht möglich. Das Modem ermöglicht die Kommunikation über das Telefonnetz mit dem posteigenen Btx-Zentralcomputer in Ulm, den regionalen Btx-Rechnern der Bundespost und sogenannten externen Rechnern von privaten Btx--Anbietern. Die Bildschirmtext-Computer der Bundespost und die externen Rechner sind untereinander über das leistungsfähige Digitalnetz zur Datenübermittlung Datex-P zusammengeschaltet.[23] Die im Teilnehmerhaushalt über das Modem abgerufenen Informationen werden mittels eines sogenannten Decoders in Zeichen, Texte und Grafiken umgewandelt, die auf einem Bildschirm darstellbar sind.

Bildschirmtext ist also von seiner technischen Konzeption nichts anderes als ein Datenbankdienst, bei dem mit minimalistisch konfigurierten externen Terminals individuell Informationen aus einem Zentralrechner beziehungsweise einem ganzen Rechnerverbund abgerufen werden können. Ferner erlaubt ein solches System auch den Mitteilungsaustausch aller Teilnehmer untereinander, indem diese ihre Botschaften jeweils in persönlichen elektronischen Postfächern eines Btx-Rechners ablegen. Der Zugang von Btx-Teilnehmern zu den privaten externen Computern des Btx-Rechnerverbundes ist vom jeweiligen Betreiber frei regelbar, beispielsweise über Kennwörter (genannt Paßwörter, engl. password). Dies ermöglicht das Einrichten sogenannter geschlossener Benutzergruppen (GBG). Im Rahmen solcher geschlossener Benutzergruppen können Wirtschaftsunternehmen geringer und mittlerer Größe ihrem speziellen Bedarf angepaßte Telekommunikationsdienste realisieren, die in einem eigenen Mietleitungsnetz zu aufwendig und teuer wären. Häufig anzutreffende Beispiele sind dezentrale Lagerverwaltung, Bestellwesen oder die Koordinierung von Vertreterorganisationen. Ferner ist an einem solchen Datenverbund über Btx interessant, daß in Industrieländern wie der Bundesrepublik fast jeder Haushalt in Form eines Telefonanschlusses über die Möglichkeit verfügt, sich an diesen Datenverbund anzuschließen. Damit tut sich ein potentiell gigantischer Werbemarkt und durch die Möglichkeit von Bestellung und Kauf über Btx ein ebensolcher Absatzmarkt auf.

Darüber hinaus birgt ein auf breiter Basis etablierter Btx-Dienst durch die Möglichkeit, mit ihm Geldüberweisungen vorzunehmen, Mitteilungen zu verschicken und Beratungen abzuwickeln, ein beträchtliches gesamtwirtschaftliches Rationalisierungspotential.[24]

Bei der Einführung von Btx ging man davon aus, daß mit dem Fernsehbildschirm immerhin ein Teil der für Btx nötigen Endgerätekonfiguration ebenfalls in nahezu jedem Haushalt zur Verfügung stünde und man infolgedessen für ein neues Medium, das die alltäglichen Gebrauchsgüter Telefon und Fernsehen verbindet, mit einer hohen Akzeptanz in der Bevölkerung rechnen könne. Was die zusätzlich erforderliche Endgerätehardware betrifft, so wurde und wird das Modem von der Post gemietet, der Decoder wird in das Fernsehgerät eingebaut, und als Eingabevorrichtung dient eine erweiterte Fernbedienung für das Fernsehgerät. Dieses Konzept hat sich nicht bewährt. So rechnete man noch 1984 mit einer Million Btx-Teilnehmern bis 1987, tatsächlich waren es dann weniger als 100 000.[25] Ende 1988 betrug die Anschlußzahl circa 150 000.

Trotzdem ist Btx der erste und damit klassische „Telematik-Dienst", der die Nachrichtentechnik Telefonie mit der Mikroelektronik (Modem, Decoder) verbindet und zumindest theoretisch das Potential hat, zum privaten Massendienst zu werden. Deshalb wird im weiteren auf diesen Dienst und seine aktuelle Entwicklung noch einzugehen sein.[26] An dieser Stelle sollten nur die technische Funktionsweise und die wichtigsten Entwicklungsdaten genannt werden.

Auskunfts- und Ansagedienste

Die Bundespost bietet zwei Telefonauskunftsdienste an, bei denen Teilnehmernummern erfragt werden können; die Inlandsauskunft für die Bundesrepublik, Westberlin sowie die DDR, die zum Nahtarif erreicht werden kann, und die Auslandsauskunft, bei der ein Anruf kostenlos ist.[27] Ferner gibt es einen gut durchorganisierten Telefonentstörungsdienst sowie automatische Hinweisansagen bei falschen Anschlüssen oder geänderten Rufnummern. Die Möglichkeit der Ansage einer neuen Rufnummer durch digitalisierte Sprache wird bereits genutzt. Diese Netzdienstleistung wird AGRU (Automatische Ansage geänderter Rufnummern) genannt.[28]

Außerdem bietet die Bundespost eine Reihe von Telefonansagediensten mit regionalen und überregionalen Inhalten wie zum Beispiel Veranstaltungshinweise, Lottozahlen, Zeitansage. Schließlich ist noch der Telefonauftragsdienst zu nennen. Hier kann man kurze Mitteilungen oder Erinnerungen in Auftrag geben, die zur vereinbarten Zeit telefonisch ausgeführt werden.[29]

Teledialog („TED")

Der Teledialog ermöglicht telefonische Rückmeldungen einer großen Zahl von Zuschauern an Rundfunkanstalten. Bereits praktizierte Beispiele für den Teledialog sind die „ZDF- Wunschfilme" oder Zuschauerabstimmungen während einer Livesendung, wie sie in der ZDF-Hitparade oder der Unterhaltungsshow „Wetten, daß … ?" inszeniert werden. Leitungsüberlastungen versucht man beim Teledialog dadurch zu verhindern, daß alle Anrufe nur noch registriert und nach einer kurzen automatischen Absage beendet werden. Mittelfristig beabsichtigt die Bundespost, den Teledialog als allgemeine Dienstleistung für einen unbegrenzten Benutzerkreis anzubieten.[30]

TEMEX

Seit Beginn des Jahres 1988 bietet die Bundespost einen Dienst mit Namen TEMEX an. Dem waren, von der Öffentlichkeit relativ unbemerkt, seit Anfang 1986 bundesweit 11 regionale Betriebsversuche und zwei Pilotprojekte in den Städten München und Ludwigshafen vorausgegangen.[31] TEMEX ist ein Kunstwort aus „telemetry exchange" und bezeichnet einen Fernwirkdienst. Fernwirken ist das „Überwachen und/oder Steuern räumlich entfernter Objekte mittels signalumsetzender Verfahren von einer oder mehreren Stellen aus."[32] Bei den Überwachungsanwendungen, für die TEMEX bisher hauptsächlich eingesetzt wird, müssen in der Regel geringe Datenmengen aus weiträumig verteilten Quellen bei einer Zentrale gesammelt werden. Für eine solche Anwendung analoge oder digitale Standleitungen anzumieten, war und ist unrationell und teuer. Die technische Lösung dieses Problems ist die, eine TEMEX-verbindung über einen ganz normalen Telefonhauptanschluß zu realisieren. Hierbei macht man sich die Tatsache zunutze, daß in den Telefonanschlußleitungen zwar ein Großteil des zur Verfügung stehenden Frequenzbandes für die Sprachübertragung benötigt wird, daß aber im darüberliegenden Frequenzbereich ein zusätzlicher schmalbandiger Übertragungskanal realisierbar ist. Über diesen Kanal wird die TEMEX-Verbindung hergestellt, ohne daß der Telefondienst auf derselben Leitung in irgendeiner Weise beeinträchtigt würde. Sprachübertragung ist also auch dann möglich, wenn gleichzeitig TEMEX-Daten übertragen werden.[33]

In den Betriebsversuchen beziehungsweise Pilotprojekten wurden bereits folgende TEMEX-Anwendungen erprobt:

- Meßwerterfassung von Zählern, zum Beispiel Wasser, Gas oder Strom; ebenso von Meßgeräten zum Nachweis chemischer Veränderungen, beispielweise im Dienste des Umweltschutzes.
- Parkleitsysteme, die mit ferngesteuerten Hinweisschildern den Straßenverkehr in Großstädten rationell lenken.
- Automatische Alarmmeldungen mit Hilfe entsprechender Endgeräte bei Feuer, Einbruch, Mißfunktionen, Defekten.

– Überwachung von hilfsbedürftigen Menschen in deren häuslicher Umgebung. Ein als Halskette oder Armreif zu tragende temexfähiges Endgerät alarmiert auf Knopfdruck mittels eines eingebauten Niederfrequenzsenders einen am Telefonanschluß untergebrachten Temexdecoder, der automatisch den Alarm weitergibt. Anstatt des Knopfdrucks kann bei entsprechender Konfiguration des am Körper zu tragenden Endgeräts das alarmauslösende Moment auch die Veränderung von Körperfunktionen wie Herzschlag, Körpertemperatur oder Atemrhythmus sein oder auch nur das Unterbleiben von vereinbarten Routinemeldungen.[34]
– Ferneinstell- und Fernschaltfunktionen wie die Kontrolle von Heizung oder Beleuchtung von Häusern sowie von Autobahnwegweisern.

Die über die Telefonleitung bei den Ortsvermittlungsstellen der Bundespost ankommenden Temexsignale werden dort abgezweigt und mittels einer Temexvermittlungseinrichtung über Festverbindung oder ein Datennetz[35] an private Leitstellen weitergeleitet. Die Bundespost stellt hier also lediglich die Verbindungswege zur Verfügung, die eigentliche Dienstleistung, beispielsweise bei einer Objektüberwachung über TEMEX, das Registrieren eines Alarms und das Einleiten entsprechender Gegenmaßnahmen, wird von Privatanbietern erbracht.

3.2.1.2 Das integrierte Text- und Datennetz IDN

Das IDN, ebenfalls betrieben von der Deutschen Bundespost, ist ein Digitalnetz im Sinne der Erläuterungen in Abschnitt 2.3. Auch über dieses Netz werden mehrere Dienste abgewickelt. Es stellt die Vorstufe für ein alle Dienste integrierendes Digitalnetz dar, das „integrated services digital network" ISDN. Es wurde seit der Einrichtung des ersten elektronischen Datenvermittlungssystems EDS 1975 in Mannheim schrittweise ausgebaut.[36] Vorgänger des IDN waren das Telexnetz und das Datexnetz, digitale Netze zur Text- beziehungsweise Datenübertragung, die aufgrund der älteren Vermittlungsanlagen sehr niedrige Übertragungsgeschwindigkeiten von nur 50 beziehungsweise 200 Bit pro Sekunde, auch Baud genannt, zuließen. Beide Netze sind mittlerweile im IDN aufgegangen.

3.2.1.2.1 Teilnetze und Dienste im IDN

Auf der leistungsfähigen und flexiblen Hard- und Software des integrierten Text- und Datennetzes werden mehrere Teilnetze realisiert, die wiederum zumindest nominell identisch sind mit entsprechenden von der Bundespost angebotenen Diensten.

Telex

Telex, auch Fernschreiben genannt, ist der älteste Textkommunikationsdienst der Bundespost.[37] Der Telexdienst hat wegen seiner jahrzehntelangen Existenz ohne wirkliche Alternativen besonders im Bereich geschäftlicher Textkommunikation hohe Teilnehmerzahlen erreicht. In der Bundesrepublik Deutschland und West-Berlin waren es 1988 circa 160 000, weltweit waren es 1,5 Millionen Teilnehmer.[38] Obwohl das Telexnetz heute im hochmodernen IDN realisiert ist, müssen beim Telexdienst im Interesse der weltweiten Verbindungen und der Kompatibilität (Verträglichkeit) der Anschlüsse nach wie vor die klassischen und fast schon historischen Verbindungparameter „5-Bit-Code, 1 Startbit, 1 Stopbit bei einer Übertragungsgeschwindigkeit von 50 bit pro Sekunde" gestellt werden.[39] Zudem verfügt das im Telexdienst obligatorische internationale Telegrafenalphabet Nr.2 nur über einen stark reduzierten Zeichensatz. So rechnet man bei der Bundespost langfristig zumindest mit einer Stagnation bezüglich der Zahl der Telexanschlüsse bei einem gleichzeitigen „Substitutionseffekt des Teletexdienstes".[40]

Datex

Das IDN beinhaltet heute zwei verschiedene Datexnetze, eines mit Leitungsvermittlung und eines mit Paketvermittlung, genannt Datex-L und Datex-P.[41] In diesen Netzen werden Übertragungsgeschwindigkeiten (bis 48 000 bit/s), Verbindungsaufbauzeiten und Übertragungsfehlerwahrscheinlichkeiten erreicht, die den Ansprüchen moderner Datenfernverarbeitung entsprechen. Netzübergänge vom Telefonnetz zum Datex-L-Netz sind geplant,[42] zum Datex- P-Netz sind sie bereits realisiert. Das bedeutet, daß von jedem herkömmlichen analogen Telefonanschluß aus über ein Modem eine Verbindung zum digitalen Datex-P-Netz herstellbar ist.

Hierbei ist auch der Einsatz eines akustisch gekoppelten Modems möglich, eines sogenannten Akustikkopplers. Dieser benötigt keinerlei galvanische Verbindung; es genügt, den Telefonhörer auf ihn zu legen.

Sogenannte PAD-Einrichtungen (Paketierer/Depaketierer – Packet Assembly/Disassembly) ermöglichen es, die Übertragungsgeschwindigkeiten von Datex-P-Verbindungen zu einfacheren und langsameren, nicht paketorientiert arbeitenden Endeinrichtungen über das Telefonnetz herzustellen. Die netzinterne paketorientierte Vermittlungstechnik wird auf der Basis sogenannter SL-10-Prozeßrechner realisiert.[43] Durch die so erreichte Flexibilität und Kompatibilität ist mit dem Datex-P-Netz ein „wesentlicher Grundstein für das vieldiskutierte offene Kommunikationssystem gelegt".[44] Dazu kommt die Tatsache, daß dieses Netz Schnittstellen (also Verbindungen zu Datenendgeräten) gemäß internationaler Normen der International Organisation of Standardisation ISO und des Comite Consultatif International Telegrafique et Telefonique CCITT zur Verfügung stellt.

Weltweit gibt es in sehr vielen Ländern paketvermittelte Datennetze, auf die über Datex-P der Zugriff möglich ist; 1985 waren es bereits mehr als 70 Netze in allen Erdteilen. Mit großen Teilen von Asien und Afrika sowie Teilen von Mittel- und Südamerika existieren allerdings keine Verkehrsbeziehungen über Datex-P.[45]

Die durch die Paketvermittlung optimierte Auslastung von Leitungskapazitäten macht sich bei nationalen und besonders bei internationalen Datex-P-Verbindungen in Form günstiger bitmengenorientierter (nicht zeitorientierter) Tarife positiv bemerkbar.[46]

Teletex

Der Teletexdienst ist wie der Telexdienst ein Textübertragungsdienst der Bundespost. Er wird über das Datex-L-Netz mit 2400 bit/s (baud) realisiert und ist damit um ein Vielfaches schneller als der Telexdienst.[47] Die Übertragung einer beschriebenen DIN-A4-Seite dauert damit nur noch etwa 10 Sekunden. Zudem steht im Teletexdienst der volle Zeichensatz einer Büroschreibmaschine zur Verfügung, so daß bei entsprechend konfigurierten Endgeräten das Erstellen, Senden und Empfangen von Schreibmaschinentexten an einem einzigen Arbeitsplatz möglich ist. Telex-Teilnehmer sind über Teletex erreichbar und umgekehrt. Die Signalanpassung übernehmen spezielle Umsetzer im IDN.

In der Praxis sind Teletexanschlüsse oft in betriebsinterne Datenverarbeitungsanlagen integriert, so daß dieser Dienst als ein gutes Beispiel für das reale Verwachsen von Telekommunikation und Informatik im Berufsalltag von Wirtschaft und Verwaltung gelten mag.[48]

Auch der Teletexdienst ist international genormt, er existiert jedoch erst seit 1981, so daß dieser Dienst 1988 in der Bundesrepublik und West-Berlin erst circa 19 000 Teilnehmer zählte, jedoch mit steigender Tendenz. Trotzdem ist ein Anschlußboom, wie er sich beispielsweise beim Telefaxdienst abzeichnet (fast 200 000 Anschlüsse, Stand 1988), unter den gegenwärtigen Bedingungen nicht zu erwarten.

Dies ist in erster Linie auf die Gebührenstrukturen und die Übertragungszeiten beider Dienste zurückzuführen. Beim Teletex fallen hohe monatliche Grundgebühren (220, – beziehungsweise 180, – DM) und niedrige Verbindungsgebühren (3 Pf beziehungsweise 40 Pf) bei schnellen Übertragungszeiten an, was diesen Dienst für Großunternehmen mit hohem Verkehrsaufkommen interessant macht. Beim Telefaxdienst fällt eine niedrige monatliche Grundgebühr (5,40 DM sowie die Grundgebühr für den voll nutzbaren erforderlichen Telefonanschluß) und als Verbindungsgebühr die bei Fernverbindung oft erhebliche Telefongebühr an.[49] Die relativ längeren Übertragungszeiten und die Möglichkeit, auch Grafiken zu übertragen, prädestinieren den Telefaxdienst für Anwendungen in einer großen Anzahl von mittelständischen und kreativen Wirtschaftsbereichen. Je leistungsfähiger allerdings Faxmodems oder das Telefonnetz (ISDN) werden, desto mehr schwinden die Vorteile von Teletex gegenüber Telefax.

Hinsichtlich solcher Differenzierungen zwischen Telematikdiensten wird mittelfristig sowohl die technische als auch die politische Ent-

110

wicklung einige Veränderungen im Sinne einer Integrationstendenz bewirken. Die voraussichtliche privatwirtschaftliche Dienstekonkurrenz zur Bundespost, die Einrichtung eines diensteintegrierenden Universalnetzes und die Quantensprünge in der Endgeräteentwicklung werden hier die bedeutendsten Wirkungsfaktoren sein.[50]

Festverbindungen

Außer den genannten Teilnetzen, die digitale Wählverbindungen ermöglichen, hält die Deutsche Bundespost im IDN noch digitale Festverbindungen bereit, die im Begriff sind, herkömmliche analoge Direktrufverbindungen abzulösen.[51] Es gibt hier einmal das „Öffentliche Direktrufnetz für die Übertragung digitaler Nachrichten", in dem jeweils zwei „Hauptanschlüsse für Direktruf" HfD dauernd miteinander verbunden werden. Über mehrere solcher Leitungen und entsprechende Knoteneinrichtungen lassen sich Anwendernetze aufbauen. Außerdem gibt es Internationale Festverbindungen, welche die Bundespost im Benehmen mit ausländischen Fernmeldebetriebsgesellschaften vermietet.

Hauptsächlich um diese digitalen Festverbindungen geht es, wenn im Rahmen der Debatte zur Neuordnung der Telekommunikation über verschiedene Tarifmodelle für Mietleitungen kontrovers diskutiert wird.[52]

3.2.1.3 Breitbandverteilnetze

Die Breitbandverteilnetze der Deutschen Bundespost dienen der Verteilung von Fernseh- und Hörfunkprogrammen.[53] Sie bestehen aus einer Rundfunk-Empfangsstelle, einem Breitbandleitungsnetz sowie einer zentralen Verstärkerstelle und mehreren Verstärkerpunkten. Die Breitbandverteilnetze sind mit abgeschirmtem Kupferkabel, sogenanntem Kupferkoaxialkabel realisiert. Die Kupferkoaxialtechnik ist im Vergleich zur Glasfasertechnik[54] ausgereifter und kostengünstiger,[55] aber weniger leistungsfähig. Sie ermöglicht jedoch immerhin die gleichzeitige Übertragung von 24 Hörfunk- und Fernsehprogrammen.

Ursprünglich war der flächendeckende Ausbau der Breitbandverteilnetze vorgesehen. Die bisher nur mittlere Akzeptanz von Kabelanschlüssen und die preiswerte Möglichkeit der Rundfunkversorgung periphärer Gebiete mittels direktstrahlender Satelliten hat jedoch dazu geführt, daß diese Absicht nicht mehr verfolgt wird. Ballungsgebiete mit der Aussicht auf hohe Anschlußzahlen auf verhältnismäßig kleinen Flächen werden weiter verkabelt, wobei die Akzeptanz durch neue Marketingmodelle erhöht wird. Dies geht sogar so weit, daß in vielen Großstädten die Bundespost Kabelanschlüsse nicht mehr selbst anbietet, obwohl die Netze von ihr und in ihrem Auftrag verlegt werden. Den Verkauf von fertigen Kabelanschlüssen in die Privatwohnungen übernehmen Privatfirmen. Diese bezahlen die einmaligen und die laufenden Gebühren für die Kabelanschlüsse an die Bundespost, verlegen selbst die hausinternen Anschlußleitungen und erheben vom Kunden eine monatliche Gebühr, welche die Postgebühren für Kabelanschlüsse erheblich übersteigt. Die Konditionen der Bundespost sind eine einmalige Anschlußgebühr von mehreren 100 DM pro Haushalt und die Verlegung eines Netzübergabepunktes in den Keller des betreffenden Hauses. Die hausinterne Leitungsverlegung muß hier von Privatfirmen im Auftrag des Hausbesitzers erledigt werden.

Die Einrichtung eines Kabelanschlusses ist nach dem neuen Modell ebenso unproblematisch wie die eines Telefonanschlusses.[56] Diese Vereinfachung und das intensive Marketing der Privatfirmen (und auch der Bundespost) sowie die Probleme mit dem direktstrahlenden bundesdeutschen Fernsehsatelliten TV-SAT 1 haben zu einer steigenden Akzeptanz bei den Kabelanschlüssen beigetragen. Es bleibt abzuwarten, welche Auswirkungen neue Fernsehsatelliten hier haben werden.

3.2.1.4 Das diensteintegrierende, schmalbandige digitale Fernmeldenetz ISDN (Integrated Services Digital Network)

Im IDN ist die gesamte Netztechnik, von den Vermittlungsanlagen bis zum Teilnehmeranschluß, digital aufgebaut. Auch im Telefonnetz werden in den Vermittlungsstellen verstärkt digitale Technologien angewandt.[57] Die Leitungen zum Teilnehmeranschluß im Telefonnetz sind jedoch analog. Deshalb muß auch beim Zugriff auf das IDN von einem Telefonanschluß aus ein Modem oder ein Akustikkoppler zwischengeschaltet werden.[58]

Die Vorteile einer durchgängigen digitalen Verbindung kommen nur dann zum Tragen, wenn die gesamte Netztechnik bis hin zum Teilnehmeranschluß digital ist. Diese Vorteile sind beispielsweise eine erhöhte Netzleistung im Sinne einer vergrößerten Leitungsbandbreite und erweiterte Möglichkeiten bei der Vermittlung[59] bei gleichzeitiger Reduzierung des Platzbedarfs von Vermittlungsanlagen und der entsprechenden Wartungsaufwendungen. Die durchgängige Digitalisierung eines Netzes ermöglicht ferner im Idealfall die Integration aller Telekommunikationsdienstleistungen in diesem Netz, soweit die Bandbreite des Netzes ausreicht. Das bedeutet eine riesige Kostenreduktion im Vergleich zum Betrieb verschiedener analoger und digitaler Netze. Darüber hinaus erlaubt die Möglichkeit der elektronischen Verarbeitung, Speicherung und Aufbereitung der digitalen Übertragungssignale in einem solchen Netz die Einrichtung einer Vielzahl von Zusatz- oder Mehrwertdiensten beziehungsweise von völlig neuen Diensten.

Die Deutsche Bundespost hat im Jahr 1979 die Grundsatzentscheidung getroffen, langfristig ein solches vollständig in Digitaltechnik betriebenes Fernmeldenetz anzustreben.[60] Seitdem wurde der Einsatz digitaler Fernvermittlungstechnik im Telefonnetz konsequent vorangetrieben. Langfristig soll auch jeder einzelne Teilnehmeranschluß im Telefonnetz mit Digitaltechnik ausgestattet werden. Diese Entwicklung wird nach Prognosen der Bundespost jedoch erst etwa 2020 endgültig abgeschlossen sein.[61] Offiziell verfügbar ist der digitale Telefonhauptanschluß jedoch bereits seit dem 1.1.1988. Seit diesem Zeitpunkt können digitale Teilnehmeranschlüsse bei der Bundespost bestellt werden. Installierbar ist ein solcher Anschluß jedoch nur in Ortsnetzen, in deren Ortsvermittlungsstellen die entsprechende digitale Vermittlungstechnik zur Verfügung steht. Das ist in den Ortsvermittlungsstellen vieler Ballungräume bereits der Fall. In periphären Gebieten ist die Heranführung von Teilnehmern aus strukturschwachen Gebieten an ISDN-fähige Ortsvermittlungsstellen geplant,[62] so daß im Verlauf der 90er Jahre Digital-Anschlüsse überall dort, wo sie beantragt werden, auch verfügbar sein werden.

Das angestrebte Netz wird bezeichnet als ISDN (Integrated Services Digital Network), was soviel bedeutet wie diensteintegrierendes Digitalnetz.

Im ISDN wird auf der herkömmlichen Telefonleitung zwischen Vermittlungsstelle und Teilnehmer, einem meist erdverlegten Kupferkabel mit einer Doppelader von je circa 0,4 Millimeter Querschnitt, eine Leitungskapazität von insgesamt 144 Kilobit pro Sekunde (kBit/s) erreicht. Eine solche Breitbandigkeit auf dieser minimalen physikalischen Basis zu realisieren, war bis vor wenigen Jahren noch undenkbar. Verzerrungen, Phasenverschiebungen, Signaldämpfung und weitere Störungsquellen können nur mit selbststeuernden und flexiblen mikroelektronischen Bauteilen ausgeglichen werden, wie sie erst seit kurzem herstellbar sind.[63]

So werden im ISDN die „Leitungen bis zum letzten ausgereizt“, wozu „enorme technische Klimmzüge notwendig“ sind.[64] Hier wird einmal mehr klar, wie sehr Mikroelektronik und Nachrichtentechnik bereits funktional zusammengewachsen sind. Die zur Signalaufbereitung im ISDN nötigen rund 100 000 Transistorfunktionen sollen in absehbarer Zeit mit Hilfe von VLSI-Technik[65] auf einem einzigen Mikrochip zusammengefaßt werden.[66] Das Übertragungverfahren für Sprache im ISDN ist die Puls-Code-Modulation.[67] Ein ISDN-Basisanschluß, so die Bezeichnung für den „einfachen“ ISDN-Teilnehmeranschluß, stellt zwei Nutzkanäle, sogenannte Basiskanäle B mit einer Übertragungskapazität von jeweils 64 kBit/s zur Verfügung. Zusätzlich beinhaltet er einen Steuerkanal D mit einer Bitrate von 16 kBit/s, der hauptsächlich zur Übertragung von Zeichenabgabeinformationen – beispielsweise zum Auf- und Abbau der Verbindung – genutzt wird, so daß die Basiskanäle völlig uneingeschränkt zur Verfügung stehen. Die Kapazitäten der beiden Basiskanäle ergeben zusammen mit der des Steuerkanals die genannte Nettobitrate von 144 kBit/s.[68]

114

Ab dem 1.7.1987 wurde die ISDN-Technik im Rahmen eines Pilotprojektes in den Städten Stuttgart und Mannheim getestet. Hier hatten die Herstellerfirmen der ISDN-fähigen Ortsvermittlungsstellen Standard Elektrik Lorenz AG (SEL) und die Siemens AG am 30.12.86 die Anlagen der Bundespost übergeben, die nach ausführlichen Tests zum besagten Zeitpunkt den Betrieb eröffnete. Ziel des ISDN-Pilotprojektes war es in der Hauptsache, sämtliche Systemkomponenten, die ja zu einem großen Teil von verschiedenen Herstellern stammen, auf ihre Funktion und besonders auf ihre Kompatibilität zu testen. Eine besondere Rolle spielt hierbei die sogenannte S_0-Schnittstelle der Basiskanäle sowie das D-Kanal-Protokoll des Steuerkanals. Diese legen die jeweiligen technischen Parameter einer ISDN-Verbindung fest.[69] Sie richten sich nach den Vorgaben des CCITT. In der Tat scheinen sich bezüglich des ISDN im Rahmen der internationalen Zusammenarbeit im CCITT weltweit verbindliche technische Normen abzuzeichnen.[70] Derartiges kam zum Beispiel für den Bildschirmtextdienst nicht zustande und wäre ein großer Erfolg.[71] Gerade die bundesdeutsche Telekommunikationsindustrie, die bei der Forschung und Entwicklung auf diesem Gebiet international gut im Rennen liegt, würde von einer solchen Entwicklung profitieren.[72]

Alle Standardisierungsbemühungen bezüglich telematikunterstützter Kommunikationsbeziehungen orientieren sich übrigens am sogenannten ISO-Refernzmodell, dem von der Internationalen Standardisierungs-Organisation ISO 1983 verabschiedeten Schichtenmodell für die offene Kommunikation. Dieses auch als OSI (Open Systems Interconnection) bezeichnete Modell gliedert die Kommunikation in sieben streng getrennte funktionale Ebenen oder Schichten, wodurch Kommunikationsfunktionen und -aufgaben transparent und aufeinander beziehbar werden.[73]

Die unteren Schichten 1 bis 4 dieses Ordnungsrahmens beziehen sich auf die Transportfunktionen von Kommunikation, die oberen Schichten 5 bis 7 auf die Anwendungsfunktionen. Dabei bauen die einzelnen Schichten und die zu ihnen getroffenen Vereinbarungen (Protokolle) funktional aufeinander auf. „Es hat eben zum Beispiel keinen Zweck, Anforderungen an die Qualität eines Signals zu stellen, bevor klar ist, in welchem Medium es übertragen werden soll."[74] So bezieht sich die Schicht 1 des OSI-Modells (physical layer) auf die physikalische Ebene der Kommunikation, indem sie etwa eine Drahtverbindung mit bestimmten Signalpegeln und Steckerbelegungen festlegt. Schicht 2 ist die Sicherungsschicht (data link layer), deren Regeln die Steuerfunktionen zur Eliminierung von Übertragungsfehlern bestimmen; Schicht 3 (network layer) regelt die Parameter zu Verbindungsaufbau und Netzweg. Schicht 4 (transport layer) regelt die Transportverbindung insgesamt von Nachrichtenquelle zur Nachrichtensenke. Die Regeln der Schicht 5 (session layer) betreffen die Abfolge von Sende- und Empfangsphasen im Verlauf des Kommunikationsprozesses. Schicht 6 (presentation layer) betrifft die Darstellungsebene, das heißt die Umwandlung beziehungsweise Rückwandlung der übertragenen Daten oder Signale in verständliche Zeichen, also die Art und Weise der Wandlung von Binärcodes in angezeigte oder ausgedruckte Schriftzeichen oder auch Töne und Bilder. Die 7. Schicht (application layer) schließlich bezieht sich auf den Informationsinhalt, den Weg zur Sicherstellung von Verständlichkeiten und die Objektivierung des Gehalts von Nutzinformation.[75]

Für einige Telekommunikationsdienste bestehen internationale Protokolle zu allen sieben Schichten des OSI-Modells, so zum Beispiel zu Telex- und Telexdienst. Bezüglich des ISDN sind die unteren drei Schichten in Form der S_0-Schnittstelle und des D-Kanal-Protokolls genormt. Diese Beschränkung ist insofern sinnvoll, als es sich beim ISDN um ein transparentes Universalnetz handelt, auf dem Daten der verschiedensten Dienste wie zum Beispiel Text-, Daten-, Sprach- und Faksimiledienste transportiert werden. Über die Transportfunktion hinausgehende Anwendungsprotokolle müssen also jeweils speziell für die einzelnen Dienste im ISDN geschaffen werden.

Äußerst wichtig im Zusammenhang mit dem ISDN und dem ISO-Referenzmodell sind die gegenwärtigen Bemühungen großer Industrieunternehmen aus aller Welt, Protokolle für alle sieben Schichten des Referenzmodells zu entwickeln – zum Zweck der internationalen und herstellerunabhängigen Standardisierung der automatischen Produktion in Fabriken. Initiator dieser Aktivitäten war der amerikanische Automobilkonzern General Motors, der so die produktionsrelevante Kommunikation zwischen seinen verschiedenen Produktionsstätten sowie mit seinen Zulieferern effektivieren wollte. Unter der Beteiligung verschiedener Industriefirmen, darunter auch IBM und Siemens, entstand das mittlerweile auf allen Ebenen des ISO-Referenzmodells genormte „MAP" (Manufacturing Automatic Protocol). Der Flugzeugkonzern Boeing initiierte darüber hinaus die internationale Anstrengung der Industrie, ein Protokoll zu entwickeln, das eine Verbindung herstellt zwischen dem produktionsbezogenen MAP und der telematikunterstützten Bürokommunikation. Das sogenannte „TOP" (Technical Office Protocol) ist gegenwärtig Gegenstand internationaler Standardisierungsbemühungen.[76]

Ob MAP, TOP und ISDN sich zu einer homogenen Infrastruktur ergänzen werden, ist noch nicht abzusehen, dies wäre jedoch zumindest eine konsequente und damit gut denkbare Entwicklung.

3.2.1.4.1 Beispiele für Dienste im ISDN

Die restlose Ablösung des analogen Telefonnetzes durch ISDN wird wahrscheinlich erst in circa 30 Jahren erreicht sein; CCITT-Direktor Theodor Irmer spricht im Zusammenhang mit der weltweiten Normung und Verbreitung des ISDN von einer Jahrhundertaufgabe.[77] Da sich der Ausbau dieses Netzes also noch in den ersten Anfängen befindet, können keine vollständigen Vorhersagen über die zukünftigen Dienste in diesem Netz gemacht werden. Weder sind die technischen Fortschritte bezüglich der Realisierbarkeit von Diensten auf der Basis des ISDN sicher prognostizierbar[78] noch deren wirtschaftliche und soziale Akzeptanz. So sollen an dieser Stelle nur die unmittelbar abzusehenden neuen ISDN-Dienste beschrieben werden sowie die Verbesserungen bereits vorhandener Dienste durch ihre Realisation im ISDN.

An einen ISDN-Basisanschluß lassen sich über die S_0-Schnittstelle bis zu 8 beliebige Endgeräte anschließen. Zwei dieser Endgeräte können dann über je einen 64 kBit/s-Nutzkanal gleichzeitig betrieben werden. Damit werden Mehrfachdienste (zum Beispiel Sprache und Text oder Bild) möglich, die über sogenannte multifunktionale Endgeräte genutzt werden können. Auch analog arbeitende Endgeräte lassen sich über entsprechende Adapter an der S_0-Schnittstelle betreiben.

Außer dem ISDN-Basisanschluß bietet die Bundespost noch einen sogenannten ISDN-Primärmultiplexanschluß an. Dieser ist besonders für größere Teilnehmer aus der Wirtschaft gedacht und stellt bis zu 30 64 kBit/s- Kanäle gleichzeitig zur Verfügung.[79]

Während bei bisherigen Netzen die Steuerinformationen nur jeweils vor oder nach den eigentlichen Informationen übertragbar waren, erlaubt der 16 kBit/s-D-Kanal des ISDN eine unabhängige Steuerzeichenabgabe für alle angeschlossenen Endgeräte. Dadurch werden im ISDN einige interessante Zusatzanwendungen möglich. So können im Verlauf einer bestehenden Verbindung die Dienste gewechselt oder Konferenzgespräche einberufen werden. Außerdem könnte die Teilnehmernummer eines Anrufenden vor Herstellung der Verbindung angezeigt werden. Bei besetztem Anschluß wäre auch die Anzeige der Nummern „anklopfender", also wartender Teilnehmer möglich. Ferner wäre es technisch kein Problem, durch Koppelung des ISDN-Anschlusses mit vorhandenen LANs (Local Area Networks), also Bürokommunikationssystemen, mit Hilfe der angezeigten Anschlußnummer eines anrufenden oder anklopfenden Teilnehmers dessen Namen, Stammdaten und im Zusammenhang relevante Vorgänge abzurufen. Auch könnten die ISDN-Endgeräte so programmiert werden, daß sie bei Anrufen bestimmter Rufnummern besonders reagieren, beispielsweise mit einer speziellen automatischen Ansage, Anrufumleitung oder -weiterschaltung.[80]

Die Grenzen liegen hier weniger im technischen als im rechtlichen, politischen und sozialen Bereich.

ISDN-Fernsprechen

Beim Telefondienst im ISDN läßt sich aufgrund der durchgängigen digitalen Verbindung eine merklich verbesserte Übertragungsqualität erreichen. Mit der bereits abzusehenden Weiterentwicklung der Sprachcodierungsverfahren wird eine Sprachübertragung sogar in Hifi-Stereoqualität möglich sein.[81]

ISDN-Datenübertragung

Datenübertragung ist im ISDN mit 64 kBit/s möglich. Diese Bandbreite ist größer als die im IDN und ein Vielfaches dessen, was über das analoge Telefonnetz realisierbar ist. Die im Vergleich zu herkömmlichen IDN-Datendiensten günstigen Gebühren im ISDN werden mittelfristig zur Abwanderung der Nutzer zum ISDN führen. Die Gebühren im ISDN werden übrigens für alle Dienste gleich sein und sich an den Fernsprechgebühren orientieren.[82] Da langfristig auch Privathaushalte vermehrt über ISDN-Anschlüsse verfügen werden, ist auch in diesem Bereich mit der Nutzung des ISDN zur Datenübertragung zu rechnen. Endgeräte werden hier private Home- und Personalcomputer sein.[83]

ISDN-Text- und Faksimileübertragung

Während im gegenwärtig schnellsten Textübertragungsdienst der Bundespost — Teletex — die Übertragungszeit für eine voll beschriebene DIN-A4-Seite bei etwa 10 Sekunden liegt, wird sie im ISDN weit unter einer Sekunde liegen. Beim Fernkopieren im Telefaxdienst beträgt zur Zeit die Übertragunsdauer für eine Seite noch eine Minute, im ISDN wird sie auf wenige Sekunden zusammenschrumpfen. Angesichts dieser Perspektiven verliert der Zeitgewinn an Bedeutung, der bei der Textübertragung durch die Codierung der zu übertragenden Information in Buchstaben im Vergleich mit der Bildpunkteübertragung beim Faxdienst entsteht. Denkbar ist deshalb ein die Text- und Faxdienste integrierender „ISDN-Textfax"-Dienst.[84]

ISDN-Bildschirmtext

Bei entsprechenden Verbesserungen in den Bildschirmtextvermittlungsstellen und den Endgeräten ließen sich mit einem über das ISDN abgewickelten Bildschirmtextdienst erheblich kürzere Seitenaufbauzeiten erreichen — bei gleichzeitiger Bildauflösung in nahezu Fotoqualität.[85] Es besteht durchaus die Möglichkeit, daß die Seitenaufbauzeiten bei etwas geringerer Bildauflösung derart kurz werden, daß man nicht mehr von Bildschirm-text sprechen kann, sondern von

Bildschirm-Animation. Bewegtbildübertragung ist im Btx-Dienst nach Artikel 1 Satz 2 des Btx-Staatsvertrages jedoch nicht statthaft.[86] Hier offenbart sich ein weiteres Mal die zunehmende Entwicklung dahin, daß der technische Fortschritt ganz besonders auf dem Gebiet der Telematik immer schneller die Strukturen wieder aufsprengt, in die er eingefaßt wird.

ISDN-Bildübermittlung

Die Übertragungsbandbreite im ISDN erlaubt eine schnelle und qualitativ hochwertige Festbildübertragung sowie hochauflösend und in Farbe eine langsame Bewegtbildübertragung mit einer Geschwindigkeit von etwa 4 Sekunden pro Bild. Darüber hinaus ist im ISDN sogenanntes Fernskizzieren oder Fernzeichnen möglich. Hierbei werden, beispielsweise während einer Telefonverbindung, mit Hilfe eines Grafiktabletts Skizzen, Zeichnungen und ähnliches in Echtzeit gemäß ihrer Koordinaten in einem zweidimensionalen System übertragen und erscheinen beim Gesprächspartner auf einem Display. Dieser Dienst kann im 16 kBit/s-Steuerkanal realisiert werden. Insofern ist er als echter Zusatzdienst anzusehen, der die Doppelverbindung in den Basiskanälen in keiner Weise beeinträchtigt. Bei Konferenzschaltungen mit mehreren Teilnehmern wäre zumindest technisch sogar eine „stille" Punkt-zu-Punkt-Verständigung zwischen zwei Teilnehmern per Grafiktablett möglich.[87]

ISDN-Fernwirken (TEMEX)

Wie das Fernzeichnen kann im ISDN auch die Übertragung von Telemetrie- (Fernwirk-) Daten über den Steuerkanal abgewickelt werden, ohne die Diensteabwicklung in den Basiskanälen zu beeinträchtigen. Der Steuerkanal ermöglicht es, mehrere temexfähige Endgeräte über eine physikalische Leitung zu erreichen, wobei die Endgeräte jeweils mit mehreren verschiedenartigen Sensoren ausgestattet sein können und dialogfähig sind. Auf diese Art und Weise können im Gefahrenfall automatisch gezielte und dosierte Sofortmaßnahmen über ISDN-TEMEX ergriffen werden.

Ein Beispiel hierfür könnte folgendes sein: In einem großen Bürohaus bricht ein Feuer aus. Die leistungsfähige TEMEX-Anlage erkennt, in welchem Raum dies geschieht, alarmiert die Feuerwehr und aktiviert gleichzeitig die automatischen Löschanlagen; – jedoch ausschließlich in dem betreffenden Raum, um die Löschmittelschäden zu minimieren. Die sonstigen Sensoren der TEMEX-Anlage – zum Beispiel die zum Erkennen eines Einbruchs – bleiben aktiv und können jederzeit über dieselbe Leitung den entsprechenden Alarm bei der zuständigen Stelle auslösen und gegebenenfalls auch hier automatisch flexible Reaktionen ausführen. In einer solchen Anlage ist jeder Sensor über eine fest programmierte, sogenannte „Nailed Connection" (NC) an eine ihm entsprechende Zielstelle gebunden, wobei die NC praktisch die Eigenschaften einer Festverbindung hat, obwohl sie nur im Falle eines sensorischen Reizes über den ISDN-Steuerkanal aufgebaut wird.[88]

Es ist abzusehen, daß mit dem Aufbau des ISDN eine Infrastruktur geschaffen wird, in der Fernwirken sowohl qualitativ als auch quantitativ in völlig neuen Maßstäben möglich ist. Fernwirken kann in einer großen Leitungsbandbreite stattfinden, wobei es sich nicht nur auf den ISDN-D-Kanal beschränken muß, sondern auch in den Basiskanälen möglich ist, und es ist an jedem Telefonaschluß realisierbar. Noch kaum absehbar ist insofern die Anwendungspalette von ISDN-TEMEX; insbesondere auf dem Gebiet der industriellen Fertigung und im Dienstleistungsbereich. Auch hier liegen die Grenzen nicht in der Technik, sondern in der politischen, ökonomischen und sozialen Konsensfähigkeit sowie im geltenden Recht.[89]

ISDN-Bildfernsprechen

Bis vor wenigen Jahren war es unvorstellbar, über eine Leitungsbandbreite von 64 kBit/s Bewegtbilder zu übertragen. Man ging davon aus, daß hierzu 140 Megabit/s, das 2000fache eines ISDN-Nutzkanals, nötig seien, was der für eine Bewegtbildbertragung in Fernsehqualität nötigen Bandbreite entspricht. Die jüngere Entwicklung der Mikroelektronik erlaubt hier jedoch eine drastische Bandbreitenreduzierung durch den Einsatz von Computerintelligenz auf der Sende- und Empfängerseite. „Bewegungskompensierte Prädiktion" und „bewegungsadaptive Interpolation" bei reduzierter Bildwechselfrequenz sind die Methoden, die sich in diesem Bereich durchsetzen.[90]

Durch eine Drittelung der Bildwechselfrequenz von 25 auf 8,33 Bilder pro Sekunde stehen pro Bild immerhin 7680 Bit zur Verfügung. Um allerdings den Eindruck einer flüssigen Bewegung zu erzeugen, sind mindestens 16 bis 18 Bilder pro Sekunde nötig. Die fehlenden Bilder werden empfängerseitig linear interpoliert, das heißt durch aus der Bildveränderung errechnete Zwischenbilder ersetzt. Eine weitere Datenreduktion erfolgt durch eine Aufteilung des Bildes in bewegte und unbewegte Teile auf der Senderseite. Übertragen werden nun nur die Veränderungen und auch hier nur die Änderungskoordinaten des Bildblocks beziehungsweise Objekts, das sich bewegt; der eigentliche Inhalt des Bildelements wird nicht jeweils neu übertragen. Man spricht hier von einer Schätzbildberechnung nach dem Block matching- beziehungsweise Object matching-Verfahren.[91] Die bei einer solchen Bewegungskompensation durch Schätzbildberechnung anfallenden Block- beziehungsweise Objekt-Verschiebungsparameter können wiederum bei der Interpolation von aufgrund der reduzierten Bildwechselfrequenz fehlenden Bildern herangezogen werden. Das ermöglicht eine über die lineare Interpolation hinausgehende bewegungsadaptive Interpolation.[92]

Die so im ISDN-Bildtelefon zu erreichende Bildqualität entspricht in etwa der halben Bildauflösung des PAL-Fernsehstandards — und das bei farbiger Bildwiedergabe. Lediglich der Bildaufbau dauert einige Sekunden, da nicht alle Informationen auf einmal übertragen werden können.[93] Die genannten Verfahren zur Datenreduktion laufen natürlich wesentlich komplizierter ab als hier beschrieben. Festzuhalten bleibt jedoch, daß „Mit allerhand Kunst und Kräutern"[94] unter Ausnutzung der Möglichkeiten moderner Mikroelektronik ein Dienst realisierbar wird, den man auf dem schmalbandigen physikalischen Medium der Kupferdoppelader des Telefonetzes eben für unrealisierbar gehalten hatte. Bildtelefon war schließlich als der geradezu klassische Dienst in Glasfasernetzen angesehen worden. Angesichts der Pläne der Bundespost, den Bildtelefondienst im Schmalband-ISDN anzubieten, erheben sich demzufolge promt kritische Stimmen, die den Wegfall des „Leitprodukts" Bildtelefon und seiner „Lokomotivfunktion" für die Einführung eines Glasfasernetzes monieren.[95]

Die Bundespost hat folgendes Einführungskonzept für den Bildtelefondienst beschlossen: Ende 1990 soll der Dienst eröffnet werden. Da allerdings frühestens 1993 bis 1995 mit verbindlichen internationalen Normen zu diesem Dienst gerechnet werden kann, ist diese Diensteinführung als Betriebsversuch anzusehen. Ab 1995 soll Bildtelefon dann als weltweit verfügbarer Dienst nach den internationalen Standards eingeführt werden.[96]

3.2.1.5 Das Breitband-ISDN und das integrierte Breitbandfernmeldenetz IBFN

Hochauflösende Bewegtbildübertragung und schnelle Datenübertragung mit mehr als 64 kBit/s sind im ISDN nicht realisierbar. Hierzu bedarf es breitbandiger physikalischer Träger wie Kupferkoaxial- oder Glasfaserkabel. So veranlaßte die Bundespost ab 1981 den Aufbau von insgesamt 7 Prototypensystemen eines Breitbandigen Integrierten Glasfaser Ortsnetzes (BIGFON) in verschiedenen Städten.[97] Zu diesem Zeitpunkt glaubte man noch, Bildfernsprechen sei über Schmalband-ISDN nicht zu realisieren, beziehungsweise der mikroelektronische Aufwand sei zu groß und nicht finanzierbar.[98]

Außer dem individuellen Bildfernsprechen sind Videokonferenzen mit mehreren parallelen, hochauflösenden Bewegtbildverbindungen und Breitband-Datenanwendungen die voraussichtlich zentralen Dienste in einem breitbandigen Digitalnetz.[99] Da die Realisation der beiden letztgenannten Dienste im Schmalband-ISDN nicht absehbar ist, behalten die Aktivitäten zum Aufbau eines Breitband-ISDN ihre marktwirtschaftliche Berechtigung. Dies gilt um so mehr, als mit der zu erwartenden Zunahme und Leistungssteigerung wirtschaftlich, verwaltungstechnisch und auch privat genutzter Terminals beziehungsweise Personal- und Homecomputer der Bedarf an breitbandigen Datenverbindungen stark ansteigen wird.[100]

Zur Hannover-Messe 1985 stellte die Bundespost das Videokonferenzversuchsnetz vor. Es basierte auf digitaler Glasfasertechnik und verband 7 bundesdeutsche Großstädte. In diesen Städten stellte die Bundespost Videokonferenzräume mit kompletter Studiotechnik zur Verfügung, die zur Durchführung von Videokonferenzen gemietet werden konnten. Anfangs konnte im Videokonferenzversuchsnetz aus technischen Gründen nur eine Leitungsbandbreite von 2 Megabit pro Sekunde bereitgestellt werden, mittlerweile sind weitgehend 140 Mbit/s-Grundleitungen und teilweise 565 Mbit/s-Leitungen verfügbar.[101]

Außer ihrer gigantischen Bandbreite haben Glasfasernetze den wirtschaftlichen Vorteil, daß sie Verstärkerstationen lediglich in weit größeren Abständen benötigen als Netze auf der Basis elektrischer Leiter. In Glasfaserleitungen werden digitale Informationen in Form von Lichtimpulsfolgen übertragen, wobei im Bedarfsfall am Leitungsanfang und -ende optoelektronische Wandler für eine Umsetzung in elektrische Impulse sorgen. Die Basistechnologien der Datenübertragung mittels Glasfaserkabel sind die Lasertechnologie und Möglichkeit der Herstellung von Lichtwellenleitern mit minimaler Signaldämpfung. Diese beiden Technologien sind erst seit relativ kurzer Zeit praktikabel; die Lasertechnologie seit den 60er und die Fertigung leistungsfähiger Lichtwellenleiter aus Glasfaser seit den 70er Jahren.[102]

Seit 1986/87 wurden in 29 bundesdeutschen Großstädten und Ballungsgebieten von der Bundespost grobmaschige sogenannte Glasfaser-Overlaynetze aufgebaut, welche die technische Voraussetzung für private Teilnehmeranschlüsse in Glasfasertechnik bilden.[103] So wurden bis 1986 bereits 20 private Videokonferenzstudios an diese Netze angeschlossen; im Februar 1988 waren es bereits 60.[104] Über das seitdem intensiv ausgebaute bundesweite Glasfaser-Overlaynetz sind mittlerweile beliebige Videokonferenz-Verbindungen möglich, wobei die ursprünglich praktizierte manuelle Vermittlung schon teilweise durch einen Verbindungsaufbau in breitbandiger Koppelnetz-Vorläufertechnik erfolgt. Das bundesweite Glasfaser-Overlaynetz wird ergänzt durch das Satellitensystem TELECOM 1, das zusammen mit den Systemen EUTELSAT(ECS) und INTELSAT V auch die Herstellung von internationalen Videokonferenzen ermöglichen soll.[105]

Die weitere Ausbaustrategie der Bundespost für breitbandige Vermittlungsnetze in Glasfasertechnik ist folgende:

Die digitalen Vermittlungssysteme des 64 kBit/s-Schmalband-ISDN sollen um breitbandige Koppelnetze, die Vermittlungstechnik des Breitband-ISDN, erweitert werden, sobald diese serienreif zur Verfügung steht. Das ist voraussichtlich ab 1990 der Fall.[106] Wesentliche Bestandteile des Schmalband-ISDN können auch im Breitband-ISDN eingesetzt werden, beispielsweise die Netzsynchronisation, die Stromversorgung, die Fernübertragungstechnik und das Zeichenabgabesystem.[107] Bei der Bundespost spricht man angesichts dieser Möglichkeit des „Aufsetzen(s) auf der bereits vorhandenen ISDN-Infrastruktur"[108] vom „folgerichtige(n) Weiterentwickeln des ISDN zu einem Breitband-ISDN".[109]

Im Breitband-ISDN wären die Netzleistungen des Telefonnetzes, des IDN sowie des schmal- und des breitbandigen ISDN integriert. Ein noch weitergehender Schritt, der auch von der Bundespost geplant ist, wäre die zusätzliche Integration der Leistungen der Breitbandverteilnetze in Kupferkoaxialtechnik in dieses breitbandige Glasfasernetz. Mit der Installation eines solchen Netzes, das sämtliche Individual- und Massenkommunikationsdienste integriert, soll auf der Basis des Breitband-ISDN ab 1992 begonnen werden.[110] Die Realisierung eines solchen auch als „Universalnetz" bezeichneten integrierten Breitbandfernmeldenetzes (IBFN) in großem Umfang ist angesichts der damit verbundenen immensen Kosten ein Unterfangen mit einer sehr langfristigen Perspektive. Eine Vollverkabelung der Bundesrepublik mit Glasfaser würde ein Investitionsvolumen in dreistelliger Milliardenhöhe erfordern.[111] So beabsichtigt man seitens der Bundespost, sich beim Ausbau dieses Netzes weitgehend auf Gebiete zu beschränken, in denen der geschäftliche Bedarf an vermittelter breitbandiger Kommunikation im Rahmen des Breitband-ISDN besonders hoch ist.[112] Auf diese Art wird die aufzubauende Infrastruktur doppelt genutzt, wodurch die hohen Kosten einer Glasfaserverkabelung gerechtfertigt werden. Grundsätzlich plant die Bundespost beim Aufbau von breitbandigen Verteilnetzen, nach Gesichtspunkten der Wirtschaftlichkeit kostengünstige Kupferkoaxialtechnik und Glasfasertechnik alternativ einzusetzen. Dies entspricht ihrem Konzept, durch das parallele Fahren verschiedener Netztechnologien Entwicklungsoptionen offenzuhalten, Innovationen jederzeit einbeziehen zu können und Fehlinvestitionen zu vermeiden.[113]

Man kann also folgende Entwicklungen bezüglich leitergebundener Kommunikationsnetze zusammenzufassen:[114]

1. Die Digitalisierung des analogen Telefonnetzes, also das Schmalband-ISDN
2. Der mittelfristige Aufbau eines Breitband-ISDN in Glasfasertechnik auf der Basis des ISDN
3. Die Fortsetzung des Ausbaus der Kupferkoaxialnetze zur breitbandigen Verteilkommunikation
4. Die langfristige Integration von Schmal- und Breitband-ISDN sowie den Kupferkoaxialnetzen in einem Glasfaser-Universalnetz, das alle Telekommunikationsformen, schmalbandige und breitbandige, vermittelte und Verteilkommunikation, integriert.

Das IBFN-Universalnetz wird hierbei voraussichtlich der vorläufige Endpunkt einer Entwicklung sein, die jedoch bis weit in das nächste Jahrhundert hinein andauern dürfte. Vorerst noch parallel laufende alternative Techniken haben solange ihre wirtschaftliche Berechtigung, wie sie kostengünstiger sind und Innovationsspielräume offenhalten.

Die Entwicklungsperspektiven der leitergebundenen Telekommunikation werden ergänzt durch die Weiterentwicklung der Satellitentechnik und der Funktechnik, wobei hier der Möglichkeit des teilnehmerindividuellen Zugriffs auf Funknetze mit Hilfe des zellularen Mobilfunks eine besondere Bedeutung zukommt.[115]

Beim Glasfaser-Universalnetzes wird es sich wahrscheinlich um ein Overlaynetz handeln, das sich in seiner Struktur am Telefonnetz orientiert. Hier könnten sich bei der Übernahme von breitbandiger Verteilkommunikation durch die daraus resultierenden durchschnittlich wesentlich längeren Verbindungszeiten Kapazitätsprobleme ergeben. Als

126

Lösungsmöglichkeiten zeichnen sich hier die Reduktion der Netzebenen oder der Ausbau getrennter Netzteile ab.[116]

3.2.2 Weitere telematik-bezogene Entwicklungstendenzen

3.2.2.1 Online-Datenbanken

Die Telekommunikationsnetze der Deutschen Bundespost ermöglichen im jeweils beschriebenen Maße eine Vernetzung von mikroelektronischen Endgeräten. Beispiele für solche Endgeräte sind unter anderem Fernschreib-, Teletex-, Telefax- und Btx-Geräte, die als posteigene Mietgeräte oder als private Geräte mit Prüfnummer des fernmeldetechnischen Zentralamtes an diesen Netzen betrieben werden.

Auch große Computeranlagen können seit den 60er Jahren über Mietleitungen der Bundespost weiträumig zusammengeschaltet werden.[1] Diese aufwendigen und teuren Direktverbindungen über Mietleitungen sind nur dann rentabel, wenn zwischen zwei Punkten nahezu ununterbrochen große Datenmengen ausgetauscht werden müssen.

Seit 1967 steht das Datex-L-Netz und seit 1980 das Datex-P-Netz zur Verfügung und aufgrund der Fortschritte in der Mikroelektronik wurde kostengünstige Modemtechnologie zur Datenübertragung im Telefonnetz allgemein verfügbar. Aufgrund dieser Entwicklungen wurde die Vernetzung von Großrechenanlagen mit externen Terminals oder Personalcomputern wirtschaftlich.[2]

Gleichzeitig mit dieser Entwicklung wächst die Anzahl von Forschungsergebnissen, wissenschaftlichen Erkenntnissen, statistischem Datenmaterial, — also das insgesamt produzierte Wissen — exponentiell. Man spricht hier von einer weltweiten Wissens- oder Informationsexplosion.[3] Dieses Gesamtwissen kann mittels materieller Träger wie Bücher, Akten oder auch Mikrofilmen nicht an einem einzigen Ort verfügbar gehalten werden, und selbst wenn dies gelänge, wäre ein Zugriff auf spezielle Einzelinformationen nicht ohne einen in den meisten Fällen unzumutbaren Aufwand möglich. Noch illusorischer ist es, potentiell benötigtes Wissen dezentral dort mittels materieller Träger zu speichern, wo es zur Verfügung stehen muß.

Diese Situation begünstigt folgende Entwicklung: Die technisch mögliche weltweite Vernetzung von Computersystemen wird über evidente Anwendungen im verwaltungstechnischen und logistischen Bereich hinaus genutzt; das weltweit öffentlich zur Verfügung stehende Wissen oder zumindest die Information darüber, wie und wo dieses Wissen auffindbar ist, kann dezentral in den Speichern beliebig vieler Großrechner bereitgehalten werden. Es ist infolge der internationalen telematischen Vernetzung von jedem Terminal oder Kleincomputer aus abrufbar, der ebenfalls an ein Telematiknetz angeschlossen ist. Da die Realität immer komplexer wird, kann auf Dauer nur durch ein solches System ein angemessenes sprich optimales Vorgehen bei Entscheidungsfindungen im wirtschaftlichen ebenso wie im politischen Bereich gesichert werden.[4]

In diesem Zusammenhang wird deutlich, was mit der Bezeichnung „Information als Produktionsfaktor"[5] gemeint ist, der im Verlauf der Entwicklung zur Informationsgesellschaft zu den klassischen Produktionsfaktoren Arbeit, Kapital und Boden hinzukommt.

Telematikunterstützte und damit optimale Informationsversorgung ist jedoch ebenso für die Politik und erst recht für die Wissenschaft unverzichtbar.[6]

Daraus ergibt sich die Frage: Inwieweit sollte der Aufbau des idealtypisch beschriebenen weltweiten telematikunterstützten Informationssystems von privatwirtschaftlicher Seite und inwieweit von staatlicher oder wissenschaftlicher Seite betrieben werden? Und weiter: Inwieweit läuft ein derartiger freier Informationsfluß nationalen politischen Systemstrukturen zuwider,[7] oder ist er mit sonstigen nationalstaatlichen, wirtschaftlichen, politischen oder militärischen Interessen unvereinbar? Auf diese Fragen wird später noch einzugehen sein.[8] Zunächst sollen einige Begriffe geklärt werden.

3.2.2.1.1 Begriffsklärungen

Computersysteme, bei denen mittels der aktuellen Software das im Arbeitsspeicher oder in direkt angeschlossenen externen Speichern zur Verfügung stehende Datenmaterial unmittelbar systematisch abgerufen werden kann, nennt man Datenbanken.[9] Computersysteme, bei denen ein solcher Datenabruf über Telematiknetze erfolgen kann, nennt man Online-Datenbanken.[10]

Der Begriff „Datenbasis" bezeichnet „die Menge der Daten, die bei der Auswertung eines Fachgebiets erfaßt werden."[11] So kann ein und dieselbe, beispielsweise von einem Forschungsinstitut produzierte Datenbasis von verschiedenen Datenbankanbietern übernommen werden. Dabei kann sich die Systematik der Zugriffsmöglichkeiten auf diese Datenbasis in den jeweiligen Datenbanken entsprechend der verwendeten Datenbanksoftware unterscheiden.[12]

Dieser Zugriff auf Datenbanken wird auch neudeutsch als „Information Retrieval", also Informations-Wiedergewinnung bezeichnet.[13] Die Befehlssätze, mittels derer spezielle Daten aus einer Datenbank abgerufen werden können, sind die sogenannten Retrieval-Sprachen. Sie unterscheiden sich entsprechend der jeweiligen Hard- und Software der Datenbanken. Die derzeit noch nicht absehbare Chance für eine internationale Normung besteht hier in einer Einigung für alle Schichten des ISO-Referenzmodells.[14]

Den Betreiber einer oder mehrerer Datenbanken, der mit dem jeweiligen Datenbasishersteller in der Regel einen Lizenz- oder Leasingvertrag hat, nennt man Host (= englisch für „Gastgeber"). Der Host stellt die Datenbasis mit einer Retrievalsoftware auf einem Online-Rechner gegen Nutzungsgebühren zur Verfügung, bietet also das „Produkt Datenbank"[15] auf dem Markt an.

Der Datenbank-Nutzer, neudeutsch „User", hat einen Vertrag mit dem Host, der ihm ein sogenanntes „password" zuteilt. Dieses „password" verschafft ihm Zugriff auf die Datenbank. Die Abrechnung erfolgt normalerweise monatlich nach der übertragenen Datenmenge und/oder nach der Nutzungsdauer.[16] Außer mit dem Host muß der

Nutzer in der Regel noch mit dem Netzbetreiber abrechnen, über dessen Netz der Zugriff auf die Datenbank erfolgte, es sei denn, Netzbetreiber und Host sind identisch.[17]

Identisch können auch der Datenbasishersteller und der Host sein; nicht identisch sind in Ausnahmefällen der Host und der Betreiber des Rechners, auf dem eine Datenbank läuft. Dies ist beispielweise dann der Fall, wenn ein Host zum Betreiben einer Datenbank Rechnerkapazität eines Großrechenzentrums anmietet.[18]

Datenbanken selbst lassen sich nach Referenz- und Quellendatenbanken unterscheiden. Referenzdatenbanken enthalten Sekundärwissen, das heißt sie enthalten lediglich Verweise auf den Fundort des eigentlichen Materials, das beispielsweise als Buch vorliegt. Referenzdatenbanken stellen zur Zeit noch das Gros des Angebots auf dem Weltmarkt. Das wird sich jedoch aller Voraussicht nach durch die Fortschritte in der Mikroelektronik bezüglich hochintegrierter Speicherchips und externer Massenspeicher ändern.

Quellendatenbanken enthalten Primärwissen, also die Gesamtheit der Daten zum Suchobjekt. Sie haben den Vorteil, daß nach dem Information Retrieval die Arbeit unverzögert fortgesetzt werden kann. Die Primärdaten müssen also nicht erst anderweitig beschafft werden.

Mit der Weiterentwicklung der Mikroelektronik geht der Trend zum vermehrten Einsatz von Quellendatenbanken. Diese lassen sich unterteilen in Volltextdatenbanken, numerische Datenbanken, numerisch-textliche Datenbanken und Softwaredatenbanken. Bei Referenzdatenbanken unterscheidet man bibliographische Datenbanken und in Hinweis-/Verweis-Datenbanken.[19]

Zusätzlich zu den klassischen Datenbankdiensten, die bei verhältnismäßig langen Aktualisierungszyklen in der Hauptsache wissenschaftliche Fachinformation enthalten, haben sich die sogenannten „Real-Time-Dienste" etabliert, die das weit größere Umsatzvolumen auf sich vereinigen. Sie ermöglichen bei „im Extremfall sekündlich sich ändernden Inhalten"[20] den Abruf von aktuellen Wirtschafts- und Finanzdaten, in der Hauptsache Börsenkursen.

3.2.2.1.2 *Das nationale und internationale Datenbankangebot*

Die exakte Zahl der international verfügbaren Datenbanken läßt sich aus zwei Gründen nicht genau angeben: Die Entwicklung geht hier sehr schnell voran[21] und die vorliegenden Verzeichnisse[22] gehen von unterschiedlichen Definitionen für den Begriff „Datenbank" aus beziehungsweise werden nach unterschiedlichen Gesichtspunkten zusammengestellt.[23] Als Richtwert mag die weltweite Existenz von gut 3000 Datenbanken, circa 1500 Datenbasisherstellern und knapp 500 Hosts gelten.[24]

Auch was die Verteilung von Datenbanken und Datenbasisherstellern nach Nationen angeht, differieren die Angaben. Die grundsätzlichen Trends sind jedoch klar. So sind sicherlich das Datenbankangebot und die Datenbasisherstellung in den USA weltmarktbeherrschend. Es werden jeweils fast 50 Prozent des Weltmarkts abgedeckt[25] – bei einem Umsatzanteil von fast 75 Prozent.[26] Faßt man das Datenbankangebot von Europa beziehungsweise dessen Datenbasisherstellung zusammen, so kommt man, was die Anzahl betrifft, in etwa auch auf einen Weltmarktanteil von 50 Prozent,[27] bei den Umsätzen jedoch auf weniger als 25 Prozent.[28] Der Rest der Welt verfügt demnach nur über einstellige Prozentanteile am Weltmarkt. Die Bundesrepublik Deutschland ist mit jeweils rund 10 Prozent an Datenbasisherstellung und Datenbankangebot beteiligt, am Umsatz lediglich mit 4 Prozent.[29]

Der den Marktanteil noch übertreffende Umsatzanteil der USA resultiert aus der Tatsache, daß amerikanische Hosts sehr umfangreiche Datenbanken anbieten, die nahezu alle auch international relevanten Wissensbereiche umfassen. Das Angebot erfolgt oft aus einer Hand, so daß es für Nutzer aus aller Welt meist einfacher ist, eine Datenbankabfrage bei einem amerikanischen Host anstatt bei einem einheimischen Host durchzuführen.

Selbst Datenmaterial von europäischen Datenbasen ist aufgrund umfassender Lizenzverträge meist auch in amerikanischen Datenbanken abrufbar, und oft ist die Retrieval-Software dort auch leistungsfähiger als bei europäischen Datenbanken – oder sie ist dem User durch häufigere Nutzung eher geläufig.[30] So ist beispielsweise das Angebot eines der größten amerikanischen Datenbankanbieter, des Hosts DIALOG, der im übrigen auch einer der ersten kommerziellen Datenbankanbieter war, „annähernd so groß wie das aller europäischen Hosts zusammen, ...(so) daß der Anschluß an DIALOG alleine fast alle Fragen durch adäquate Datenbanken zu lösen vermag."[31]

Die geographische Entfernung amerikanischer Hostrechner zu europäischen Nutzern ist hierbei zu vernachlässigen, da im internationalen paketvermittelten Datennetz in der Regel nach übertragenen Datenmengen abgerechnet wird und die Aufschläge für internationale Verbindungen eher gering sind. Darüber hinaus gilt für den Markt für Informationen offensichtlich die gleiche Regel wie für den industriellen Markt, daß nämlich für Qualitätsprodukte beziehungsweise hochwertige Dienstleistungen jederzeit angemessene Preise zu erzielen sind.

Als Datenbasisproduzenten und Datenbankanbieter treten weltweit die verschiedensten Organisationen auf, so zum Beispiel Forschungsinstitute, staatliche Behörden, internationale Organisationen, privatrechtliche und privatwirtschaftliche Organisationen.[32] In der Bundesrepublik jedoch haben staatliche Aktivitäten, die eine Förderung der Entwicklung des Fachinformationswesens und besonders der Online-Datenbanken zum Ziel hatten, eine vergleichsweise eintönige Landschaft entstehen lassen.

Aufgrund einer Untersuchung des Bundesrechnungshofes aus dem Jahr 1962, die von der Annahme ausgeht, die „Bereitstellung von wissenschaftlicher und technischer Information und Dokumentation... (sei) weitgehend eine öffentliche...Aufgabe",[33] initiierte die Bundesregierung ein Programm zur Förderung der Information und Dokumentation, das sogenannte IuD-Programm 1974-77.[34] Es enthielt ein Strukturkonzept, das die Gründung von bis zu 20 Fachinformationssystemen (FIS) mit Fachinformationszentren (FIZ) vorsah. Zur Überführung der bis dahin eher vereinzelten Informations- und Dokumentationsaktivitäten in die Organe des staatlich finanzierten Strukturkonzepts wurde als zentrale Koordinationsinstanz von Bund und Ländern die Gesellschaft für Information und Dokumentation (GID) mit

Sitz in Frankfurt am Main gegründet. Mit massiver finanzieller Förderung von jährlich dreistelligen Millionenbeträgen erreichte die Bundesregierung, daß mittlerweile nahezu alle Informations- und Dokumentationsaktivitäten, also insbesondere auch die Datenbasisproduktion und das Anbieten von Datenbanken, unter der Federführung von 12 staatlich getragenen Fachinformationszentren beziehungsweise zentralen Informationseinrichtungen stattfinden.[35] Trotzdem ist die Stellung der bundesdeutschen Online-Fachinformation auf dem Weltmarkt eher schwach. Teilweise werden sogar in Deutschland produzierte Datenbanken ausschließlich durch ausländische Hosts online zur Verfügung gestellt.[36]

Das massive staatliche Engagement auf dem Online-Informationsmarkt erschwerte den Einstieg kommerzieller Datenbankanbieter in diesen Markt ganz erheblich. Da zudem das Bundesministerium für Forschung und Technologie (BMFT) das ausführende Organ der Fachinformationspolitik der Bundesregierung ist, wurde beim Aufbau der Fachinformationszentren der Begriff Fachinformation im Sinne technisch-wissenschaftlicher Information verstanden. So wurde der Aufbau von Wirtschaftsdatenbanken, die weltweit den bei weitem überwiegenden Umsatzanteil dieses Marktes auf sich ziehen, vernachlässigt. Die Subventionspolitik des BMFT behinderte die Bildung eines freien Marktes, der hier zweifellos das Angebot der Nachfrage angepaßt hätte, und die „praktisch fehlende Präsenz des Wirtschafts-Ministeriums bei der Bestimmung der Leitlinien der deutschen Datenbankpolitik"[37] verhinderte deren bedarfsgerechte Ausgestaltung.[38].

Mit dem Fachinformationsprogramm 1985-88 versuchte die Bundesregierung, vergangene Fehlentwicklungen wieder auszugleichen. Bemerkenswert ist hier die „Neuorientierung im Verhältnis Staat-Wirtschaft"[39] bezüglich der Fachinformationspolitik der Bundesregierung. So wird einerseits zwar nach wie vor ein Recht des Staates zur Förderung der Fachinformation aufgrund mehrerer Kompetenzgrundlagen[40] konstatiert, andererseits wird der Charakter von Fachinformationen als international gehandelte Dienstleistungen ausdrücklich anerkannt. So sieht sich die Bundesregierung angesichts der Tatsache, „daß Produktion und Vermarktung von Gütern und Dienstleistungen originäre Aufgaben Privater sind",[41] in die Pflicht genommen, hier den Abbau von möglichen Hemmnissen zu betreiben, „damit Privatinitiative sich wieder besser entfalten kann."[42] Die weiteren Ziele dieses Fachinformationsprogramms sind:

– Schaffen besserer Rahmenbedingungen u.a. durch Deregulierung und Privatisierung
– Stärken des Informations- und Technologietransfers zwischen Wirtschaft und Wissenschaft
– Ausbau des grenzüberschreitenden Datenverkehrs zur Verbesserung der internationalen Stellung
– Stärkung der allgemeinen Akzeptanz der Fachinformation
– Verbesserung der Marktchancen der deutschen Wirtschaft[43]

Daß es der Bundesregierung mit diesem Maßnahmenkatalog ernst ist, zeigt die Tatsache, daß sie die sehr kostenintensive und dabei relativ ineffektive GID zum 31.12.1987 auflöste und in mehrere private Einrichtungen überführte, die seitdem die Funktionen der GID wahrnehmen.[44]

Beinahe hat es den Anschein, als ob auf dem Gebiet der Datenbanken innerhalb eines guten Jahrzehnts eine Entwicklung abläuft, wie sie sich nach gut einem Jahrhundert im Fernmeldewesen abzeichnet.

3.2.2.1.3 Die Gefahr der Abhängigkeit von ausländischen Datenbanken und die Ambivalenz des „Free Flow of Information"

Angesichts des durch die erdrückende Vormachtstellung der USA unausgeglichenen Weltmarkts für Online-Datenbanken und angesichts der insgesamt alles andere als harmonischen weltpolitischen Lage ergeben gerade im Bereich der Online-Datenbanken erhebliche Konflikte verschiedenster Art sowie drastische Abweichungen vom technischen „Idealtypus" dieses weltweiten Systems.[45]

Aus der Vielzahl von Abhängigkeiten, Verletzlichkeiten und Interessenkonflikten, von denen im Anschluß einige beschrieben werden sollen, kristallisieren sich drei grundlegende Tendenzen heraus:

1. Europa befürchtet, in eine immer stärkere Abhängigkeit von amerikanischen Datenbanken zu geraten. Die europäischen Staaten sind auf den Online-Informationsfluß aus USA angewiesen und können es sich nicht leisten, diesen Markt abzuschotten, um eine leistungfähige europäische Infrastruktur aufzubauen. Als die EG sich weigerte, amerikanischen Computerdienstleistungen Zugang zum Euronet, dem inzwischen in den nationalen Datexnetzen aufgegangenen paneuropäischen Datex-P-Vorläufernetz, zu gestatten, machte in den USA bereits das Wort vom „Informationskrieg" die Runde.[46]

Auf diesem sensiblen Bereich mit einem europäischen Kartell Unabhängigkeit oder gar Autarkie anzustreben, wohin man in Frankreich zu tendieren scheint,[47] ergibt bereits deshalb wenig Sinn, weil jedes Datenbankangebot nur dann wirtschaftlich gedeihen kann, wenn als Absatzmarkt der gesamte Weltmarkt in Frage kommt und ebenso Datenbasen aus aller Welt zur Verfügung stehen.[48]

2. Die den Online-Weltmarkt beherrschenden USA befürchten, durch ihr weltweit zugängliches Datenbankangebot der gegnerischen Supermacht UdSSR indirekt Informationen zur Verfügung zu stellen, die dieser beträchtliche Forschungs- und Entwicklungsaufwendungen ersparen, besonders im Bereich der Rüstung.[49] Andererseits weiß man in den USA sehr wohl um die Bedeutung von Datenbanken als immer wichtiger werdendem Exportgut und als vitalem Faktor der nationalen und internationalen Gesamtwirtschaft, also als neuem Produktionsfaktor; ganz zu schweigen von der Bedeutung für Forschung und Wissenschaft. Außerdem bekennt man sich, und dasselbe gilt für Europa, zur Maxime des freien Informationsflusses, des „Free Flow of Information", die in zahlreichen internationalen Verträgen festgeschrieben ist, nicht zuletzt in der Allgemeinen Erklärung der Menschenrechte der UNO von 1948.[50] Die USA sind offensichtlich im Begriff, die unbequeme Erfahrung zu machen, daß es ungleich schmerzlicher ist, die Linie des „free flow" zu verfechten, wenn dessen Funktionalität in einem – zumal an Bedeutung gewinnenden – Teilbereich schwindet und dysfunktionale Elemente hinzukommen, als hier aus einer sicheren Position heraus zu argumentieren, in der sich Moralität und Systemkonformität dieser Forderung decken.[51] Von der Reagan-Administra-

tion Geheimschutzregeln, die schärfer sind als die der Carter-Administration, zeugen davon, daß dieses Dilemma beginnt, Wirkung zu zeigen.[52]

3. Die Staaten der Dritten Welt haben dem Datenbankangebot der USA und Europas praktisch nichts entgegenzusetzen. Sie befinden sich in einem Zustand nahezu völliger Abhängigkeit. Gleichzeitig laufen sie Gefahr, im Falle einer restriktiveren Informationspolitik der USA eher noch als Europa vom Informationsfluß aus den leistungsfähigen amerikanischen Datenbanken abgeschnitten zu werden. Beim Treffen internationaler Vereinbarungen im Rahmen der Entkolonialisierung dieser Länder − so zum Beispiel zu einem neuen Weltwirtschafts- und Weltwährungssystem oder zur Verteilung von Meeresbodenschätzen − sind jedoch gerade Informationen aus den spezifischen Datenbanken eine Grundvoraussetzung für eine einigermaßen gleichberechtigte Verhandlungsposition. Folglich verlangen diese Länder Unterstützung von den Industrienationen beim Zugang zu deren Datenbanken. Gerade die europäischen Länder müssen, wenn sie bestimmten Ländern der Dritten Welt oder Ostblockstaaten Zugang zu ihren Datenbanken gewähren, damit rechnen, über kurz oder lang selbst vom Datenstrom aus den USA abgeschnitten zu werden; denn dieser macht einen guten Teil auch des europäischen Datenbankangebots aus. Im Fall amerikanischer Restriktionen würde man sich sehr wahrscheinlich bemühen, in dieser Hinsicht kein Risiko einzugehen. Die Folge wäre, daß Europa mitziehen müßte, um den eigenen Status zu erhalten.[53]

Vor dieser komplexen und von sehr verschiedenen Interessenlagen gekennzeichneten Situation auf dem Gebiet des internatonalen Datenbanksystems werden die denkbaren Verletzlichkeiten einer computerisierten Gesellschaft unangenehm anschaulich. Einige dieser Verletzlichkeiten sollen hier kurz dargestellt werden:[54]

Computerkriminalität in verschiedenen Erscheinungsformen, Spionage, Sabotage sowie das Ausspähen von Daten können nur schwer verhindert werden.[55]

136

Datenverlust in einem großen Ausmaß, sei es durch Naturkatastrophen, durch Sabotage, durch wirtschaftlichen Bankrott eines großen Hosts oder durch das Abgeschnittenwerden von ausländischen Informationsströmen, kann einer Gesellschaft, deren Wirtschaft auf den Online-Informationsfluß angewiesen ist, eine vitale Funktionsgrundlage entziehen.

Eine übertriebene Subventionspolitik kann zu Marktmonopolen mit all ihren Nachteilen führen — einschließlich der Gefahr, daß ganze Datenbank-Angebotszweige bei Einstellung der Subventionen durch Bankrott von Hosts wegfallen.

Die Überwachung der Recherchetätigkeit von Datenbankbenutzern ist technisch leicht realisierbar und erlaubt das Erstellen von Nutzerprofilen, aus denen wiederum auf Forschungs- und Entwicklungsvorhaben von Firmen oder auch staatlichen Organisationen rückgeschlossen werden kann.

Datenbanken können per Software jederzeit derart konfiguriert werden, daß Teile ihres Inhalts von bestimmten Benutzern nicht abrufbar sind. Eine solche Nutzerklassifizierung erfolgt über eine Zuweisung der Passwörter und kann für den Nutzer kenntlich gemacht werden, muß es aber nicht.

Nationale Gesetze zum Schutz personenbezogener oder sonstiger geheimer Daten können jederzeit unterlaufen werden, indem die entsprechenden Datenbanken in andere Staaten mit liberaleren Datenschutzgesetzen verlagert werden.

Die Verlagerung von Datenbanken ins Ausland oder auch nur die intensive Nutzung ausländischer Datenbanken bedeutet faktisch eine Auslagerung von Dienstleistungen und Arbeitsplätzen ins Ausland.

Einer weltweiten Angebotsmonopolisierung auf dem Online-Informationsmarkt kann nicht mit adäquaten Mitteln begegnet werden, da die Charakteristika dieses Marktes ihn gleichsam zu einem internationalen Binnenmarkt machen, zu dessen Regelung es international abgestimmter Maßnahmen bedürfte.

Es sind sehr gut Interessenkonstellationen vorstellbar, die zu einer Situation führen, in der Länder, die keinen Zugang zu bestimmten Daten haben, die Übertragung solcher Daten über ihr Territorium verhindern.

Eine Angebotsmonopolisierung kann für viele Länder bedeuten, daß Informationen, die als Grundlage für national relevante Entscheidungen gebraucht werden, nur im Ausland verfügbar sind. Dies bedeutet in letzter Konsequenz einen erheblichen Verlust nationaler Souveränität.[56]

Angesichts dieser vielschichtigen Dysfunktionalität des internationalen Online-Datenbanknetzes für das Prinzip der nationalstaatlichen Souveränität – oder sollte man es umgekehrt formulieren? – drängt sich der Verdacht auf, daß hier eine Entwicklung in Gang kommt, deren weltpolitische Konsequenzen bisher kaum absehbar sind. Eine Weltordnung nach Nationalstaaten könnte sich dabei als Anachronismus erweisen.[57]

3.2.2.2 Neue Kommunikationsformen im Bildschirmtextdienst der Deutschen Bundespost TELEKOM

Der Bildschirmtextdienst (Btx) der Deutschen Bundespost TELEKOM unterscheidet sich im Prinzip nicht vom System der Online-Datenbanken. Auch hier ist von kleinen intelligenten Terminals aus der Zugriff auf ein System von vernetzten Großrechnern möglich.[58] Ein Unterschied besteht darin, daß beim Btx der Zugriff vom Endgerät aus in jedem Fall über ein Modem und die analoge Telefonleitung erfolgt, während ein Terminal zur Datenbankabfrage auch direkt an das digitale Datenübertragungsnetz IDN angeschlossen werden kann.

In dem Maße, in dem das Telefonnetz in das Digitalnetz ISDN umgewandelt wird, wird dieser Unterschied hinfällig. Vom ISDN aus wird es direkte Verbindungen zum Datex-P-Netz geben. Solche Direktverbindungen zwischen verschiedenen Netzen nennt man auch Gateways. Darüber hinaus soll langfristig ohnehin das Integrierte Text- und Datennetz IDN, von dem die Datex-Netze Teilnetze darstellen, gänzlich im ISDN und später im IBFN aufgehen.[59]

Mit dieser Entwicklung ist eine zunehmende Verschmelzung von Btx und Datenbankdiensten praktisch vorprogrammiert. Bereits heute gibt es im Btx Programme, die Datenbankdiensten sehr ähnlich sind.[60]

Ein weiterer Unterschied zwischen Btx und Datenbanken ist, daß der Datenaustausch bei Datenbanken in der Regel im amerikanischen ASCII-Code[61] stattfindet. Dieser erlaubt lediglich die Übertragung alphanumerischer Zeichen, also Buchstaben, Zahlen und Sonderzeichen durch festgelegte Bitfolgen. Die Datenübertragung im Btx-System hingegen orientiert sich an den Normen der europäischen Post- und Fernmeldeverwaltung CEPT[62] und beinhaltet vielfältige Möglichkeiten zum (allerdings vergleichsweise langsamen) Aufbau von bunten und mit Hilfe von Software-Tricks auch eingeschränkt animierten (bewegten) Grafiken.[63] Für die Personalcomputer und auch für die Homecomputer, die in jüngster Zeit verstärkt als Btx-Endgeräte eingesetzt werden, ist es jedoch ein leichtes, beide Standards zu verarbeiten.[64] Zudem bieten diese Geräte die Möglichkeit, empfangene Daten auf externen Massenspeichern wie zum Beispiel Disketten abzuspeichern und sie über angeschlossene Drucker auszudrucken.

Datenbanken und Btx unterscheiden sich ferner dadurch, daß Datenbankanbieter ihr Angebot in den meisten Fällen in eigenen Rechnern speichern und über öffentliche Netze vertreiben.[65] Beim Bildschirmtext hingegen wird der größte Teil des Angebotes in den Btx-Rechnern der Bundespost bereitgehalten. Die Anbieter von sogenannten Btx-Programmen mieten also Rechnerkapazitäten der Bundespost an, in denen die jeweiligen Programme für die Btx-Teilnehmer zur Verfügung gestellt werden. Ein kleines bundesweites oder auch regionales Btx-Programm läßt sich mit recht geringem finanziellen Aufwand realisieren, so daß auch kleine Firmen, Behörden oder auch Privatpersonen die Möglichkeit haben, Programmanbieter im Btx-System zu werden.[66]

Große Anbieter wie beispielsweise Industriefiremen, Versandhäuser oder Banken haben die Möglichkeit, über Datex-P eigene Rechner an das Btx-System als sogenannte externe Rechner anzubinden.[67] Btx-

Teilnehmer können mit entsprechenden tastatureingaben eine Durchschaltung in den externen Btx-Rechner des Anbieters bewirken, um dort beispielsweise ein Konto zu verwalten oder direkt Bestellungen zu tätigen.

3.2.2.2.1 Btx-Mitteilungsseiten und Btx-Antwortseiten

Wie bereits beschrieben, können Btx-Teilnehmer über ihr jeweiliges persönliches elektronisches Postfach im Btx-Rechner der Post untereinander Mitteilungen austauschen.[68] Hierzu bietet die Bundespost im System mehrere Mitteilungsseiten[69] an, eine zur freien Texteingabe und verschiedene mit Grafiken und vorgefertigten Textpassagen für spezielle Mitteilungen (Grüße, Verabredungen). Auf einer solchen Seite wird die Teilnehmernummer des gewünschten Kommunikationspartners eingegeben, daraufhin erscheint dessen Name. Dann kann der zur Verfügung stehende Raum beschrieben werden. Anschließend kann die Seite gegen eine Gebühr von 0,40 DM abgeschickt werden.[70]

Private Anbieterprogramme im Bildschirmtext bestehen oft zu einem großen Teil aus derartigen Mitteilungsseiten, die mit einer originellen Grafik versehen sind.[71] Diese können von jedem Teilnehmer alternativ zu den Mitteilungsseiten der Post als sogenannte Grußseiten ausgefüllt und abgeschickt werden. Außer der Übertragungsgebühr von 0,40 DM an die Post wird in diesem Fall zusätzlich eine Gebühr für den Anbieter fällig, die sich meist zwischen 0,20 und 0,40 DM bewegt.[72]

Die Btx-Mitteilungsseiten und -Grußseiten sind mehr oder weniger elektronische Pendants zu Post- und Ansichtskarten, also zur brieflichen Individualkommunikation. Btx bietet jedoch darüber hinaus elektronische Kommunikationsformen völlig neuer Qualität; so zum Beispiel die Kommunikation über Btx-Antwortseiten. Hierbei mietet der Teilnehmer eine Seite im Btx-Programm eines Anbieters, die nach seinen Vorstellungen gestaltet wird. So sind auf diesen Seiten oft nur der Vorname oder ein Spitzname, auch Pseudo (für Pseudonym), sowie eine meist witzige Grafik vorhanden, mit dem Hinweis, daß es sich hier um die Antwortseite des Pseudo-Inhabers handelt.

Jeder Teilnehmer kann nun diese Seite beschreiben und für eine Gebühr von 0,30 DM abschicken. Sie verbleibt nur für den Adressaten abrufbar im Programm des Anbieters, kann aber gleichzeitig von anderen oder demselben Teilnehmer immer wieder neu beschrieben und abgeschickt werden. In den Anbieterprogrammen, die derartige Antwortseiten enthalten, befinden sich meist auch allgemein zugängliche Listen, Verzeichnisse oder besondere Seiten, in denen einzelne Inhaber von Antwortseiten den Leser dazu anhalten, ihnen etwas auf die Antwortseite zu schreiben; meist verbunden mit einer kurzen Selbstbeschreibung oder Aufzählung von Interessengebieten.[73] Es bietet sich hier also eine persönliche Kommunikationsmöglichkeit, die so unkompliziert nur über dieses neue elektronische Medium realisiert werden kann. Es wird möglich, unverbindlich und anonym, bundesweit zum Nahtarif, mit Gleichgesinnten zu kommunizieren; oder auch mit Andersgesinnten, mit denen ein echtes persönliches Gespräch aufgrund von Vorurteilen oder Äußerlichkeiten vielleicht niemals zustande käme.

3.2.2.2.2 Btx-Diskussionsrunden

Die Funktionsweise von Btx-Diskussionsrunden

Über die neuartigen Kommunikationsmöglichkeiten mittels Antwortseiten hinaus sind in den Btx-Programmen einiger Anbieter quasiöffentliche Diskussionen möglich.[74] Auf einer speziellen Seite des Programms kann von jedem Btx-Teilnehmer ein beliebiger Diskussionsgegenstand, beispielsweise in Form einer Frage, These, Meinungsäußerung oder eines sonstigen Statements, eingetragen und kostenpflichtig abgeschickt werden. Die Kosten belaufen sich in der Regel auf 0,40 DM Postgebühren und 0,60 DM Anbietergebühren. Ein solches Statement kann unterschrieben werden, muß es aber nicht. In den meisten Fällen wird mit einem Pseudonym unterschrieben; wenn es die Umstände erfordern oder sinnvoll erscheinen lassen, auch mit vollem Namen oder der Btx-Teilnehmernummer.

Der Btx-Programmanbieter stellt nun auf einer Seite seines Programms eine Tabelle mit Kurzbezeichnungen der Themen zusammen.

Diese Seite stellt ein Auswahlmenü dar, von dem aus durch die Eingabe einer jedem Thema zugeordneten zweistelligen Zahl jeweils die Btx-Seite mit dem Thema im vollen Wortlaut aufgerufen werden kann. Unter Angabe der Themen-Kurzbezeichnung kann jeder Btx-Teilnehmer zu jedem Thema Stellung nehmen, indem er die Btx-Seite zur Themeneingabe entsprechend benutzt. Die Stellungnahmen werden über weitere, der Themenübersicht nachgeordnete themenspezifische Menüseiten für alle Teilnehmer abrufbar bereitgehalten.

Jeder Teilnehmer am Btx-Dienst kann sich in diesen Programmen also jederzeit einen Überblick über die zur Diskussion stehenden Themen machen und zu jedem Thema die chronologisch geordneten Diskussionsbeiträge abrufen. Er kann sich also im Wortsinn jederzeit über den aktuellen Diskussionsstand informieren. Das Abrufen all dieser Seiten ist kostenlos.

Weiter kann jeder Teilnehmer jederzeit in die Diskussion zu einem oder auch allen Themen einsteigen beziehungsweise ein eigenes, neues Thema zur allgemeinen Diskussion stellen, indem er jeweils die entsprechende gebührenpflichtige (insgesamt meist 1, – DM) Programmseite ausfüllt und abschickt.

Btx-Diskussionsrunden als Kommunikationsform neuer Qualität

Mehr noch als durch die Btx-Antwortseiten entsteht in Form solcher Btx-Diskussionsrunden ein neues elektronisches Medium, das den Austausch auch konträrer Meinungen ohne Vorbehalte erlaubt. Das geschieht auf Wunsch anonym und in jedem Fall ohne Sanktionsdrohung oder soziale Kontrolle durch direkte Öffentlichkeit. Sollte ein solches Medium in Zukunft auf breiter Basis genutzt werden, so ist eine Neustrukturierung des demokratischen Willensbildungsprozesses im Sinne einer Vermeidung von Phänomenen wie dem der „Schweigespirale"[75] gut vorstellbar.

In der Tat findet man bereits heute sehr häufig im weiteren Sinn politische Themen in diesen Diskussionsrunden. Es werden dort naturgemäß auch solche Meinungen vertreten, die in noch so liberalen redaktionellen Beiträgen oder Kommentaren in den Massenmedien aufgrund ihrer Radikalität oder ihrer offensichtlichen faktischen Unrichtigkeit keine Chance auf Veröffentlichung hätten, die jedoch gleichwohl existieren und Grundlage sind für die Wahlentscheidung oder das Weltbild von manchem Bürger.

Daß die Neustrukturierung von politischen Willensbildungsprozessen durch elektronische Medien dieser Art nicht nur Theorie ist, sondern auch konkret funktionieren und für staatliche Organe durchaus unangenehm werden kann, zeigen die Ereignisse vom Dezember 1986 in Paris. Eine sich nicht zuletzt aufgrund einer reibungslosen Kommunikationsinfrastruktur sehr überlegt und diszipliniert verhaltende Studentenbewegung erzwang damals die Rücknahme eines neuen Hochschulgesetzes und den Rücktritt des Universitätsministers. Die staatlichen Exekutivorgane hatten in dieser Situation auf geradezu hilflose Weise gewalttätig agiert und die Unterstützung der Studenten durch die öffentliche Meinung immer weiter verstärkt. Hierzu schrieb das deutsche Zeitgeist-Magazin „TEMPO":

„...Zudem staunte das ganze Land über das perfekte Kommunikationsnetz und die subversive Phantasie der Kids. Hatten es 1968 die Studenten noch als revolutionär empfunden, ihre Flugblätter mit proletarischer Handarbeit zu weihen, machten die Studenten 1986 auf High-Tech. Flugblätter, wenn es denn welche gab, wurden von Computerwritern ausgedruckt, Telefonketten mobilisierten innerhalb weniger Stunden Tausende von Demonstranten, und die privaten Radios Nova und 95,2 brachten alle paar Minuten wichtige Durchsagen der Streikkomitees. Zum didaktischen Renner wurde ein hochtechnisches Geschenk der französichen Post: Minitel, ein Kleincomputer, der in Paris fast in jedem neumodischen Haushalt neben dem Telefon steht. Das System ist mit dem deutschen BTX-Service vergleichbar, nur einfacher, schneller und fast gratis. Was zunächst als florierender Marktplatz für Telefonsex und Kontakte funktionierte, wurde über Nacht zur Agit-Prop-Schule der Bewegung. Knapp und verständlich programmierten die Streik-Komitees die Computer immer wieder mit den Argumenten der Bewegung."[76]

Nach Artikel 11(1) des Staatsvertrages der deutschen Bundesländer über Bildschirmtext sind übrigens Meinungsumfragen mittels Btx zu politischen und wahlpolitischen Themen unzulässig. Man hat also offensichtlich auch in der Bundesrepublik den potentiellen politischen Sprengstoff, der in diesem Medium steckt, erkannt. Nicht vorausgeahnt hat man jedoch anscheinend, daß Btx-Diskussionen in der beschriebenen Weise ebenso auf die politische Willensbildung wirken könnten wie eine Repräsentativumfrage, falls der Btx-Dienst und darin derartige Programmangebote auf einer breiten Basis genutzt werden. Da diese Programmangebote keineswegs eine zentral gesteuerte und ausgewertete Umfrage darstellen, sondern vielmehr eine Sammlung freier individueller Meinungsäußerungen zu ebenso frei und individuell gewählten Themen, dürfte hier das Umfrageverbot des Artikels 11(1) des Btx-Staatsvertrages nicht greifen.

Natürlich ergeben sich bei dieser Art der Kommunikation auch einige zum Teil erhebliche Probleme und Verletzlichkeiten. So kann zum Beispiel jeder Teilnehmer des Btx-Dienstes aus welchen Gründen auch immer unter beliebig wechselnden Pseudos ganze Diskussionsrunden fingieren und so eventuell eine Manipulation von Lesern und Diskussionspartnern erreichen. Auch steht es dem Anbieter des Btx-Programms frei, bestimmte Diskussionsbeiträge aus dem Programm herauszunehmen beziehungsweise bestimmte Themenstellungen erst gar nicht zuzulassen. Ferner hat er in noch weit größerem Maße als die Teilnehmer die Möglichkeit zur beliebigen Zensur und Manipulation der Inhalte. Hier kann man jedoch davon ausgehen, daß konkurrierende Btx-Programme mit ähnlichem Angebot eine Zensur durch den Anbieter weitgehend verhindern, einmal, weil sie eine wirtschaftliche Konkurrenz darstellen, und zum anderen, weil sie ein Forum für die Aufdeckung und Publizierung solcher Zensurversuche bilden.

Eine Zensur durch den Programmanbieter ist dann nicht zu verhindern, wenn dieser befürchten muß, juristisch belangt zu werden, weil die Diskussionsbeiträge in seinem Programm gegen geltende Gesetze verstoßen.

So verschwand im Frühsommer 1987 bei einem Anbieter das Diskussionsthema „Legalisierung von Sex mit Kindern", angeregt durch entsprechende Überlegungen bei der Partei „Die Grünen", sehr schnell aus dem Programm, obwohl es dazu eine rege, kontroverse und sehr interessante Diskussion gab, die aus der Sicht der Diskussionsteilnehmer längst nicht beendet war.

3.2.2.2.3 Btx-Dialogsysteme

Die Funktionsweise von Btx-Dialogsystemen

Die zweifellos faszinierendste Art der Individual- beziehungsweise Gruppenkommunikation via Btx ist die Kommunikation über die Dialogsysteme im Btx. Hier können in annähernder Echtzeit direkte Dialoge mit anderen Btx-Teilnehmern geführt werden.

Dies ist durch externe Rechner des Btx-Rechnerverbundes möglich.[77] Die Realisierung dieser externen Rechnerverbindungen über Datex-P erlaubt die gleichzeitige Herstellung einer Vielzahl sogenannter virtueller Verbindungen von Btx-Anschlüssen zu einem externen Btx-Rechner.[78] Für den Btx-Teilnehmer gestaltet sich der Einstieg in ein Dialogsystem wie folgt. Er ruft das im Postrechner gespeicherte ganz normale Anbieterprogramm des Dialogsystems auf. Das Aufrufen von Programmseiten geschieht durch die Eingabe eines Sterns „*" als Initiator, der Seitennummer und einer Raute „ # " als Terminator; seit dem 1.7.1987 ist aufgrund einer erweiterten Software im Btx auch die alphanumerische Eingabe des Namens (*Name #) des Programmanbieters zum Aufrufen des Programms möglich.

In diesem Anbieterprogramm ruft der Nutzer die sogenannte Übergabeseite zum externen Rechner auf. Diese Seite muß er noch einmal ausdrücklich bestätigen. Dies geschieht mit derselben Eingabe, mit der auch kosten pflichtige Seiten bestätigt werden, mit der „19". Diese beiden Ziffern liegen auf jeder Tastatur weit auseinander beziehungsweise auf numerischen Zehnerblocktastaturen schräg gegenüber, so daß eine versehentliche derartige Eingabe praktisch ausgeschlossen ist.

Nun wird die Verbindung zum externen Rechner des Anbieters aufgebaut. Bei den Dialogsystemen im Btx folgt nun die „Eintritts-Seite", d.h. eine kostenpflichtige Seite, deren Bestätigung erst den Zugriff auf die Dialogmöglichkeiten erlaubt. Der so ausgegebene Betrag kommt nicht der Post, sondern dem Programmanbieter und Betreiber des externen Rechners zu. Das gilt für alle Ausgaben, die im externen Rechner durch das Abschicken kostenpflichtiger Seiten entstehen. Der Programmanbieter muß jedoch auch sämtliche im Lauf der Verbindung anfallenden zeit- und volumenabhängigen Datex-P-Gebühren übernehmen.[79]

Falls ein Teilnehmer in einem Dialogsystem über längere Zeit keine kostenpflichtigen Seiten abruft, wird bei den meisten dieser Systeme eine Seite eingespielt, die dem Nutzer nahelegt, sie kostenpflichtig (meist 0,30 DM) abzuschicken oder andernfalls zwangsweise den externen Rechner zu verlassen und in das normale Btx-System zurückzukehren. Der Preis der Eintritts-Seite ist von System zu System verschieden, er beträgt zwischen 0,30 und 2,99 DM.

Die einzelnen Systeme unterscheiden sich generell erheblich im Aufbau ihrer Software und auch hinsichtlich ihrer Hardware. Es gibt derzeit mindestens 10 solcher Systeme im Btx-Dienst. Sie tragen Namen wie kuk (konkret und unkonkret), Schnack, Eden, Metis, Live und Sexy Tel. Exemplarisch soll hier das Dialogsystem „Eden" näher beschrieben werden, das als das am meisten frequentierte dieser Systeme gilt.

Die Eintritts-Seite im Eden kostet 0,40 DM. Bevor sie durch die Eingabe der Ziffernfolge „19" abgeschickt wird, muß ein 14stelliges Eingabefeld mit dem Namen des Nutzers ausgefüllt werden. Der Name kann frei gewählt werden, bedeutet also lediglich eine Definition dessen, wie man im Dialog angeredet werden will und wie man auf die Dialogpartner wirken will. Die Eingabe richtiger Namen ist hier unüblich, es werden in der Regel Pseudonyme (Pseudos), Vornamen, Berufsbezeichnungen oder Hinweise auf die Art des gewünschten Dialoges eingegeben.

Eden wird als Deutschlands erste „Btx-Stadt"[80] beworben. Das gesamte System ist darauf ausgerichtet, dem Nutzer im Rahmen der technischen Möglichkeiten, wie zum Beispiel der Grafik, den Eindruck zu vermitteln, er befinde sich in einer imaginären Stadt mit Zeitungen, einer Bar, einer Post, einem Pub usw.[81] So kann man auch für das Absenden einer kostenpflichtigen Seite (2,99 DM) für einen Monat „Einwohner" von Eden werden. Dadurch wird das persönliche Pseudo geschützt, d.h. keine andere Person erhält unter Verwendung dieses Pseudos Zugang zu Eden. Außerdem sind eingetragene Eden-Einwohner durch die „Eden-Post" erreichbar, das heißt jeder Btx-Teilnehmer kann, nachdem er über die kostenpflichtige Eintritts-Seite in den Eden- Rechner gelangt ist, jedem Eden-Einwohner gegen eine zusätzliche Gebühr von 0,30 DM in diesem Rechner eine Mitteilung hinterlassen. Der Adressat kann die Mitteilung abrufen, sobald er selbst das nächste mal das System benutzt. Es handelt sich hier also faktisch um Antwortseiten in einem externen Btx-Rechner.

Eden-Einwohner müssen auf der Eintritts-Seite außer ihrem Pseudo noch ein persönliches Kennwort eingeben, das sie für das System als den rechtmäßigen Besitzer eben dieses Pseudos erkennbar macht. Natürlich können auch Eden-Einwohner beliebige ungeschützte Pseudos verwenden, wenn sie beispielsweise im System von den Dialogpartnern nicht „erkannt" werden wollen. Sie benutzen das System dann eben nicht als Einwohner, sondern als Gelegenheitsnutzer.

Hat man die Eintritts-Seite abgeschickt, wird eine kostenfreie Seite eingespielt, auf der man seine „Visitenkarte" (Abkürzung: vk) ausfüllen kann. Diese Visitenkarte umfaßt 4 Textzeilen à 30 Anschläge und ist, solange man sich im System befindet, für jeden Nutzer kostenpflichtig (0,15 DM) abrufbar. Hier werden üblicherweise Selbstbeschreibungen und Dialoginteressen eingetragen. Die vk kann auch leergelassen werden, allerdings wird dies als unfair demjenigen gegenüber angesehen, der dann 0,15 DM ausgibt, nur um sich eine leere vk anzuschauen. Unausgefüllte vks sind dehalb eher die Ausnahme. Durch das Lesen einer vk kann sich jeder Nutzer Informationen einholen, die ihm bei der Entscheidung weiterhelfen, ob die Aufnahme eines Dialoges mit einem anderen Nutzer, dessen Pseudo interessant erscheint, wirklich sinnvoll ist.

Nach dem Absenden der vk-Seite wird die Seite mit dem Übersichtsmenü eingespielt, in der „Btx-Stadt Eden" genannt „Stadtplan". Von hier aus kann man durch die Eingabe zweistelliger Ziffernfolgen die

einzelnen Menüpunkte abrufen, wie zum Beispiel „Einwohnermelde-
amt" (= Anmeldeseite), Morgen- und Abendzeitung (von Nutzern ein-
gegebene verschiedene Anzeigen und Kontaktanzeigen) oder Post
(Abrufen oder Absenden von Eden-Post-Mitteilungen). Die wichtigsten Punkte sind zweifellos die Dialogfunktionen und die Partyfunktion.

Die Anwahl der drei in Eden angebotenen Dialogfunktionen sugge-
riert, ein jeweils anderes Etablissement der Btx-Stadt Eden aufzusu-
chen. Dies sind der Pub, das Café und die Bar d'amour. Mit der Anwahl eines beliebigen dieser drei Menüpunkte wird man in die Dialogfunktion des Systems weitergeschaltet und kann dort Kontakt mit jedem momentanen Nutzer des Systems aufnehmen, egal in welchem
Etablissement dieser sich gerade aufhält. Auf dieser Dialogseite befindet sich eine Liste mit den Pseudos aller momentanen Nutzer. Jedes
Pseudo ist mit einem Symbol für das Etablissement gekennzeichnet, in
dem sich der jeweilige Nutzer gerade befindet; ein Bierglas, eine Kaf-
feetasse, ein prickelndes Sektglas oder ein stilisiertes tanzendes Paar
für die Partyfunktion. Meist befinden sich mehr Nutzer im System, als
auf eine Btx-Seite passen. In Stoßzeiten sind oft 100 und mehr Teilnehmer in Eden. In der Dialogfunktion stehen dann 5 Seiten zur Verfügung, auf denen jeweils 20 Nutzerpseudos aufgelistet sind. Diese Seiten kann jeder Nutzer individuell durchblättern, durch die Eingabe
von „#" nach vorne und mit „*#" zurück. Außer mit dem Aufent-
haltssymbol ist jedes Pseudo auf jeder Seite noch mit einer durchlaufenden Nummer von 10 bis 29 gekennzeichnet.

Angenommen ein Nutzer befindet sich in der Dialogfunktion und entdeckt in der Teilnehmerliste ein Pseudo, das sein Interesse weckt, so
hat er die Möglichkeit, durch die Eingabe der entsprechenden Nummer
die Visitenkarte des betreffenden Teilnehmers aufzurufen. In einer
auffälligen schwarzen Textzeile am unteren Bildrand erscheint dann
die im gesamten Btx übliche Bitte um Bestätigung „Absenden für DM
0,15? Ja:19 Nein:2". Durch die Eingabe der „19" wird die Seite kostenpflichtig abgeschickt, und 0,15 DM Anbietergebühren werden fällig.
Diese werden von der Bundespost Telekom mit der nächsten Telefonrechnung erhoben und an den Anbieter weitergegeben.

Nach dem kostenpflichtigen Abschicken dieser Seite wird die gewünschte Visitenkarte in ein Fenster unten auf der Dialogseite eingespielt. Entschließt sich der Nutzer nun, in den direkten Dialog mit dem vk-Inhaber zu treten, so gibt er die Ziffernfolge „66" (für „Schreiben") ein. Wie für alle Eingaben befinden sich auch für diese entsprechende Erklärungen und zum Teil grafikunterstützte Hinweise auf der Dialogseite.

Das Textfenster wird nun geleert, und der Nutzer kann es nach Angabe der laufenden Nummer des Adressaten neu beschreiben. Anschließend schickt er die Seite kostenpflichtig (0,15 DM) ab. Je nach Auslastung des Systems erhält der Adressat die Mitteilung sofort oder innerhalb einiger Sekunden. Der Mitteilungsempfang wird dem Adressaten – egal in welchem Bereich von Eden er sich gerade befindet – durch eine Textzeile am oberen Bildrand gemeldet. Diese Textzeile lautet „Sie haben X neue Mitteilungen". Der Adressat kann nun duch die Eingabe der Ziffernfolge „55" (für „Lesen") die Mitteilung kostenfrei abrufen. Sie wird dann im Textfenster am unteren Bildrand aufgebaut. Er hat nun die Möglichkeit, entweder auf demselben Weg zu antworten oder durch die Eingabe von „99" eine spezielle Antwortfunktion aufzurufen. In diesem Fall wird eine Antwortseite eingespielt, die zwei Textfenster enthält. Im Textfenster auf der oberen Bildhälfte befindet sich die empfangene Botschaft, das Textfenster auf der unteren Bildhälfte ist leer und kann mit der Antwort beschrieben werden. Ist das untere Textfenster beschrieben, so kann diese Seite für 0,15 DM abgeschickt werden. Falls in der Zeit, in der die Antwort geschrieben wurde, neue Mitteilungen eingetroffen sind, oder falls ohnehin mehrere Mitteilungen vorhanden waren, so werden diese dann sofort in das obere Textfenster eingespielt, und im unteren Textfenster kann die neue Antwort eingetragen werden. Auf diese Art und Weise verbleiben viele Nutzer, besonders solche, die mehrere Dialoge parallel führen, permanent auf dieser Antwortseite und schicken fortwährend kostenpflichtige Antworten ab, die für die jeweiligen Adressaten wiederum dasselbe bewirken. Dies führt zu einem hohen „Mitteilungs-Umsatz", der natürlich sehr im Interesse des Systembetreibers liegt. Auf der anderen Seite ist hierdurch auch die Benutzung des Systems recht unproblematisch, und außerdem steht es schließlich jedem Benutzer frei, durch die Eingabe der „2" anstatt der „19" auf Mitteilungen nicht zu antworten.

Die Alternative zum Eden-Dialog in der geschilderten Form ist die Party-Funktion in Eden. Man erreicht diese durch eine entsprechende Auswahl im Hauptmenü. Hier befinden sich eine beliebige Anzahl von Nutzern gleichzeitig in einem gemeinsamen Dialog. Jede Mitteilungseingabe, die natürlich kostenpflichtig ist, erscheint bei jedem sich in der Party- Funktion befindlichen Nutzer auf dem Bildschirm. Jede dieser Botschaften, die sowohl mit dem Pseudo des Absenders als auch mit dem auf die Sekunde genauen Absendezeitpunkt gekennzeichnet sind, füllt wie die Textfenster in der Dialogfunktion mit 4 Zeilen à 30 Zeichen nur circa 20 Prozent des Bildschirms aus. So sind bis zu fünf Botschaften gleichzeitig erkennbar. Sobald eine neue Botschaft hinzukommt, wird sie oben im Bild aufgebaut, und die darunterliegenden Botschaften werden nach unten gerückt, die unterste ist nicht mehr sichtbar. Man bezeichnet dies auch neudeutsch als ein „Weg-Scrollen" nach unten. Jeder Nutzer, der die Party-Funktion „betritt" und sich über den zurückliegenden Teil der Diskussion informieren will, der nicht mehr auf dem Bildschirm sichtbar ist, kann, natürlich kostenpflichtig, die zurückliegende Diskussion abrufen.

In der Praxis wird die Partyfunktion in Eden weitaus weniger genutzt als die Dialogfunktion. Die Gründe hierfür könnten sein, daß die Diskussionen in der Partyfunktion mit vielen Teilnehmern trotz aller Sonderfunktionen schnell unübersichtlich werden. Bei wenigen Teilnehmern laufen sie Gefahr, durch die Wartezeiten zum nächsten Diskussionsbeitrag langwierig zu werden. Ein weiterer Grund könnte sein, daß der einzelne Teilnehmer keinen genauen Überblick darüber hat, welche und wie viele weitere Teilnehmer sich mit ihm zusammen in dieser Funktion befinden und daß hierdurch Hemmungen erzeugt werden.

In anderen Btx-Dialogsystemen gibt es sogenannte Salons, die der Eden-Partyfunktion ähneln, aber dabei wesentlich übersichtlicher sind; so beispielsweise im ersten Btx-Dialogsystem „kuk", das Anfang 1986 seinen Dienst aufnahm.[82] Das Salon-Konzept von „kuk" hatte sehr großen Erfolg, mittlerweile ist jedoch ein Großteil der Nutzer auf die jüngeren Dialogsysteme mit aufwendigerer Benutzerführung und stärkerem Grafikeinsatz umgeschwenkt.

In den Salons können bis zu fünf Teilnehmer gleichzeitig untereinander kommunizieren. Jeder Teilnehmer hat einen vierzeiligen Abschnitt des Bildschirms sozusagen für sich reserviert. Die einzelnen Abschnitte sind jeweils mit dem Pseudo des Nutzers gekennzeichnet. Er kann diesen Abschnitt jederzeit neu beschreiben und kostenpflichtig abschicken. Daraufhin wird der neue Inhalt des Abschnitts auf den Bildschirmen der anderen vier Teilnehmer eingespielt. Im kuk gibt es eine Vielzahl von Salons, die jeweils verschiedene Namen haben, um eine sinnvolle Einteilung nach Nutzern mit gleichen Interessen zu gewährleisten. In diesen Salons sind überschaubare und intensive Diskussionen möglich, so daß es hier zu regelrechten gruppendynamischen Prozessen kommen kann. So hatten in der Blütezeit von kuk Neulinge in diesem Dialogsystem oft das Gefühl, in eine verschworenen Clique von „kukern" eingedrungen zu sein. Die wenig bedienerfreundliche Benutzeroberfläche von kuk, die es Anfängern gerade in den Salons nicht einfach macht, tat ein übriges, um eine Umorientierung zu jüngeren und komfortableren Systemen zu bewirken.

Das Dialogsystem Schnack ist, um einige weitere Systeme jeweils kurz anzusprechen, als das bezüglich des Einführungszeitpunkts zweite System nach kuk benutzerfreundlicher als dieses aber ein wenig teurer. Metis, das vierte System (Eden ist das dritte), stellt eine Ausnahme dar. Es ist ein schweizer System und wurde über einen speziellen Gateway realisiert. Es arbeitet nach dem Prestel-Standard,[83] d.h. mit einer reduzierten grafischen Auflösung, hat aber den Vorteil, daß hier Kontakte mit Schweizern möglich sind. Life ist in seiner Erscheinungsweise nahezu identisch mit Eden, verfügt aber über noch aufwendigere Grafiken und über eine Glücksspiel-Simulation. Life zielt jedoch sehr stark auf jugendliche Zielgruppen, so daß eine mit der von Eden vergleichbare breite Akzeptanz vorerst ausbleibt. Sexy Tel hat seinem Motto angemessene, im Vergleich zu den anderen Systemen um ein Mehrfaches höhere Preise, die eine Etablierung dieses Systems bei einer breiten Akzeptanz mehr als unwahrscheinlich machen, die es vielmehr für eine geradezu professionelle Nutzung prädestinieren.

Die Zahl der Btx-Dialogsysteme steigt ständig weiter, im Lauf des Jahres 1988 erhöhte sie sich bereits auf zehn.

Btx-Dialogsysteme als Kommunikationsform neuer Qualität

Die Charakteristika der zwischenmenschlichen Kommunikation über Btx-Dialogsysteme erlauben eine Kommunikation in einer völlig neuen Qualität. Über kein anderes Medium und unter keinen anderen Umständen[84] sind unmittelbare, gleichwohl anonyme Dialoge in einem gänzlich sanktionsfreien Umfeld möglich. Die Bezeichnung „anonym" für diese Art der Kommunikation trifft jedoch nicht den Punkt. Die Anonymität der Kommunikation kann zum einen jederzeit im gegenseitigen Einvernehmen aufgehoben werden. Die Gesprächspartner können dann beispielsweise auch auf das unmittelbarere Medium Telefon umsteigen, was auch dadurch erleichtert wird, daß viele Btx-Teilnehmer ohnehin über eine zweite Telefonleitung im Rahmen eines preisgünstigen Doppelanschlusses der Bundespost verfügen. Noch bedeutender ist andererseits die Tatsache, daß die Kommunikation in den Btx- Dialogsystemen unter einer Art Hyper-Anonymität stattfindet, das heißt die Kommunizierenden brauchen sich nicht nur nicht zu erkennen zu geben, sie können über die Auswahl des Pseudos und über das Ausfüllen der Visitenkarte beliebige Identitäten annehmen. So wird ein Spielen mit Identitäten, ein Austesten der Wirkung von verschiedenen Arten des Auftretens, Sprachcodes, Meinungen, Persönlichkeiten, sozialen Statuszugehörigkeiten usw. möglich. Das Feedback erfolgt ebenso direkt wie sanktionsfrei in Form von Antwortmitteilungen oder dem Ausbleiben derselben. Läuft ein Dialog nicht nach Wunsch, kann er jederzeit abgebrochen werden, und wenn es zu eklatanten Unannehmlichkeiten oder Peinlichkeiten kommt, so kann durch kurzzeitiges Verlassen des Systems und Rückkehr mit neuem Pseudo und neuer vk jederzeit ein neuer, unbelasteter Dialog begonnen werden — auch mit Nutzern, mit denen es unter dem alten Pseudo zu Unstimmigkeiten oder Konflikten gekommen ist.

Die Dialogsysteme machen aus Btx ein elektronisches Medium mit einem nie dagewesenen Unterhaltungswert. Dabei ist es keineswegs das reale Erscheinungsbild dieses Mediums, das so faszinierend und fesselnd auf die Nutzer dieser Kommunikationsmöglichkeit wirkt. Es ist vielmehr das Bewußtsein, hier mit wirklichen Menschen zu kommunizieren, auf mitmenschliche Bewußtseinsinhalte einwirken zu können und diese auf sich selbst wirken zu lassen. Diese Gewißheit, nicht der sensorische Reiz, der von einer beschriebenen Btx-Seite mit bescheidenen Grafikelementen ausgeht, ist es, was die Nutzer dieses Mediums oft derart bannt, daß beispielsweise ein nebenbei laufender Fernsehapparat nahezu gänzlich ignoriert wird.

Natürlich ist die Kommunikation über Btx-Dialogsysteme nicht nur unterhaltsamer Selbstzweck, sondern kann auch ein effektives und sehr sensibles Instrument zur Herstellung realer Kontakte sein. Dies ist in der Bundesrepublik deshalb nur in eingeschränktem Maße der Fall, weil sich auf die wenigen vorhandenen Systeme die Gesamtheit der bundesdeutschen Nutzer verteil. Es ist somit ein Zufall, wenn Dialogpartner, die sich in einem solchen System kennengelernt haben und sich persönlich treffen wollen, aus derselben Gegend oder gar derselben Stadt kommen.

In Frankreich ist die Situation eine andere. Dort hat das dem bundesdeutschen Btx-Dienst entsprechende Minitel- beziehungsweise Teletel-System 4 Millionen Teilnehmer, bei Btx sind es gerade 150 000. Man hat in Frankreich mit Minitel auf eine Endgerätekonfiguration als kleines Computerterminal gesetzt — im Gegensatz zur Bundesrepublik, wo man die ohnehin in den Haushalten vorhandenen Fernsehgeräte mit teuren Decoder-Nachrüstungen btx-fähig machen wollte.[85] Eingabegerät ist in diesem Fall die TV-Fernbedienung, die nicht einmal zur direkten Eingabe alphanumerischer Zeichen geeignet ist.

Außerdem wählte man bei der Vermarktung dieser Minitel-Geräte einen sehr rigorosen Weg. Unter der massiven Ausnutzung der Größen- und Verbundvorteile der französischen Post als Staatsunternehmen ließ man die Geräte in riesigen Serien fertigen und gibt sie kostenlos an die Kunden ab.[86] Da sie auch zum Auffinden von Telefonnummern

über an das System angeschlossene Datenbankrechner geeignet sind,
liefert man im Gegenzug keine Telefonbücher mehr aus und hofft so,
einen Teil der Kosten wieder hereinzubekommen. Ferner sind die zeitabhängigen Nutzungsgebühren bei Minitel um ein Mehrfaches höher
als bei Btx, und ein persönlich adressierbarer Mitteilungsaustausch
entsprechend den Btx-Mitteilungs- und -Antwortseiten ist aufgrund einer gänzlich anderen Systemstruktur technisch nicht möglich.

Aufgrund der hohen Teilnehmerzahl des französichen Btx-Pendants
existiert dort ein dichtes Netz von Dialogsystemen, genannt rosa Messagerien,[87] die intensiv genutzt werden. Diese Messagerien enthalten
Salons, die in ihrem Aufbau denen von „kuk" entsprechen. Besonders
in französischen Großstädten dienen diese Salons als Ausgangspunkt
für spätere, reale Kontakte. Auch in diesem Zusammenhang war in
TEMPO eine interessante Analyse der Situation im Nachbarland zu lesen:

„Es scheint, als ob Minitel eine klaffende Kommunikationslücke in
den wuchernden Millionenstädten ausfüllt. In jedem Haushalt gibt es
einen Fernseher, der die Informationen ins Haus holt, und ein Telefon
zum Reden und Verabreden. Doch das Gerät für die lebensnotwendige
Tätigkeit Kennenlernen fehlte bisher. Der Metropolenmensch ist zwar
ständig mit Menschenmassen konfrontiert, aber wo kommt man sich
näher, ohne daß es peinlich wird? Im Bus? In der Uni-Mensa? Im
Café? In der Sauna? Wer Initiative ergreift, gilt sofort als aufdringlich
oder bedürftig. Gegen diesen Ruch der Peinlichkeit wirkt Minitel
Wunder. Es ist geradezu ein menschliches Medium, weil es Diskretion
und Anonymität gewährleistet, es ist phantasievoll, denn es ermöglicht
problemlos die plumpe Schweinigelei genauso wie den vornehmen
Flirt."[88] Als Beispiel wird über die Einstellung einer 24jährigen Volksschullehrerin aus einer Pariser Vorstadt berichtet: „...wenn sie abends
nach Hause kommt, hat sie zwar Lust, noch etwas zu unternehmen, ist
aber oft zu schlapp: Sich nochmal schön machen, eine Stunde mit der
Metro fahren, um dann in einem Café oder Kino rumzuhängen? Nein-
da lernt man ja doch niemanden kennen! Das ist viel zu anonym! Anonym? Ist nicht ein elektronisches Medium wie Minitel geradezu die
Quintessenz der Anonymität? Claudine versteht nicht. Ich kann damit

jederzeit Leute kennenlernen, gleich nach dem Duschen, im Bademantel und Chips knabbernd. Ohne, daß die gleich sehen, ob ich traurig bin, ob ich gerade Pickel habe oder was sonst noch mit mir los ist. Und wenn ich Lust habe, jemanden leibhaftig zu sehen — dann suche ich mir einen aus."[89]

Aufgrund seines Gebrauchswertes als unterhaltendes und gleichzeitig soziales neues Medium ist der Miniteldienst in Frankreich zu einem intensiv genutzten Dienst geworden. Als regelrechter Massendienst ist er (noch) nicht zu bezeichnen, denn auch wenn es in sehr vielen Haushalten Minitel-Geräte gibt, so werden sie doch in vielen Fällen nur sehr selten genutzt; — eine Folge der spezifischen Marketing-Situation. Die regelmäßige Kundschaft der rosa Messageries jedoch nutzt das Medium so intensiv, daß sich hier ein wirtschaftlich interessanter Markt auftut. Monatliche Aufwendungen von 6000 Franc (2000 DM) pro Anschluß sind keine Seltenheit.[90] Nicht zuletzt die daraus resultierende, naturgemäß recht freizügige öffentliche Werbung der rosa Messageries erregt inzwischen den Unwillen französischer Regierungskreise. Es liegt nahe zu vermuten, daß hier zusätzlich die Furcht mitspielt, ein neues, in gewisser Weise öffentliches Medium weder inhaltlich erfassen geschweige denn in irgendeiner Form kontrollieren zu können. Immerhin hat sich bei den 86er Studentenunruhen gezeigt, daß die Qualitäten und Leistungsfähigkeiten dieses neuen Mediums durchaus auch gegen die Regierung einsetzbar sind.[91]

„Mittlerweile sind die Messagerien der französischen Regierung jedoch zu bunt, das heißt zu rosa geworden, und man sinnt auf ein wirksames Machtwort, der gerufenen Geister wieder Herr zu werden. Ein Verbot verbietet sich im Land der französischen Revolution, es wäre auch administrativ-technisch nicht zu überwachen. Aber, so wird gemunkelt, es könnten die Messagerien vom lukrativen Gebührensockel gestoßen werden."[92] Ein Schritt in diese Richtung ist schon getan. Der Zugang zu neueren Netzbereichen mit höheren Tarifen blieb den Messagerien verwehrt.[93]

Trotz des offensichtlichen emanzipatorischen Potentials von Btx-Dialogsystemen gelten für sie die bezüglich der Btx-Diskussions-

runden genannten Probleme und Verletzlichkeiten entsprechend.[94] So
war im Sommer 1987 des öfteren ein Nutzer mit dem Pseudo „Eden be-
trügt“ im Dialogsystem Eden anzutreffen, der auf seiner vk und im
Dialog angab, ein ehemaliger Mitarbeiter des Betreibers des „Eden“ —
Rechners zu sein und aus erster Hand Kenntnis davon zu haben, daß
Eden-Dialoge ausgedruckt und von Mitarbeitern eingesehen würden.
Falls dies der Wahrheit entspricht, beweist das, daß Indiskretionen
von Programmanbietern und Rechnerbetreibern gerade in diesem Medium zwar schwer kontrollierbar, aber noch schwerer geheimzuhalten
sind. Falls es nicht wahr ist, zeigt es, daß über dieses Medium sehr
leicht Gerüchte und gezielte Falschinformationen bis hin zum Ruf-
mord zu lancieren sind.

Eine weitere wenig angenehme Perspektive bezüglich der Btx-Dialogsysteme erinnert fast schon an einen pessimistischen Science-Fiction-
Roman. Mit steigender Akzeptanz dieses Mediums ist seine konsequente Vermarktung auf allen Ebenen absehbar. So ist es in den französischen rosa Messagerien bereits Usus, daß Mitarbeiter von Rechnerbetreibern unter falschen Identitäten für die einschlägige Unterhaltung der Nutzer sorgen.[95] Was mit etwas gutem Willen noch als „elektronisches Animieren“ bezeichnet werden kann, wird in dem Moment
befremdlich, in dem nicht mehr Mitarbeiter des Systembetreibers, sondern der Rechner selbst, das heißt eine entsprechend erweiterte Software das Animieren von Nutzern übernimmt, während diese glauben,
mit einem menschlichen Partner zu kommunizieren. Derartiges ist keineswegs Science-Fiction, sondern durchaus machbar. Dies zeigen die
Erfahrungen mit dem bereits in den 60er Jahren entwickelten Programm ELIZA des amerikanischen Computerwissenschaftlers Joseph
Weizenbaum, das damals schon verblüffend glaubwürdig einen Fragen stellenden Psychotherapeuten simulierte.[96]

3.2.2.3 Home- und Personalcomputer

3.2.2.3.1 Home- und Personalcomputer als universelle Telematik-Geräte

In mittlerweile beinahe jedem zehnten Privathaushalt der Bundesrepublik gibt es einen Computer.[97] Im Bürobereich ist die Durchdringung mit dieser neuen Technik noch weiter fortgeschritten. Jeder einzelne dieser Computer ist mit entsprechender Software terminalfähig, d.h. er könnte als Endgerät von Telematiknetzen wie Datex-P, ISDN oder – mit einem akustisch oder galvanisch gekoppelten Modem – dem Telefonnetz betrieben werden.[98] Ebenso sind all diese Geräte zumindest theoretisch zusammen mit einem Hardwaredecoder und viele von ihnen mit einem Softwaredecoder Btx-fähig.[99] Neuere Computer der 16-Bit-Klasse[100] können bei entsprechender Hardware-Erweiterung mit entsprechender Software auch als Telefax- oder Teletex-Gerät eingesetzt werden. Darüber hinaus verfügen die meisten Computer über die Fähigkeit, digitalisierte akustische Signale, zum Beispiel Sprache, und digitalisierte optische Signale, zum Beispiel Fotos, zu speichern und zu verarbeiten.[101]

Die Realisierung all dieser Anwendungen lohnt in vielen Fällen allerdings nicht. So wäre der finanzielle Aufwand hierfür zumindest bei den meisten Homecomputern älterer Bauart mit 8-Bit-Prozessoren[102] um ein Mehrfaches höher als der Wert der Geräte. Eine Ausnahme ist hier mit Einschränkung das Modell C 64 von Commodore, der weltweit meistverkaufte Homecomputer, bei dem sich die Großserienfertigung entsprechender Hardware-Erweiterungen für den Btx-Betrieb aufgrund des großen Marktes lohnt.[103]

Neuere Home- und Personalcomputer[104] der 16-Bit-Klasse sind leistungsfähig genug, mit entsprechender Zusatzausrüstung die genannten Telematikdienste als Endgeräte ebensogut bedienen zu können wie jeweils speziell für die einzelnen Dienste gefertigte Endgeräte. Da sie somit als multifunktionale Endgeräte eingesetzt werden können, vorhandene Peripheriegeräte wie externe Massenspeicher und Drucker auch für die jeweiligen Telematikdienste verfügbar machen und zudem durch die Möglichkeit der Datenver- und -bearbeitung Mehrleistungen im Vergleich zu monofunktionalen Endgeräten bieten, ist eine starke Entwicklung zum Computer als multifunktionalem Telematik-Endgerät absehbar. Die Fähigkeiten des Computers in seiner Eigenschaft als Universalmaschine werden einige Hersteller von Telematik-Endgeräten zum Umdenken und Umdisponieren zwingen. Dies ist um so wahrscheinlicher, als ein Ende der Leistungssteigerung dieser Geräte bei stabilen oder gar fallenden Preisen nicht abzusehen ist.

Die Entwicklung großräumiger telematischer Netzwerke zwischen den vorhandenen Computern ist zur Zeit noch nicht weit fortgeschritten. Die Personalcomputer werden in der Hauptsache für professionelle geschäftliche (lokale) Anwendungen genutzt. Beispiele sind Verwaltung, Logistik, Buchhaltung, Textverarbeitung und Bürokommunikation. Hierzu werden häufig lokale Netzwerke (LANs)[105] installiert, d.h. mehrere Computer einer Organisationseinheit werden zusammengeschaltet. Homecomputer werden für kleinere private Anwendungen genutzt,[106] zum Beispiel Textverarbeitung und Korrespondenz, in der Hauptsache jedoch dienen sie als Unterhaltungsmedium. Die Entwicklung im Bereich der entsprechenden Spielesoftware beinhaltet einige hochinteressante Tendenzen, auf die unten noch einzugehen sein wird.

3.2.2.3.2 Bezüglich der Telematik relevante professionelle Anwendersoftware

Im Bereich der professionellen Anwendersoftware, die in zunehmendem Maße auch für Homecomputer verfügbar ist, sind unter anderem zwei Entwicklungstendenzen von besonderer Bedeutung für die zukünftige Kommunikationslandschaft: das Desktop Publishing (DTP) und das Electronic Publishing (EP), auch Computer Aided Publishing (CAP) genannt. DTP bedeutet in letzter Konsequenz, daß mit einem ganz normalen Personalcomputer Spaltensatz, Layout, Umbruch, kurz die gesamte Herstellung einer professionellen Druckvorlage an einem Arbeitsplatz mit minimalem Arbeits- und Kostenaufwand realisierbar ist. Über Geräte zum Einlesen graphischer Vorlagen in den Arbeitsspeicher des Computers, sogenannte Scanner oder Digitizer, ist auch das Einbeziehen und beliebige Bearbeiten zum Beispiel von Fotografien möglich. Auf dem Computerbildschirm kann jede erdenkliche Veränderung vorgenommen werden, den Papierausdruck in Offsetqualität (z.Zt. allerdings meist noch in schwarzweiß) besorgen, der Bildschirmvorlage 100 Prozent entsprechend, höchstauflösende Laserdrucker. „WYSIWYG" – „What You See Is What You Get" ist die treffliche neudeutsche Bezeichnung hierfür.[107]

Nachdem professionelle Grafiken und Druckvorlagen praktisch von jedermann mit Hilfe der Computertechnik erstellbar sind, zeichnet sich auch ein verstärktes Heranziehen von Computertechnik bei der Produktion akustischer Effekte in der Musik, der Werbung, und in der professionellen Nachbearbeitung bei den Massenmedien ab. Ein Beispiel ist das „Sampling" (entspricht dem Einlesen in den Arbeitsspeicher) von akustischen Vorlagen und deren Be- und Verarbeitung in Musikstücken.[108] Die Arbeitsgeschwindigkeiten und Speicherkapazitäten der allerneusten, in naher Zukunft auf den Markt kommenden Generation (mit 32-Bit Verarbeitung und/oder Paralellverarbeitung mit mehreren Prozessoren)[109] wird zweiffellos darüber hinaus in der Lage sein, hochauflösende, bewegte audiovisuelle Vorlagen zu erstellen, zu speichern und zu verarbeiten.

Beim elektronischen Publizieren (EP) wird nach der Erstellung von Schriftstücken mit Hilfe eines Computers auf den Papierausdruck, auch Hardcopy genannt, verzichtet. Der Vertrieb findet statt per „Soft-Copy" über Telematiknetze zum Bildschirm des Informationsabnehmers.[110] Die Telematikdienste, mit denen EP realisiert werden kann, sind in der Hauptsache Bildschirmtext[111], Datenbanken[112] und Mailboxen[113]. Auch diese Entwicklung befindet sich erst in den Anfängen. In den USA werden jedoch immerhin bereits 60 regionale und überregionale Zeitungen im Volltext online angeboten.[114] Ganze zwei europäische Hosts bieten elektronische Publikationen „mit der Bildschirmgestalt von Print-Produkten"[115] an.

EP ist sehr viel weniger aufwendig und damit kostengünstiger als der herkömmliche Weg und ist insofern für jeden, der über einen Computer mit Anschluß an ein Telematiknetz verfügt, relativ leicht machbar.

Außerdem ist EP sehr viel schneller und aktueller als herkömmliches Publizieren.

Über diese quantitativen Aspekte hinaus sind mittels EP qualitativ gänzlich neue Publikationsformen möglich. So können Publikationen von mehreren, räumlich getrennten Autoren direkt erstellt werden und unmittelbares Leser-Feedback kann ebenso unmittelbar einbezogen oder kommentiert werden. Dies würde wiederum auf offene, interaktive Gestaltungsformen ähnlich denjenigen der Btx-Dialogsysteme und -Diskussionsrunden hinauslaufen.

In diesem Zusammenhang ist einmal mehr die abzusehende Weiterentwicklung der Mikroelektronik und der Nachrichtentechnik von ganz besonderer Bedeutung. Bedenkt man, daß die zukünftig allgemein zur Verfügung stehenden Computer zur Erstellung, Be- und Verarbeitung bewegter audiovisueller Vorlagen ebenso imstande sein werden, wie die heutigen Systeme es in bezug auf grafische Vorlagen sind, und bedenkt man ferner, daß die Übertragungsbandbreiten, die von zukünftigen Telematiknetzen wie ISDN und IBFN[116] zur Verfügung gestellt werden, durchaus ausreichen, die dabei anfallenden Datenmengen zu transportieren, so kann mit faszinierenden neuen Telematikdiensten und Kommunikationsformen gerechnet werden.

3.2.2.3.3 Bezüglich der Telematik relevante Unterhaltungssoftware und künftige entsprechende Anwendungsmöglichkeiten

Auch die Entwicklung bei der Unterhaltungs-Software oder Spiele-Software deutet auf die zukünftige Möglichkeit völlig neuartiger Telematikdienste hin. Noch keine 2 Jahrzehnte sind vergangen seit die Firma Atari des jungen amerikanischen Elektronik-Ingenieurs Nolan Bushnell mit „Pong" das erste kommerzielle Computerspiel auf den Markt brachte.[117] Da es damals noch keine Homecomputer gab, erschien Pong in der Gestalt von Spielhallen-Geräten, auch Arcade-Machines genannt, und später als sogenanntes Videospielgerät zum Anschluß an TV-Geräte in Privathaushalten. Pong, heute bereits ein Klassiker, war eine minimalistische Tischtennis-Simulation in dezentem Schwarzweiß. Die Arcade-Spiele der darauffolgenden frühen

Jahre und die Spiele für die ersten Homecomputer Ende der 70er und zu Beginn der 80er Jahre waren in der Hauptsache Sportsimulationen wie Autorennen-, Tennis- oder Fußballspiele sowie Unmengen von Kriegs- und Schießspielen, im Fachjargon „Ballerspiele" genannt. Ein unbestreitbarer Höhepunkt in der Entwicklung dieser Spielekategorie, bei der es auf die schnelle physische Reaktion des Spielers am Steuerknüppel, genannt Joystick, und dem daran befindlichen Feuerknopf ankommt, war das Ende 1981 erschienene Labyrinthspiel „Pac-Man". Die Spielfigur Pac-Man, ein sich durch ein Bildschirm-Labyrinth fressendes, vor Gespenstern flüchtendes Mondgesicht, das vom Spieler via Joystick gesteuert wird, wurde gar zum „Mann des Jahres" der Zeitschrift „Time" erkoren.[118]

So packend und fesselnd diese Spiele auch sein mögen – allein schon durch die Tatsache, daß durch sie der Bildschirm erstmals zu einem unterhaltsamen Aktionsfeld wurde und den Spieler ungleich mehr involvierte und faszinierte als das passive Rezipieren von TV-Programmen – bald wurde klar, daß durch die Fähigkeiten von Computern noch weitergehende Unterhaltungssoftware möglich ist. Es kamen immer komplexere Strategiespiele auf, auch „Adventures" (= engl. für „Abenteuer") genannt. Hier geht es weniger um schnelle Reaktionen als um das Sich-Einfinden in und Zurechtkommen mit komplexen Spielsituationen und Handlungsabläufen.

Die Hauptrichtungen der Adventure-Games sind die Textadventures und die Text/Grafikadventures. Bei Textadventures wird auf dem Bildschirm ein ausführlicher Text eingespielt, der, teilweise in literarisch durchaus ansprechender Form, den Ausgangspunkt der Spielhandlung beschreibt und dem Spieler seine Identität und seine Aufgaben im Spiel zuweist. Ein Beispiel aus dem Textadventure „The WITNESS: an INTERLOGIC Mystery", (c) Infocom 1983:

„Somewhere near Los Angeles. A cold Friday evening in February 1938. In this climate, cold is anywhere below about fifty degrees, Storm clouds are glowing faintly from the city lights in the distance. A search light pans slowly under the clouds, heralding expectant, waiting for the rain to begin, like a cat waiting for the ineffable moment to ambush. The taxi has just dropped you off at the entrance to the Linders driveway. The driver didn't seem to like venturing into this maze of twisty streets any more than you did. ... From here you can see the driveway leading north and, beyond that, the front door. What should you, the detective, do now?

> "

Der Spieler kann nun durch die Eingabe kurzer Sätze in einer Spielhandlung agieren. In diesem Fall wird beispielsweise nach der Eingabe „GO NORTH" ein Text eingespielt, der die Torfahrt und die Garage des Anwesens beschreibt. Der Spieler kann nun zum Beispiel die Garage betreten, erhält eine Beschreibung der sich darin befindlichen Fahrzeuge und kann etwa einen Zündschlüssel an sich nehmen (TAKE KEY), der in einem Fahrzeug steckt. Dies könnte später die Flucht eines Verbrechers verhindern. Auf den Befehl „INVENTORY" wird eine Liste der Gegenstände eingespielt, die der Spieler beziehungsweise sein Alter ego mit sich führen. Durch das Nehmen, Benutzen und Manipulieren von Gegenständen sowie durch die Kommunikation mit anderen Handlungsfiguren kann der Spieler die Handlung zu ihrem Ziel führen, in diesem Fall ist es die Aufklärung eines Mordes.

Was diese Art der Computerspiele so faszinierend macht, ist die Illusion eines Universums frei wählbarer Handlungsweisen. Der Wunschtraum des Auslebens von Phantasien ohne reale, möglicherweise negative Folgen scheint in greifbare Nähe zu rücken. Natürlich sind die tatsächlichen Handlungsalternativen in einem solchen Adventure beschränkt, allein schon durch die Speicherkapazität und die Rechengeschwindigkeit des Computers. Vom implizit vorgegebenen Handlungsstrang abweichende Verhaltensweisen des Spielers werden mit Fehlermeldungen wie „You can't go there" oder „You can't do that"[119] quittiert. Mit jeder Steigerung von Rechengeschwindigkeit und Speicherkapazität steigert sich allerdings auch die Zahl der in einem solchen Adventure programmierbaren Handlungsalternativen.

Grafikadventuers sind identisch mit Textadventures, bieten aber zusätzlich eine grafische Illustration des Handlungsablaufs. Für neuere 16-Bit Computer wie den Atari ST oder den Commodore Amiga gibt es bereits Text-Grafikadventures, die lebensechte digitalisierte Geräusche, zum Beispiel Sprache, und leicht animierte (bewegte), recht hochauflösende farbige Grafik bieten. Das Erscheinungsbild dieser Computerspiele erinnert mehr an einen Spielfilm als an „Pong", den Urvater der Computerspiele.

Die Tendenz, daß Computerspiele sich immer mehr der glaubwürdigen audiovisuellen Darstellung von Realität in einer mit der Fernsehwiedergabe vergleichbaren Qualität annähern, läßt sich anhand weiterer Beispiele belegen.

So sind in deutschen Spielhallen schon seit einigen Jahren Arcade-Spiele in Betrieb, die Sound und bewegte Grafik in Fernsehqualität bieten. Dies wird durch einen Trick erreicht, der darin besteht, daß der Computer mit einem Bildplattenspieler gekoppelt ist. Wenn nun über den Bildschirm eine Filmsequenz eingespielt wird, reagiert der Spieler mit einem Joystick. Beim Arcade-Spiel „Dragon's Liar" geht es beispielsweise darum, eine Prinzessin aus einer finsteren Burg zu befreien. In einer der Spielsequenzen, die als Zeichentrickfilm von der Bildplatte eingespielt werden, kommt ein Ungeheuer auf den vom Spieler gesteuerten Protagonisten zu. Macht der Spieler nun eine entsprechende Bewegung mit dem Joystick und drückt im richtigen Moment auf den Feuerknopf, so wird dies vom Computer registriert, und er steuert den Bildplattenspieler an, der dann die Szene einspielt, in der der Protagonist, ein hochgewachsener Prinz übrigens, zur Seite springt und das Ungeheuer mit seinem Schwert ersticht. Wäre der Spieler weniger geschickt gewesen, und meistens ist er es, wäre eine entsprechende andere Szene eingespielt worden, deren Abschlußbild ein Totenkopf und der Hinweis ist, daß für ein neues Spiel abermals 1 DM eingeworfen werden muß. Da sich der Bildplattenspieler mit seinen kurzen Zugriffszeiten auf Bildsequenzen bisher nicht als audiovisuelles Medium für den Privatgebrauch durchgesetzt hat, wurde der Koppelbetrieb Computer-Bildplattenspieler in Privathaushalten noch nicht oder selten realisiert.[120] Es ist allerdings nur noch eine Frage der Zeit, bis allgemein zur Verfügung stehende Computersysteme interaktive Spiele in TV-Qualität aus dem Arbeitsspeicher oder aus externen Massenspeichern wie Compact-Disc-Laufwerken (Abk. CD-ROM) auf den Bildschirm bringen werden.

Mit der Leistungssteigerung der Computerhardware kommt zur Zeit auch mehr und mehr hochwertige Software zur Erstellung von Grafiken und bewegten Grafiken, also Animationen, auf den Markt. Ein Computer, dessen Leistungen in dieser Beziehung noch vor ganz wenigen Jahren nur mit um etliche Zehnerpotenzen teureren Industrierechnern hätten erbracht werden können, ist der Commodore Amiga, dessen preisgünstigste Modellvariante in der Bundesrepublik für gerade 1 000 DM zu haben ist. Sogenannte „Ray-tracing"-Programme, die die Strahlen der imaginären Lichtquellen errechnen, welche eine frei erstellte Animation „beleuchten", erzeugen beim Betrachter einer solchen Animation den Eindruck einer zwar unwirklichen, aber eben doch einer Realität, die unvergleichlich „wirklichkeitsnäher" erscheint als die grellbunten und flächigen Animationen älterer Computergenerationen und auch realistischer als beispielsweise Zeichentrickfilme. Ein Zitat aus einer amerikanischen Computerzeitschrift:

„An Alternate Reality
When you perform a graphic simulation, you are given a rare opportunity to in some ways design your own universe. You obviously have such mundane choices as what colors to use for the ground and the sky (if you even want a ground or sky), but you can also choose your own laws of physics. Because you are trying to make a visual rendering, you must decide how light is to behave in your world. ..."[121]

Die konkrete Erstellung solcher „Ray-tracing"-Animationen ist allerdings noch mit einigem Arbeitsaufwand verbunden und bedarf eines erheblichen künstlerischen Talents. Auch sind aufgrund des immensen Speicherbedarfs dieser Animationen nur kurze Sequenzen von einigen Sekunden möglich. Für längere Sequenzen müssen getrennt zu erstellende Einzelsequenzen nacheinander zum Beispiel auf einen Videorecorder überspielt werden.

Auch die Tonerzeugung moderner Computer wie des Amigas ist von einer Qualität, die sich nur noch wenig von der echter Sprache oder Musik unterscheidet, und kann in Animationen einbezogen werden. Es gibt auf diesem Gebiet bereits Programme, die das Komponieren und Abspielen von ganzen Musikstücken ermöglichen. Hierbei muß der Nutzer teilweise nicht einmal Noten lesen können. Manche Programme bieten sogar eine Art Harmonie-Option, welche die Eingabe „schräg" klingender Töne automatisch korrigiert. Auch zur Erzeugung von synthetischer Sprache gibt es leicht bedienbare Programme, die teilweise sogar zusammen mit der Sprachausgabe eine einfache Grafik von einem Gesicht zeigen, das synchron den Mund bewegt.

Angesichts der zu erwartenden Leistungssteigerungen allgemein verfügbarer Computerhard- und -software kann für die Zukunft mit leichter bedienbaren Programmen zur Erstellung audiovisueller bewegter Grafiken gerechnet werden. Hilfreich wird hierbei die Möglichkeit sein, jede akustische oder visuelle Realität, jeden Umweltreiz, mit Hilfe von Video-Digitizern und Audio-Samplern zu digitalisieren und in den Computer-Arbeitsspeicher einzulesen. Das Einlesen von gedruckter Schrift in den Arbeitsspeicher mittels eines Scanners ist bei den modernen 16-Bit-Home- und Personalcomputern heute bereits möglich.[122] Der eingelesene Text kann mit dem Computer dann beliebig verändert und weiterverarbeitet werden, zum Beispiel mit einem Desktop-Publishing-Programm. Es ist mit dem Atari ST sogar möglich, die eingelesene Schrift über ein Sprachausgabeprogramm akustisch wieder auszugeben, d.h. der Computer kann zum Beispiel einem Blinden die Zeitung vorlesen.[123]

Einen kleinen Ausblick auf die mögliche Konzeption zukünftiger audiovisueller Animationsprogramme gibt das betagte, für verschiedene 8-Bit-Homecomputer 1982 erschienene Computerspiel „The Story Machine" der Spinnaker Software Corp. Hier steht dem Spieler ein aus insgesamt 44 Substantiven, Pronomen, Verben und Präpositionen bestehender Wortschatz zur Verfügung, mit dem in einem Textfenster am unteren Bildschirmrand eine Geschichte geschrieben werden kann. Diese Geschichte „passiert" dann auf dem Bildschirm, d.h. eine entsprechende Animation wird eingespielt, untermalt von kleinen Klangeffekten. Die audiovisuelle Umsetzung der „Storys" läßt freilich einiges zu wünschen übrig, und die Größe des zur Verfügung stehenden Wortschatzes bedeutet selbst bei literarisch wenig ambitionierten Autoren eine drastische Einschränkung der schöpferischen Phantasie. Faszinierend für den Spieler bleibt jedoch der Anflug des Gefühls, hier ohne viel Mühe ein eigenes, wenn auch dezimiertes Universum gestalten zu können.

Auch im Bereich der Textverarbeitungs- und Datenbanksoftware gibt es in jüngster Zeit eine Entwicklung, die auf eine Vergrößerung der Gestaltungsfreiheiten des Programmanwenders hinausläuft. Die hohe Arbeitsgeschwindigkeit neuerer Computer und die Verfügbakeit sehr großer externer Massenspeicher wie der CD-ROM mit einer Kapazität von circa 20 000 Schreibmaschinenseiten lassen assoziativ strukturierte, kombinierte Text-Ton-Bild-Datenbanken realistisch werden. Dieses Konzept geht zurück auf eine Idee des amerikanischen „Computer-Gurus"[124] Ted Nelson, die er „Hypertext" nannte. Zur Erscheinungsweise dieses Programms ein Zitat aus einer bundesdeutschen Computerzeitschrift:

„Ruft man zum Beispiel ein Buch über Helmut Kohl auf den Bildschirm, auf dessen Titel ein Foto von ihm prangt, könnte es einem in den Sinn kommen, etwas über sein blaues Jackett erfahren zu wollen. Dann bietet Hypertext die Möglichkeit, per Tastendruck bzw. Mausklick[125] Informationen über den Stil des Jacketts auf den Bildschirm zu holen. Das führt vielleicht weiter zur Idee, mehr über Jacketts wissen zu wollen. Mit einem weiteren Tastendruck ließe sich dann ein Artikel über die Geschichte des Jacketts auf den Monitor holen. In einem anderen Fall stößt man vielleicht bei der Bildschirmlektüre eines wissenschaftlichen Textes auf einen unbekannten Begriff, dann steht auf Wunsch sofort in einem Fenster eine ausführliche Erklärung zur Verfügung."[126]

Nelsons Wunschtraum ist es, über ein Satellitennetz ein gigantisches weltweites Hypertext-Datenbanknetz zu realisieren, genannt Xanadu. „Daraus werde sich dann ein weltweites, demokratisches Ausbildungssystem entwickeln, von dem jeder profitiert, der einen Personal Computer besitzt."[127] Auch wenn sich dies als idealistische und höchstens sehr langfristig zu verwirklichende Perspektive darstellt, so bleibt es doch eine Tatsache, daß Anfang 1988 Hypertext-Computerprogramme für die Personalcomputer Apple Macintosh und IBM PC auf den Markt kamen. So bleibt die weltweite Vernetzung zwar aus, aber jeder

Computerbenutzer kann zumindest für sich selbst die Möglichkeit nutzen, seine Gedanken beziehungsweise sein Wissen in einer seinem Denken entsprechenden Form elektronisch festzuhalten. In vielerlei Hinsicht ist das Speichern von Fakten und Zusammenhängen in assoziativen Netzwerken zweifellos einer Speicherung in linearer Abfolge, wie beispielsweise in gedruckten Texten, überlegen. Das entsprechende Programm „Hypercard" wird in der Bundesrepublik gegenwärtig für ganze 100 DM vertrieben, beim Kauf eines Apple Macintosh wird es sogar kostenlos mitgeliefert.[128]

Abschließend sollen noch Beispiele für Computerprogramme genannt werden, die bereits heute die Kommunikation mit einem menschlichen Partner simulieren. Dies ist zum Teil bei den Adventures der Fall,[129] wenn der Spieler mit seinen Eingaben Handlungsfiguren befragt oder auf sonstige Art anspricht beziehungsweise auf sie einwirkt. Sieht das Programm die Eingabe des Spielers vor, so wird ein Text oder eine Grafik eingespielt, die eine entsprechende Reaktion auf die Eingabe darstellt. Es entsteht hierbei beim Spieler durchaus der Eindruck, daß eine Spielfigur zum Beispiel auf eine Frage „antwortet".

Ein zweites Beispiel sind Sex-Programme wie „Strip Poker" der Firma Artworx oder „Mac Playmate" von Pegasus Productions. Bei „Strip Poker" ist der Bildschirm weitgehend ausgefüllt mit der Grafik einer jungen Frau oder eines jungen Mannes; am untere Bildrand sind 5 Spielkarten dargestellt. Mittels des Joysticks kann der Spieler nun gegen das Programm, sprich gegen den in der Grafik dargestellten Menschen, Poker spielen. Es kann gesetzt, erhöht und ausgestiegen werden, Spielkarten können ausgetauscht werden, ganz wie beim echten Pokerspiel. Gewinnt der Spieler einen bestimmten Betrag, so wird eine neue Grafik eingespielt, die die Person mit einem Kleidungsstück weniger zeigt. Dies kann solange weitergehen, bis die Grafik die völlig nackte Person zeigt. In einer Textzeile werden Kommentare eingespielt, die die Reaktion der sich ausziehenden Person darstellen sollen, zum Beispiel „Cut it out! I'm getting cold" oder „I love men with guts…".

Bei „Mac Playmate" geht es noch ein wenig „interaktiver" zu. Hier fordert eine junge Dame beziehungsweise die Bildschirmgrafik einer solchen den Spieler in einer Sprechblase auf, sie „per Mausklick" auszuziehen, „sie mit dem Cursor[130] an gewagten Stellen zu berühren und ihr schließlich bei der Selbstbefriedigung zuzusehen."[131]

Bei beiden Spielen gibt es eine „Panik-Taste", nach deren Drücken die Grafik sofort verschwindet beziehungsweise (bei „Mac Playmate") eine seriöse Tabellenkalkulation erscheint.

Ein anderes Computerprogramm, das Kommunikation simuliert, ist „Abuse" von Don't Ask Software. Nach der Texteinblendung „You insult Abuse − Abuse insults You" kann der Spieler nach Belieben über die Tastatur Beschimpfungen eingeben, auf die der Computer dann mehr oder weniger passend reagiert. Tippt man beispielsweise „Get lost", so wird eingeblendet „See Ya!", und der Bildschirm wird augenblicklich schwarz. Erst nach einiger Zeit „meldet" sich der Gesprächspartner wieder: „You missed me?" Gibt man eine Weile nichts ein, so ertönt ein unangenehmes Geräusch, und auf dem Bildschirm erscheint: „Wake up you dimbulb and say something!"

Auch wenn solche Kommunikationssimulationen per Computer oft nicht gerade geschmackvoll geschweige denn anspruchsvoll sein mögen und aufgrund mangelnder Speicherkapazität oder Arbeitsgeschwindigkeit der Rechner eigentlich weniger die Simulation komplexer Kommunikationsabläufe als einfachste Stimulus-Response-Vorgänge ermöglicht, so könnte mit der zukünftigen Entwicklung der Telematik hier eine Weiterentwicklung zu einem bedeutenden Unterhaltungsmedium stattfinden. Immerhin schreibt ein durchaus seriöses bundesdeutsches Fachmagazin in einem Artikel über Künstliche Intelligenz:[132]

„In der post-industriellen Gesellschaft können Wissensverarbeitung und Künstliche Intelligenz dazu beitragen, den Teil der Bevölkerung, der zur Freizeitgesellschaft zählt, mit intelligenter Unterhaltung weiterzubilden. Sich dann zum Beispiel mit Thomas Mann oder Albert Einstein − abgebildet auf wissensverarbeitenden Systemen − über

Ziele und Strukturen ihrer Arbeit zu unterhalten, dürfte am Anfang des nächsten Jahrhunderts keine Zukunftsvision mehr sein."[133]

3.2.2.4 Mailboxen privatwirtschaftlicher Betreiber

3.2.2.4.1 Die Funktionsweise von Mailboxen

Nachdem es seit einigen Jahren preiswerte Computer für jedermann gibt und auch Modemtechnologie, insbesondere in Form von Akustikkopplern, preisgünstig zur Verfügung steht, war es eine geradezu zwangsläufige Entwicklung, daß Computerbesitzer anfingen, mittels dieser Techniken über das allgemein zur Verfügung stehende Telefonnetz untereinander in Kontakt zu treten. So entstand in den letzten Jahren[134] eine Vielzahl sogenannter Mailboxen, die von ihrem technischen Aufbau her nichts anderes sind als die Telebox der Deutschen Bundespost TELEKOM:[135] Computer, die – in diesem Fall meist über ein galvanisch gekoppeltes Modem – mit einer Telefonleitung verbunden sind. Das Modem muß so geschaltet sein, daß es auf den Klingelimpuls eines auf der Telefonleitung ankommenden Rufs eine Datenverbindung zum Computer herstellt; es hebt also sozusagen ab. Jeder Computerbesitzer, der ebenfalls über ein Modem oder, was hier häufiger der Fall ist, über einen Akustikkoppler[136] und natürlich ein Telefon verfügt, kann nun über diese Leitung eine direkte Verbindung zwischen seinem Computer und dem Mailbox-Computer herstellen. Er kann Daten abrufen und Daten übersenden; die Datencodierung erfolgt in aller Regel über ASCII.[137] Hierdurch können in jeder Mailbox wie in der Telebox oder im Btx nutzergebundene elektronische Postfächer eingerichtet werden, daher die Bezeichnung „Mailbox" (englisch für Briefkasten). Auch Mitteilungen an alle Nutzer in Form von Anzeigen oder Eintragungen in elektronische schwarze Bretter sind möglich.

Die mittlerweile existierenden Mailboxen in der Bundesrepublik lassen sich in drei bis vier Klassen einteilen.

3.2.2.4.2 Typologisierung von Mailboxen

Nicht unbedingt als öffentliche Mailbox zu bezeichnen, da die Telefonnummern nicht bekannt gemacht werden, aber doch konkrete Anwendungen der Mailboxtechnologie sind Firmencomputer, die über Telefon und Modem erreichbar sind und über die geschäftliche Anwendungen wie zum Beispiel Vertreterorganisation abgewickelt werden. Auch im Journalismus wird diese Technologie immer häufiger angewendet. Über tragbare batteriebetriebene Terminals können Journalisten ihre Story mit Hilfe eines Akustikkopplers von jedem Telefonanschluß aus direkt in den Satzcomputer ihres Verlagshauses übertragen.

Die zweite Gruppe von Mailboxbetreibern sind Softwarehäuser, Computerfirmen und sonstige Unternehmen, die in den Mailboxbenutzern, genannt „User", eine potentielle Kundschaft sehen, so zum Beispiel auch Verlage, die Computerzeitschriften herausbringen. In vielen Fällen sind hier die Mailboxen zugleich Werbemedium für die Anwendung der Unternehmensprodukte und Grund für deren Anwendung.

Ferner gibt es einige sehr aufwendige und leistungsfähige professionelle Mailboxen, deren Zweck es ist, elektronische Dienstleistungen hauptsächlich für geschäftliche Anwender zu erbringen.[138] Diese Mailboxen sind jedoch meistens über das Datex-P-Netz zu erreichen, oft nur eingeschränkt oder überhaupt nicht über das Telefonnetz. Ein Mehrbenutzerbetrieb, der für das kommerzielle Anbieten der Telekommunikationsdienstleistung aufgrund der Notwendigkeit der permanenten Verfügbarkeit dieser Dienstleistungen unabdingbar ist, kann kostengünstiger und komfortabler über Datex-P als über mehrere Telefonleitungen realisiert werden. Diese Dienstleistungen können bestehen zum Beispiel aus Mitteilungsdiensten, einem preisgünstigen internationalen Telex-Service über London,[139] Datenbanken, Datenbankrecherchen in externen Datenbanken mit direktem Datenbankzugang über die Mailbox, Übersetzungsdienste, Computersoftware, redaktionelle Nachrichten, Fotosatzerstellung.[140] Zugang zu Online-Datenbanken wird über das Datenbank-Paßword der Mailbox möglich, ohne daß der Nutzer selbst einen Nutzungsvertrag mit der betreffenden Datenbank hat. Die Abrechnung erfolgt ausschließlich über die Mailbox. Die Mailbox fungiert praktisch als Agentur, die über ihre Zugangsberechtigung zu einer Vielzahl von Datenbanken ihren Nutzern ohne weitere Umstände Zugang zu diesen Da-

tenbanken verschafft. Ferner ist es möglich, daß mehrere User der
Mailbox gemeinsam dem Mailboxbetreiber den Auftrag geben, eine
bestimmte Datenbankrecherche vorzunehmen und deren Protokoll in
ihren Postfächern abzulegen. Die Kosten werden in solch einem Fall
geteilt.[141] Häufig werden auch Auszüge aus anderen Mailboxen und
Datenbanken, meist ausländischen, als besonderer Service zum allgemeinen Abruf bereitgehalten.[142]

Auf Initiative der IMCA-Mailbox, Haunetal-Stärkelos (Hessen), ist in
jüngster Zeit eine Tendenz zur Vernetzung der großen kommerziellen
bundesdeutschen Mailboxen entstanden. Die IMCA, deren komfortab-
ble und professionelle Mailbox-Software „GeoNet" ohnehin häufig in
Lizenz verwendet wird, bietet einen Mitteilungsaustausch an – mit
mehreren anderen Mailboxen sowie fünf eigenen Mailboxsystemen,
eines davon in London und eines in San Francisco.[143] Sollte sich diese
Tendenz fortsetzen, so könnte sich hier im Verlauf der bevorstehenden
Liberalisierung des Telekommunikationswesens eine ernsthafte Konkurrenz für den Bildschirmtextdienst der Bundespost herausbilden. In
den USA, wo es keinen landesweiten, standardisierten, dem Btx-
Dienst entsprechenden Telematikdienst gibt, werden die betreffenden
Dienstleistungen ebenfalls von Mailboxsystemen erbracht. Gerade
Dialogsysteme erfreuen sich in US-Mailboxen größter Beliebtheit[144]
und werden in eingeschränktem Maße auch schon von bundesdeutschen Mailboxen angeboten.[145]

In den großen amerikanischen Mailboxen wie zum Beispiel Compuserve, die dort meist „Bulletin Boards" genannt werden, gibt es außer
Dialogfunktionen auch sogenannte „online games", bei denen mehrere Nutzer gleichzeitig ein Computerspiel spielen und dabei auch ge-
geneinander antreten. Das Mailboxsystem „Quantum Link" bietet in
Zusammenarbeit mit der Firma „Lucas Film Games" einen noch viel
weitergehenden Service. Hier gibt es ein Dialogsystem, genannt „Habitat", in dem die Nutzer nicht nur über alphanumerische Zeichen,
sondern auch graphisch kommunizieren können. Hierzu ist als Daten-
endgerät für den Nutzer allerdings ein C-64-Computer nötig, der die
spezifischen Grafikbefehle des Systems verarbeiten kann, die natürlich weit über die ASCII-Norm hinausgehen. Da dieses Gerät der

meistverkaufte Homecomputer der Welt ist, gibt es hier eine sehr große Zahl potentieller Nutzer. Das System enthält eine Vielzahl sogenannter „Rooms", die, für alle Systemnutzer in gleicher Weise am Monitor ihres C 64 sichtbar, ein imaginäres Dorf darstellen – mit Staßen, Häusern (die man betreten kann), Plätzen, Autos usw. Jeder neue Nutzer kann nun mit Hilfe eines „character contruction set" die (in Maßen animierte) Grafik einer menschlichen Figur entwerfen, die er selbst in diesem Dorf darstellen möchte. Diese Figuren beziehungsweise die Nutzer, die hinter jeder Figur stehen, können sich im imaginären, aber sichtbaren „online"-Dorf „Habitat" – im Rahmen der vorgegebenen Möglichkeiten der Habitat-Software – *fortbewegen, handeln und interagieren!* Die Gespräche zwischen den „Einwohnern" von „Habitat" erscheinen in Textfenstern im oberen Bereich des Bildschirms und ähneln in ihrem Erscheinungsbild den Sprechblasen in Comic-Heften.[146]

Die vierte Gruppe von bundesdeutschen Mailboxen sind kleine, nichtkommerzielle Mailboxen, die von idealistischen, meist jungen Computerbesitzern betrieben werden. Sie werden meist auf sowieso vorhandenen Home- oder Personalcomputern mit oft illegalen weil billigeren Modems ohne Zulassungsnummer des Fernmeldetechnischen Zentralamtes (FTZ-Nummer) betrieben. Diese Mailboxen erlauben jedoch genau wie jede andere den Austausch von Mitteilungen, das Schreiben von Anzeigen auf schwarze Bretter, redaktionelle Veröffentlichungen usw. Telexanbindungen gibt es hier freilich nicht, und Dialogfunktionen, genannt „chatting", kann es hier gar nicht geben, weil die Systeme in der Regel nur über eine einzige Telefonleitung erreichbar sind. Dementsprechend oft sind sie „besetzt". Zwischenmenschliche Kommunikation ist bei diesen kleinen Mailboxen lediglich insofern möglich, als der jeweilige Nutzer mit dem Mailboxbetreiber über die Computertastaturen einen schriftlichen Dialog führen kann. Er wählt dazu im Auswahlmenü der Mailbox die Funktion „call Sysop" oder „System Operator rufen" an. Sysop, die Kurzform für System Operator, bezeichnet die für das System zuständige Person, bei den kleinen Privatmailboxen ist dies in aller Regel auch der Betreiber der Box. Bei einer solchen alphanumerischen Unterhaltung über die Computertastaturen kann, im Gegensatz zu den Btx-Dialogsystemen, wo Mitteilungen fertig geschrieben und dann als Datenblöcke abgeschickt werden, die Tastatureingabe des Gesprächspartners direkt verfolgt werden. Tippgeschwindigkeit, Fehler und Fehlerverbesserungen durch Zurückgehen des Cursors und Neuschreiben sind interessante und aufschlußreiche Zusatzinformationen im Verlauf einer solchen Unterhaltung. In vielen Fällen, besonders dann, wenn Akustikkoppler verwendet werden, kann auch in beiderseitigem Einvernehmen auf normale mündliche Kommunikation über die bestehende Telefonleitung umgestellt werden.

Da eine Telefonverbindung zu entfernteren Mailboxen teuer ist, werden solche Mailboxen meist nur im Umkreis des Telefonnahbereichs genutzt. Der Inhalt dieser Boxen besteht über die Nutzerpostfächer (die Nutzer agieren hier übrigens grundsätzlich unter Pseudonymen) hinaus in beliebigen, häufig von den Nutzern selbst eingegebenen Artikeln und Aufsätzen, Anzeigen, Listen von Telefonnummern anderer Mailboxen und Datexnummern von Datenbanken. Eine aktuelle Initiative des Chaos Computer Club (siehe Abschnitt 3.2.2.4.3) zielt darauf ab, die bundesweite Zugänglichkeit des Btx-Netzes zum Nahtarif für Mailboxen nutzbar zu machen. Unter der Bezeichnung „Btx-Net" sollen Mailboxbetreiber mittels einer Anbieter-Unterkennung und einer speziellen Software des Chaos Computer Club über das Btx-Netz Daten austauschen können. Btx würde hierbei lediglich als „Server" eingesetzt, die Bedienung würde vollständig von der Spezialsoftware übernommen, und die Anwender hätten auf die Inhalte von Btx selbst keinen Zugriff.[147]

Im Frühjahr 1986 zeigte sich, daß solche kleinen Mailboxen durchaus ein kritisches und unabhängiges öffentliches Medium sein können. In einigen Boxen wurden sehr aktuell konkrete Informationen, Verhaltensratschläge und Meßwerte betreffs der Reaktor-Katastrophe in Tschernobyl bekannt gemacht, während offizielle Verlautbarungen und die Berichterstattung der Massenmedien noch recht diffus waren.

3.2.2.4.3 Das „Hacker"-Phänomen

Meist gibt es im letzten Mailbox-Typ auch noch eine sogenannte Hackerecke, einen Menüpunkt, den nur vom Sysop dafür freigegebene Nutzer aufrufen können. Hier werden Informationen darüber ausgetauscht, wie man sich per Datenübertragung Zugang zu Rechnern verschafft, zu denen der Zugang nicht erlaubt ist. Der Jargon-Ausdruck hierfür ist „hacken" (für herumhacken auf der Computertastatur). Gelingt dies, so droht das im Sommer 1986 verabschiedete 2. Gesetz zur Bekämpfung der Wirtschaftskriminalität im Paragraph 202a Strafgesetzbuch mit Geldstrafe und Gefängnis bis zu drei Jahren:

Hacken ist also nicht strafbar, solange es nicht erfolgreich ist. Die subversive Phantasie der Hacker ist allerdings Garantie dafür, daß das Hacken trotz immer aufwendigerer Schutzmaßnahmen des öfteren erfolgreich verläuft. Dies kann in einem immer komplizierter werdenden weltweiten Telematiksystem durchaus ernste wirtschaftliche, datenschutzrechtliche und sicherheitspolitische Folgen haben.[148] So könnten beispielsweise allein durch ein kurzfristiges Aufhalten von Datenströmen, die Geldbewegungen repräsentieren, riesige Zinsgewinne erschlichen werden,[149] ganz zu schweigen von den ernsten bis fatalen Auswirkungen, die ein Ausspähen von Wirtschafts-, Wissenschafts- oder militärischen Informationen durch kriminelle oder staatsfeindliche Elemente haben könnten.

Spionage und Wirtschaftskriminalität mit Hilfe der Datenfernübertragung müssen jedoch vom Hacken unterschieden werden, auch wenn die jeweiligen konkreten Tätigkeiten sich de facto nicht voneinander unterscheiden. Hacker haben nicht die Absicht, sich persönlich zu bereichern oder das ausgespähte Datenmaterial kriminell zu verwerten. Für sie ist Hacken zum einen ein Selbstweck, der in der Faszination liegt, über große, oft kontinentale Entfernungen Verbindungen herzustellen (Datenreisen)[150] und Computersysteme gleichsam zu „überlisten", indem sie sich durch das Ausprobieren von Paßwörter,[151] Zugang verschaffen.

Zum anderen geben Hacker häufig als Grund für ihr Tun an, auf Sicherheitsmängel in den Systemen hinweisen zu wollen, in die sie ein-

174

dringen, und damit die berechtigten Interessen der Gesamtbevölkerung zu vertreten. Originalton des Hacker-„Gurus" „Wau" Holland: „Ein ganz klein bißchen verstehen wir uns als Robin Data."[152]

In der Bundesrepublik gibt es zwei organisierte Gruppen, die sich großteils aus Hackerkreisen rekrutieren: den „Chaos Computer Club" (Abk.„CCC") mit Sitz in Hamburg, Clubzeitschrift „Datenschleuder", und die „Bayrische Hackerpost", wobei dies die Gruppen- und Zeitschrift-Bezeichnung zugleich ist.

Die „Bayrische Hackerpost" ist wenig organisiert, hat starke Wurzeln in der Schweiz, ist aber nicht adressierbar[153] und hat eher Charakterzüge einer Untergrundorganisation. Die Zeitschrift hat einen recht subversiven Tenor und wird über Mailboxen veröffentlicht.

Anders der CCC, er hat nach der Gesetzesnovelle im Sommer 1986 die Rechtsform eines eingetragenen Vereins gewählt und versteht sich seither verstärkt als Mittler zwischen erfolgreichen Hackern, die ja seit 1986 juristisch Straftäter sind, und Staat sowie Wirtschaft. So sollen die bundesdeutschen Hacker ihre „Robin-Data"-Aufklärungsarbeit anonym über den CCC weiterbetreiben können.

Vor der Gesetzesnovelle war der CCC-Vorstand noch selbst durch teilweise spektakuläre Hackeraktivitäten aufgefallen; das größte Aufsehen erregte im Herbst 1984 der sogenannte Btx-Bankraub des CCC. Selbst Anbieter im Btx, hatten die CCC-Aktiven einen Systemfehler in diesem Dienst entdeckt, der ihnen das Auslesen der Kennung und des Paßworts eines anderen Btx-Teilnehmers ermöglichte, in diesem Fall der Hamburger Sparkasse. Auf Kosten dieser Bank riefen sie dann eine Nacht lang mit einem schnell geschriebenen kleinen Computerprogramm die kostenpflichtige Spendenseite ihres eigenen Btx-Anbieterprogramms permanent auf. Bei dieser Btx-Seite handelt es sich übrigens um eine kleine Animation,[154] in deren Verlauf ein Posthörnchen von kleinen UFOs zerschossen wird. Am nächsten Morgen jedenfalls schuldete die Bank dem CCC knapp 135 000 DM. Der CCC wandte sich umgehend an den Hamburger Datenschutzbeauftragten und verzichtete auf das juristisch ihm zustehende Geld. Die Bundespost behob den Systemfehler, und das Ereignis ging durch die Massenmedien.[155]

175

Anfang 1988 machte ein Fall Furore, bei dem der CCC tatsächlich lediglich als Vermittler tätig wurde, um Hacker vor einer Strafverfolgung zu schützen.[156] 1986 und 1987 war es einigen Hackern gelungen, in das von der NASA aufgebaute Rechnernetz SPAN (Space Physics Analysis Network) einzudringen, indem sie sich einen Programmierfehler im Betriebssystem der VAX Computer der Firma Digital Equipment zunutze machten, von denen 1500 Stück in aller Welt dieses Netz bilden.

Das Betriebssystem dieser VAX-Anlagen, die als „State of the Art" von Großrechenanlagen gelten, quittierte den Versuch des unbefugten Eindringens zwar mit einer Fehlermeldung, ließ jedoch jeden, der unverfroren genug war, weitere Eingaben zu machen, gewähren und weiter in das System eindringen, anstatt die Verbindung abzubrechen. Die Hacker schrieben nun Programme, welche die Passwörter anderer Nutzer abfingen und ihnen zuspielten. Sie gestalteten diese Programme später so, daß die einzelnen VAX-Rechner sich diese Programme gegenseitig übertrugen, sobald sie im Rahmen des SPAN kommunizierten. So gelangten immer mehr Passwörter immer weiterer Rechner in die Hände der Hacker. Programme dieser Art werden auch „Trojanische Pferde" oder „Virenprogramme" genannt. Die Hacker bekamen schließlich Angst vor der eigenen Courage und wandten sich mit der Bitte um Vermittlung an den CCC. Dieser machte die Sache über eine Fachzeitschrift publik und erregte damit weltweites Aufsehen. Die Folge war, daß Digital Equipment das VAX-Betriebssystem überarbeitete und daß der CCC-Vorstand verdächtigt wurde, selbst die Hand mit im Spiel gehabt zu haben. Die relativ geringen Kenntnisse der betreffenden Personen bezüglich VAX-Anlagen machen diese These eher unwahrscheinlich. Vorstandsmitglied Steffen Wernery wurde aufgrund des Engagements des CCC bei diesem sogenannten „NASA-Hack" sogar verhaftet, als er in Paris einen Vortrag halten wollte.[157]

Das Beispiel des „NASA-Hack" macht deutlich, wie problematisch das Hacker-Phänomen ist. Die Hacker sind aufgrund der fast unmöglichen Kontrollierbarkeit ihres Tuns de facto nur sich selbst verantwortlich, und es ist nur ein kleiner Schritt, aus Übermut ernsthaften Schaden anzurichten oder auch ausgespähtes Datenmaterial zu mißbrauchen. Es ist jedoch trotzdem fraglich, ob die Kriminalisierung des Hackens ein sinnvoller Schritt war, denn ein Hacker, der über seine Erfolge berichtet, kann viel nützlicher sein als einer, der aus Angst vor Strafe die Öffentlichkeit scheut, so das Stopfen von Sicherheitslöchern verhindert und am Ende gar aus der Kriminalität heraus sein Wissen an wirklich kriminelle oder staatsfeindliche Kreise weitergibt.

Genau dies geschah im Verlauf der spektakulärsten Hackeraktivitäten, die bisher bekannt geworden sind. Am 3. März 1989 wurde öffentlich bekannt, daß eine Gruppe Hannoveraner Hacker ausgespähte Daten aus europäischen und amerikanischen Computernetzen bereits 1986 über Ost-Berlin an den KGB verkauft hatte. Dieser Vorgang wurde in einer ARD-Sondersendung als der „größte Spionagefall seit Guillaume"[158] bezeichnet und erregte national und international großes Aufsehen. In der Computerzeitschrit „CHIP" bekannte ein Hacker, „daß der KGB-Hack für uns die Welt verändert hat: Die Hacker haben ihre Unschuld verloren."[159]

Eine Gruppe von fünf Hackern hatte aufgrund finanzieller Probleme und Drogenprobleme aktiv den Kontakt zum KGB gesucht, um ausgespähtes Datenmaterial zu verkaufen und neues Material gegebenenfalls auf Bestellung zu besorgen. Mindestens fünf Disketten mit solchem Material wurden nach Angaben des Nachrichtenmagazins „DER SPIEGEL" für jeweils mindestens 15 000 DM an das KGB weitergegeben. Das Material selbst sei geheimdienstlich allerdings wenig relevant gewesen, da es sich bei den ausgespähten Datenbanken hauptsächlich um die von wissenschaftlichen Instituten und Industriefirmen, zum Teil auch Rüstungsindustrie, gehandelt habe.[160]

So liegt der Hauptschaden, den der „KGB-Hack" verursacht hat, im Verlust von technischem Wissensvorsprung durch Wirtschaftsspionage. Insbesondere Know-how bezüglich der Architektur (des Aufbaus) von Hochleistungchips und CAD/CAM-Software ist hier betroffen.[161]

Langfristig noch bedeutsamer als der sicherheitspolitische und wirtschaftliche Schaden, den diese Aktion verursacht hat, sind wahrscheinlich der Schock und die Nachdenklichkeit, die in der Öffentlichkeit und in den Kreisen der Hacker selbst ausgelöst wurden. Die Zentralfiguren des „KGB-Hacks" waren in der Hacker-Szene verwurzelt. Andere Hacker, die Kontakt zu diesen Personen hatten, befürchten nun Repressalien. Die Ideologie des Hackens als Selbstzweck, als Sport mit dem Nimbus des „Robin Data", kann nicht mehr uneingeschränkt aufrechterhalten werden. Kein Hacker kann mehr sicher sein, daß Informationen, die er Gleichgesinnten weitergibt, nicht zu derartigen Aktionen mißbraucht werden.[162] Es wird abzuwarten sein, ob sich bei den Hackern ein Unrechtsbewußtsein durchsetzt.[163] „Eine neue Nachdenklichkeit ist allenthalben spürbar."[164]

Als positive Wirkung hat der „KGB-Hack" forcierte Anstrengungen auf dem Gebiet der Datensicherheit zur Folge. Hier ist in den vergangenen Jahren im Vergleich zu den allgemeinen technischen Fortschritten entschieden zu wenig getan worden, und ohne die Hacker-Aktivitäten wäre noch weniger geschehen.[165] Trotz verbesserter Sicherheitsstandards und Nachdenklichkeit der Hacker wird man immer wieder mit derartigen Vorkommnissen rechnen müssen, zumal außer dem typischen Hacker auch entsprechend motivierte Computerfachleute aus Forschung und Wirtschaft die Möglichkeit haben, Daten auszuspähen, zu zerstören oder weiterzugeben. Insgesamt jedoch überwiegt der volkswirtschaftliche Nutzen der Computerisierung und Telematisierung der Gesellschaft die potentiellen Schäden durch Hackeraktivitäten. Interessant in diesem Zusammenhang ist die Hilfestellung, die Hacker indirekt der gesamtgesellschaftlichen Akteptanz von Computertechnik geben, was allerdings je nach Standpunkt zwiespältig beurteilt werden kann. Speziell massive Kritiker sind hier leicht zu korrumpieren. Matthias Horx hat dieses Phänomen sehr anschaulich beschrieben:

„Hacker liegen im Trend. ... Hacker, so scheint's, vermögen die teuflische Macht der Computer und Datenbanken aus den Angeln zu heben. ... Es ist beruhigend, daß es sie gibt − solange solche Husarenstreiche möglich sind, kann es mit dem großen Bruder nicht weit her sein.

Gleichzeitig setzen sie einen Gestus, eine Idealfigur fort, die in den siebziger Jahren die Jugendkultur geprägt und diverse soziale Bewegungen beeinflußt hat: die Rebellion des einzelnen gegen die anonyme Macht. Die individuelle Subversion gegen die mächtigen Apparate. Ein Nebeneffekt dieser Hacker-Verherrlichung ... verursachte mir Unbehagen. Allzu leicht konnte man seine Ängste bei diesen neuen Helden in Kommission geben. Allzu wohlfeil ließen sich die guten alten Mythen der Rebellion nahtlos bei ihnen unterbringen."[166]

Hierzu ein Ausschnitt eines Gesprächs des Computerfachmanns der ersten Stunde Jacques Vallee mit einem jugendlichen Hacker:

„... und machst du dir nicht ein bißchen Sorgen, du könntest zu einem bloßen Profil auf irgendeinem Magnetband werden? Siehst du nicht... Daß Gruppen und Organisationen in der Lage sein werden, dein Vorhandensein über die Netze viel sicherer zu entdecken, als sie das in der relativ lockeren und unstrukturierten Welt von heuten können, und dich als Zielscheibe für den Verkauf ihrer Ideen, ihrer Produkte, ihrer religiösen und politischen Anschauungen nehmen werden? Was wird dann aus deiner Unabhängigkeit? Chip sah von seinem Teller auf und legte die Semmel mit der Wurst hin. Er wischte sich eine schmale Ketchupspur vom Mundwinkel, und seine Augen nahmen einen spöttischen Ausdruck an, den eines Teenagers, der eben eine Moralpredigt von seinem Vater gehört hat und sich fragt, ob der alte Knacker Witze macht oder wirklich glaubt, was er sagt. Chip kam offenkundig zu dem Schluß, daß mein Fall noch kein völlig hoffnungsloser war, und sagte: Über die Zukunft mache ich mir nicht die geringsten Sorgen. Wenn die Welt, die Sie eben beschrieben haben, wirklich kommt, Mann, dann soll sie doch! Ich kann sie viel schneller aus dem Gleichgewicht bringen als die Welt, in der wir jetzt leben!"[167]

3.2.2.5 Beispiele für den sich bereits heute abzeichnenden Nutzungsbedarf zukünftiger breitbandiger Telematiknetze zur privaten Individualkommunikation

3.2.2.5.1 Zur Fragwürdigkeit einer prinzipiellen Verweigerungshaltung

Die künftigen Telematiknetze ISDN und IBFN[168] werden nach Prognosen der Bundespost in näherer Zukunft vornehmlich genutzt werden für Bildfernsprechen, Videokonferenzen, Datenübertragung zwischen Großrechenanlagen und besonders zur Vernetzung von weiterentwickelten Arbeitsplatzcomputern neuer Generationen, neudeutsch auch als intelligente „Workstations" bezeichnet.[169] Diese Anwendungen werden aller Voraussicht nach zuerst im Bürobereich realisiert werden.[170] Aber auch im industriellen Bereich ergeben sich interessante Anwendungsperspektiven, besonders hinsichtlich der computerunterstützen und computerintegrierten Fertigung in Verbindung mit Fernwirkdiensten.[171]

Sowohl das Rationalisierungspotential dieser Telematiknetze in Wirtschaft, Industrie und in der Verwaltung als auch die Amortisationseffekte für die riesigen Kosten zum Aufbau dieser Netze können voll erst dann zum Tragen kommen, wenn die Netzanbindung bis in die Privathaushalte hinein realisiert ist. Natürlich wird ein solches, eine Gesellschaft völlig durchdringendes digitales Telematiknetz erhebliche Probleme und Verletzlichkeiten gerade im politischen und sozialen Bereich mit sich bringen. Diesen Problemen, die sich vor allem im Bereich Datenschutz im weitesten Sinn und durch Einbrüche auf dem Arbeitsmarkt mit allen sozialpolitischen Folgen stellen dürften, stehen jedoch volkswirtschaftliche, kommunikative und auch politische Entwicklungschancen gegenüber, welche die Risiken mehr als ausgleichen.[172] Es bedarf dabei allerdings der Offenheit und der Courage, das Aufbrechen bewährter und liebgewonnener Strukturen als eine sachliche Notwendigkeit zu begreifen und neue, den veränderten Realitäten angepaßte Strukturen kreativ zu gestalten. Dies betrifft alle Bereiche der Gesellschaft, ebenso wie die Entwicklung der Telematik alle Bereiche der Gesellschaft betrifft. In der Bundesrepublik wie in allen von dieser

Entwicklung betroffenen Ländern gibt es jedoch starke Kräfte, die diesen Mut nicht besitzen.[173]

Ferner ist es allerdings auch fraglich, ob diejenigen Kräfte, die eine Telematisierung der Gesellschaft bisher befürworten und fördern, den Mut haben werden, konsequent zu sein, wenn die Folgen der von ihnen eingeleiteten Entwicklung Umstrukturierungen verlangen, die *ihren* Interessen zuwiderlaufen.

In der gegenwärtigen Situation auf eine Strategie des Umlenkens, der Begrenzung von Anwendungen und der Verhinderung von Vernetzung zu setzen, ist jedenfalls nicht nur angesichts der internationalen Wirtschaftslage sinnlos, sondern auch, weil die natürlichen Interessen der Menschen dieser Strategie widersprechen.[174]

Die Möglichkeit, gesellschaftliche Kommunikation zu intensivieren und zu erweitern, neue und leistungsfähigere Kommunikationsformen zu schaffen, bürokratische und mechanische Arbeit zu automatisieren, ein universales Bildungsangebot zu schaffen, Unterhaltung in völlig neuer Qualität zu gewährleisten und Instrumente zur Realisierung einer jeden kreativen Idee allgemein zur Verfügung zu stellen, liegt im Interesse der Menschen, und Schritte zu ihrer Verwirklichung werden von ihnen angenommen werden.[175] Für die Generation der sogenannten „Computer-Kids"[176] und für kommende Generationen ist der Umgang mit telematischen Medien so vertraut und selbstverständlich, wie es in den letzten Jahrzehnten die Konsumtion der klassischen elektronischen Massenmedien für die Gesamtbevölkerung geworden ist. Einschränkungen würden hier heute bereits und um so mehr in der Zukunft als Eingriffe in die Informations- und Kommunikationsfreiheit empfunden werden und wären gemäß dem Prinzip der immer wieder neuen, zeitgemäßen Auslegung des Grundgesetzes juristisch früher oder später auch als solche zu werten.[177]

Das zur Zeit allgemein zur Verfügung stehende Telematiknetz „analoges Telefonnetz" ist als Digitalnetz nur über Einsatz von Modems verwendbar und sehr schmalbandig, es können nur höchstens 4800 (u.U. 9600) Bit pro Sekunde (Baud) übertragen werden. Die Vorstellung, daß dies für den privaten Gebrauch mehr als genug sei, daß breitbandigere Kommunikationsnetze nur der Wirtschaft nützten und aufgrund ihres Rationalisierungseffektes möglichst zu verhindern seien oder zumindest als getrennte Netze für den geschäftlichen Gebrauch zu finanzieren und aufzubauen seien,[178] greift zu kurz. Nur weil private Medien- und Kommunikationsinhalte zur Zeit noch kaum in digitalisierter Form existieren, kann das nicht bedeuten, daß man die bereits angelaufene Entwicklung der Digitalisierung von immer mehr gesellschaftlichen Kommunikationsinhalten und den damit entstehenden Bedarf für breitbandige Digitalnetze auch zur privaten Nutzung ignorieren könnte.

Noch weniger verträgt es sich mit liberalen und demokratischen Prinzipien und mit einem humanistischen Menschenbild, mit missionarischem Gestus digitale Geräte zu verteufeln und von deren Erwerb abzuraten.[179] Es mag stimmen, daß nur eine strikte Verweigerungshaltung weiter Bevölkerungskreise die gewachsenen gesellschaftlichen Strukturen erhalten könnte,[180] und es mag ferner wahrscheinlich sein, daß ein Aufbrechen alter Strukturen vorerst mit schmerzlichen Begleiterscheinungen verbunden sein wird. Dennoch muß die angelaufene Entwicklung als Chance begriffen werden, neue, einer technisch, sozial und politisch weiterentwickelten Gesellschaft angemessene gesellschaftliche Strukturen zu finden.

Im weiteren soll der vorhandene und sich unmittelbar abzeichnende Kommunikationsbedarf von Privathaushalten über digitale Verbindungswege untersucht werden. Hierbei ist zu berücksichtigen, daß die gegenwärtig in Privathaushalten zur Verfügung stehenden Endgeräte, also Btx-Decoder und Home- oder Personalcomputer in erster Linie auf die digitale Übertragung und Darstellung von Texten, niedrig auflösenden Grafiken und Computerprogrammen ausgerichtet sind. Das Einlesen von akustischen Signalen, von Bildern und sogar von bewegten Bildern über Mikrophon, Scanner und Videokamera in den Arbeitsspeicher eines Computers ist zwar bereits möglich, zur Übertragung der entsprechenden Daten über Telematiknetze sind jedoch Bandbreiten erforderlich, wie sie erst ISDN und IBFN bereitstellen können. Außerdem dringen solche Anwendungen in die Grenzbereiche der Leistungsfähigkeit der gegenwärtigen Computergeneration bezüglich Rechengeschwindigkeit und Speicherplatz vor.

3.2.2.5.2 Digitalisierte Töne und Musik als in Telematiknetzen übertragbare Software

Eine jüngere Entwicklung, die hier im Auge behalten werden muß, ist der Vertrieb musikalischer Darbietungen in digitalisierter Form über Compakt Disc (Abk. CD). Diese Datenträger, die äußerlich kleinen Schallplatten ähneln, werden zunehmend auch als Massenspeicher für Computeranlagen eingesetzt. Es ist absehbar, daß es entsprechende Computerprogramme und -Bauteile geben wird, die es Computern ermöglichen, die Daten einer CD auszulesen, sie über einen Verstärker als Musik hörbar zu machen und sie über digitale Netze beliebig zu verbreiten. Für den audiovisuellen Bereich gilt Analoges, um nicht zu sagen Digitales: Für professionelle Videostudios gibt es bereits Prototypen, deren Aufzeichnungs- und Nachbearbeitungstechnik gänzlich digital aufgebaut ist,[181] und es ist nur noch eine Frage der Zeit, bis die Digitaltechnik auch im Homevideobereich Einzug hält.

Die beliebige Übertragbarkeit und besonders die beliebige Kopierbarkeit digitaler Daten ohne jeden Qualitätsverlust bereitet der Musikindustrie im Zusammenhang mit der CD und der Einführung des bespielbaren digitalen Audio-Magnetbandes (DAT – Digital Audio Tape) einiges Kopfzerbrechen. Während die CD bisher nur gelesen, also abgespielt werden kann, ist DAT imstande, das zu tun, was auch Computer zukünftig zu tun imstande sein werden, nämlich die digitalen Musikdaten ohne Qualitätsverlust zu kopieren. Nun hat sich in vielen Ländern die Rechtsauffassung durchgesetzt – und in allen Ländern die Praxis –, daß das Kopieren von Tonträgern im privaten Umfeld statthaft ist. Mit CD und DAT ist dies nun aber ohne Qualitätsverluste möglich, man spricht insofern auch von Clonen oder „Cloning" statt von Kopieren. Hierdurch sind mit einem Mal die Existenzgrundlagen der Branche gefährdet und es ist bestimmt kein Zufall, wenn Hersteller der betreffenden Hardware versuchen, Softwareproduzenten, also Schallplattenfirmen, aufzukaufen,[182] um damit eine Blockadepolitik dieses

Wirtschaftszweiges neuen Techniken gegenüber unterbinden zu können.

3.2.2.5.3 Computerprogramme als in Telematiknetzen übertragbare Software, Raubkopien und Virenprogramme

Bei der Computersoftware, die von jeher digital und damit „clonebar" ist, kämpfen die Hersteller einen harten, aber wenig aussichtsreichen Kampf gegen das illegale Kopieren, auch „Raubkopieren" genannt. Zwar gibt es eine Vielzahl von Methoden, Computerprogramme mit einem Kopierschutz zu versehen, aber findige Anwender schaffen es immer wieder, die Programme so umzuschreiben, daß der jeweilige Kopierschutz nicht mehr funktioniert.

Analog zu den Hackern werden diese Anwender „Cracker" genannt, sie „knacken" den Kopierschutz der Programme. Die Weitergabe illegal kopierter Programme, meist im Bekanntenkeis und ohne Bezahlung, erfolgte in der Vergangenheit in der Regel persönlich oder über Briefpost. Seit Modems in den Kreisen von Computeranwendern eine gewisse Verbreitung gefunden haben, werden Raubkopien verstärkt auch über die Telefonleitung weitergegeben. Angesichts der Perspektive, daß mittelfristig das Einlesen in Computerspeicher von Schriftstücken mittels Scanner, von Musik mittels CD und langfristig von digitalem Videomaterial möglich sein wird, zeichnet sich hier ein sehr wahrscheinlicher potentieller Nutzungsbedarf für zukünftige breitbandige Digitalnetze seitens Privathaushalten ab. Das Urheberrecht in seiner jetzigen Form würde dann freilich zur Farce.[183]

Bei der Verbreitung „gecrackter", illegal kopierter Computersoftware, die als Vorläufer für die Verbreitung weiterer digitaler Inhalte angesehen werden kann, zeichnet sich ein interessanter Trend ab. Die „Cracker" begnügen sich nicht damit, den Kopierschutz einer Software zu neutralisieren, sie versehen die Programme häufig darüber hinaus mit einer Art Widmung.

Wird ein solches Programm geladen, so erscheint als erstes Bild auf dem Monitor nicht das Programm selbst, sondern ein beliebiger schriftlicher Kommentar des „Crackers". Meist gibt er sein Pseudonym an sowie Datum und Dauer des „Crackens", oft verbunden mit spöttischen Grüßen an Softwarefirmen und kollegialen Grüßen an andere „Cracker". In jüngerer Zeit kommt es immer häufiger vor, daß ein solcher Hinweis in aufwendige Grafik- und Klang- Demonstrationen eingebunden wird. Diese sogenannten „Intros" erfreuen sich großer Beliebtheit, weil hier das eigene Können einem breiten Publikum vorgeführt werden kann.

Das Btx-Programm des Chaos Computer Club enthielt im Dezember 1987 den Bericht eines „Crackers" über ein Cracker-Treffen in Bielefeld, die „BIT-NAPPING-PARTY-V1.0":[184]

„... Diskette einlegen und... Ja und dann kommt ein INTRO. Die Cracker haben in zweistündiger Arbeit mal eben das Unmögliche möglich gemacht. Da stellt der ATARI plötzlich 46000 Farben gleichzeitig auf dem Schirm dar, der AMIGA bringt ein fünfminütiges gesampletes Musikstück rüber und der gute alte C64 wird bis über den Bildschirmrand hinaus mit formatfüllenden höchstauflösenden farbigen Grafiken aufgepeppt. Ich weiß, daß das alles technisch unmöglich ist und vor meinen Augen passiert es. Und. Was hat das mit Raubkopien zu tun? Die kommen dann hinter dem INTRO. Und bevor KINGSOFT- oder ARIOLA-Programme auch nur halbwegs die geringste Chance haben, gesehen zu werden, sind sie auch schon ausgeschaltet und das nächste INTRO wird eingelegt."[185]

Fast hat man den Eindruck, daß die Raubkopien nur noch als Vehikel für die Intros dienen, da sie garantieren, daß der entsprechende Datenträger immer weiter kopiert wird und so das Publikum für das Intro immer größer wird. Es existieren auch Intros ohne Raubkopie, sogenannte Demos. Auch hier werden die graphischen und akustischen Fähigkeiten des jeweiligen Computers ausgereizt, meist in Verbindung mit ausführlichen Grußtexten und Schmähungen gegen die Computer anderer Marken. Demos haben allerdings aufgrund ihres geringen Gebrauchsnutzens einen weniger starken Verbreitungsgrad.

Ein weiteres interessantes Phänomen im Zusammenhang mit der Verbreitung von Computersoftware ist die sogenannte „Public Domain-Software". Hierbei handelt es sich um Programme, die von ihrem Autor zur Weitergabe freigegeben sind. Der Autor verzichtet also aus freien Stücken auf ihm gesetzlich zustehende Vergütungen für die Benutzung seines Programms durch Dritte.

Einige dieser „PD"-Programme enthalten Hinweise, die den Benutzer darauf aufmerksam machen, daß die Erstellung des Programms mit einem erheblichen Zeit- und Arbeitsaufwand verbunden war und daß der Benutzer, sollte er das Programm für sich verwenden, so fair sein möge, einen kleineren Geldbetrag[186] auf das Konto des Autors zu überweisen, dessen Nummer natürlich angegeben wird. Auch wenn der Benutzer dies nicht tut, beispielsweise weil er das Programm ohnehin nicht benutzt, so ist der Autor in jedem Fall daran interessiert, daß das Programm weitergegeben wird, denn je höher der Verbreitungsgrad, desto höher wird die Anzahl der Nutzer sein, die etwas überweisen.

PD-Programme werden in jüngerer Zeit immer häufiger offiziell auch über Telematiknetze angeboten. Da dies gegen keine geltenden Rechtsnormen verstößt, können die Vorteile des Vertriebs über diese Netze voll ausgeschöpft werden. Viele große, aber auch kleinere Mailboxen bieten PD-Software an,[187] und auch im Btx wird im Zuge des vermehrten Einsatzes von Computern als Endgeräten die Übertragung von PD-Software, hier auch genannt „Telesoftware"[188], zu einem immer beliebteren Anwendungsbereich.

Wie die Verbreitung von Intros, Demos und PD-Software (auch solcher ohne die Bitte um Bezahlung), vermuten läßt, hat eine Gruppe unkonventioneller, vermutlich meist jüngerer Softwareautoren die Verbreitungsnetze für Computersoftware als ein Medium entdeckt, über das sie sich exponieren kann, das Öffentlichkeit schafft. Hierbei werden sowohl die illegalen Tausch- und Weitergabe-Netze für Raubkopien einbezogen, die über persönliche, briefliche oder telematische Weitergabe funktionieren, als auch die offiziellen Vertriebsnetze für PD-Software, die über Computerläden, Versanddienste und ebenfalls über Telematiknetze funktionieren.

Das jüngste Ergebnis in diesem Umfeld sind Virenprogramme,[189] auch Computerviren genannt, auf illegal kopierter Software. Dies sind kleine Unterprogramme, die in gecrackte Software eingearbeitet werden. Sobald ein solches Programm in einen Computer geladen wird, setzt es sich in dessen Arbeitsspeicher fest und − wenn der Computer auf ein neues Speichermedium zurückgreift, wenn also zum Beispiel eine andere Diskette benutzt wird, kopiert sich das Vierenprogramm in das neue Programm auf der anderen Diskette und so weiter. Von einer Zufallsfunktion gesteuert schlägt dieser Computervirus irgendwann zu, schreibt wie auch immer geartete Meldungen auf den Monitor und löscht beispielsweise die sich auf der momentan eingelegten Diskette befindlichen Daten; es soll sogar Computerviren geben, die mechanische Schäden an Diskettenlaufwerken bewirken. Das Problem der Computerviren, das ja auch schon im Zusammenhang mit Computerverbundnetzen existiert,[190] weist auf die steigende Gefahr der Verletzlichkeit durch Erscheinungsformen von „kreativer" Destruktivität hin.[191]

Der bisher spektakulärste Befall von Computernetzen durch ein Virenprogramm geschah am 3. November 1988. Robert Tappan Morris, ein 23jähriger Informatikstudent an der Cornell-Universität (USA), speiste zu Testzwecken ein Virusprogramm in einen vernetzten Universitätscomputer ein und verlor die Kontrolle über dieses Programm. Er hatte den Algorithmus (Rechenanweisung) falsch bestimmt, der die Geschwindigkeit steuerte, mit der sich das Virus selbst kopierte. Das Virus breitete sich innerhalb weniger Stunden explosionsartig in einer Vielzahl amerikanischer Rechnernetze aus, es drang in Rechner des Verteidigungs ministeriums, der NASA sowie in Anlagen vieler Forschungszentren ein, darunter Rüstungs- und Atomforschungsinstitute. Die hohe Vermehrungsrate des Virus verursachte eine Überlastung der Rechenkapazität der befallenen Systeme und damit deren Zusammenbruch auf Software-Ebene. Da es sich um ein gutartiges Virus handelte, das nicht gezielt darauf angelegt war, Daten zu zerstören, blieb der finanzielle Schaden im Verhältnis zu der Durchschlagskraft des Virus gering: 96 Millionen US-Dollar.[192]

Ein anderes anschauliches Beispiel in diesem Zusammenhang ist die anonyme Verbreitung sogenannter „Naziware" über kleine Mailboxen. Dies sind Computerspiele mit neonazistischem Inhalt, die von anonymen Nutzern der Mailboxen in diese eingespielt werden und so von jedem anderen Mailboxnutzer abrufbar sind. Eine Kontrolle oder Zensur ist hier kaum machbar[193] und wird es auch in zukünftigen breitbandigen Digitalnetzen nicht sein, es sei denn, die allgemeine Vorstellung von Datenschutz und damit letztlich von der Definition eines Rechtsstaates würde sich drastisch ändern.

3.2.2.5.4 Private Kleinanzeigen als in Telematiknetzen übertragbare Software

Eine weitere Anwendung für Datenübertragung von und zu Privathaushalten über Telematiknetze ist der private Anzeigenmarkt. Da hier lediglich kurze alphanumerische Informationen (= Buchstaben, Zahlen) übertragen werden müssen, sind auch die gegenwärtig verfügbaren Endgeräte und Netze technisch durchaus in der Lage, diese Anwendung auf breiter Basis zu ermöglichen. Datenbanknetzwerke, wie sie im Datex-P-Netz, im Btx oder teilweise in Form von Mailboxen realisiert sind, sind geradezu ideal zum systematischen Verwalten und abrufbaren Bereithalten einer Vielzahl kleiner Datensätze, in diesem Fall Anzeigentexte.

Daß es hier noch nicht zu einem intensiven Einsatz der Telematik gekommen ist, hat mehrere Gründe. Einmal wird dieser Markt bereits sehr intensiv von Zeitungen und speziellen Anzeigenblättern bedient. Die um Dimensionen bessere Nutzungsmöglichkeit von Kleinanzeigen über Telematiknetze durch sofortigen, beliebigen wahlfreien Zugriff nach Suchkriterien − eventuell sogar unter Verwendung von logischen Begriffsverknüpfungen − ist den potentiellen Nutzern heute noch wenig bewußt.

Zum anderen ist der Aufbau derartiger Telematikdienste über Datenbanksysteme oder über Btx ziemlich kostenaufwendig. In verschiedenen Verlagshäusern stehen hier jedoch gewiß genügend Mittel zur Verfügung. Der Verdacht liegt nahe, daß man sich der Situation dort noch nicht recht bewußt ist oder gar glaubt, sich nicht selbst auf vermeintlich eigenem Markt Konkurrenz machen zu müssen.

Ein dritter Grund könnte sein, daß der Absatzmarkt für „Online"-Kleinanzeigen aufgrund der verhältnismäßig geringen Anzahl von an Telematiknetze angeschlossenen Haushalten noch zu klein ist, um hier in großem Rahmen einzusteigen. Die Abwicklung eines Kleinanzeigenmarktes über Telematiknetze lohnt sich bereits heute allerdings schon dort, wo sich die angeschlossenen Haushalte mit der Zielgruppe für spezifische Produkte decken, und dort, wo der Wert oder die Bedeutung der angebotenen Produkte den Kostenfaktor und/oder die Unvollständigkeit des erreichbaren Teils der Zielgruppe weniger bedeutend erscheinen lassen. So ist in Mailboxen und im Btx bereits ein reger Kleinanzeigenmarkt bezüglich Computern und Peripheriegeräten sowie Btx-Geräten entstanden.

Gerade im Btx entstehen zur Zeit darüber hinaus mehr und mehr Anzeigenmärkte für Güter von hohem Wert wie Kraftfahrzeuge und Immobilien.[194] Die Btx-Dialogsysteme und die A- und M-Seiten-Kultur (Antwort- und Mitteilungsseiten) in diesem Medium sind durchaus als eine Fortsetzung des Kontaktanzeigenmarktes in den Printmedien unter Ausnutzung der zusätzlichen Möglichkeiten der Telematik zu sehen.[195]

Sobald die Datenübertragungskosten niedrig genug und die Anschlußzahlen hoch genug sein werden, ist es eine marktwirtschaftlich geradezu zwingend vorgegebene Perspektive, daß die Verlage oder, falls diese das unternehmerische Risiko scheuen, andere Unternehmen diesen Markt erkennen und bedienen.

Interessant in diesem Zusammenhang ist die gerade in den letzten Jahren sehr dynamische Entwicklung im Bereich der Gratisanzeigenblätter, bei denen das Aufgeben von Kleinanzeigen kostenlos ist und das Blatt selbst kostenpflichtig (meist um 2 DM) am Kiosk zu haben ist. Volumen und Auflagen dieser Blätter stecken in einem stetigen Steigerungsprozeß, der sich in immer neuen Regionalauflagen und Verkürzung der Periodizität auf zwei und mehr Ausgaben pro Woche dokumentiert. Der Erfolg dieses Konzepts beruht auf folgender Tatsache: Wenn das Aufgeben einer Anzeige gratis ist, werden auch solche Dinge inseriert werden, bei denen sich eine kostenpflichtige Kleinanzeige in der Tagespresse nicht rentieren würde. Für den Käufer eines solchen Blattes erhöht sich damit die Chance, sogenannte „Schnäppchen" oder „Ringeltauben", also extrem preisgünstige Dinge zu erwerben.

Die Kommunikation zwischen den Inserenten und den Verlagen wird über Briefpost und verstärkt über telefonische Anrufbeantworter abgewickelt. Die Anzeigentexte werden dann von Schreibkräften abgeschrieben beziehungsweise abgehört und direkt in den Satzcomputer eingegeben. Dieser Computer stellt eine nach Rubriken und Unterrubriken systematisch strukturierte „Offline"-Datenbank dar. Alles, was getan werden müßte, um diese in eine Online-Datenbank umzuwandeln, ist im Prinzip der Anschluß an ein Telematiknetz und die entsprechende Erweiterung der Software auf Retrievalfähigkeit.

Diese Verlage sind sich der Situation teilweise sehr bewußt, scheuen den Schritt, „online" zu gehen jedoch, da es an konkretem Know-how über Hard- und Software und zu erwartenden Kosten − auch für die Netzbenutzung − mangelt. Dazu kommt, daß die Teilnehmerzahlen bei den in Frage kommenden Telematikdiensten noch zu niedrig sind.[196]

Es ist übrigens verblüffend, wie sehr die Rubriken „Grüße" oder „Mitteilungen" in diesen Blättern den Dialogsystemen des Btx ähneln.

Weitere bemerkenswerte Entwicklungen in diesem Bereich sind die vereinzelt entstehenden „Offline"-Gebrauchtwagendatenbanken, die in jüngerer Zeit mit mehr oder minder großem Erfolg von Verlagen oder Privatfirmen betrieben werden.[197]

Die langfristige Perspektive im Bereich der für Privathaushalte über Telematiknetze verfügbaren Anzeigen muß wie die Gesamtentwicklung der Telematik vor dem Hintergrund einer absehbaren drastischen Leistungssteigerung der allgemein verfügbaren Technik gesehen werden, sowohl was die Netze als auch was die Endgeräte betrifft.

Hier zeichnet sich die Möglichkeit der audiovisuellen Anzeige ab, wie sie schon seit Jahren in Form der Fernsehwerbung existiert. Selbst in diesem klassischen Massenmedium wird in jüngster Zeit der individuelle Rückkanal Telefon genutzt, um die audiovisuell gegebenen

Kaufanreize unmittelbar in einen Kaufakt umzusetzen (Stichwort „Teleshopping“).[198] Über ein breitbandiges Telematiknetz werden sehr differenzierte Rückkanäle möglich sein und ein individueller, beliebig wiederholbarer Abruf der audiovisuellen Anzeige.

3.2.2.5.5 *Weitere Entwicklungstendenzen zur Nutzung breitbandiger Telematiknetze*

Digitale Datenträger werden bereits heute intensiv als Werbemedium eingesetzt. Es gibt kaum eine kommerziell vertriebene professionelle Computersoftware, für die nicht Demonstrations-(Demo-)Disketten zum Selbstkostenpreis erhältlich wären. Der Einsatz digitaler Datenträger steht jedoch auch in der allgemeinen Produktwerbung unmittelbar bevor. Kürzlich bestätigten die Geschäftsführer zweier großer bundesdeutscher Werbeagenturen: „Die Anzeige mit der beigehefteten Diskette oder dem Mikrochip wird mit Sicherheit kommen.“[199]

Die Diskette *als* Zeitschrift gibt es bereits. Aus dem Service von Computerzeitschriften, Computerprogramme zum Abtippen in den Homecomputer (sogenannte Listings) abzudrucken, erwuchs der Bedarf der Leser, diese Listings als sofort lauffähige Programme auf Datenträgern zu beziehen. Die Verlage bedienten diesen Bedarf, und teilweise wurden auf den über den Zeitschriftenhandel vertriebenen Datenträgern redaktionelle Texte abgespeichert, oder es wurde ein Textheft mit redaktionellen Beiträgen beigelegt. Einer der ersten bundesdeutschen Anbieter in dieser Richtung war das anfangs auf einer Audiokassette als Datenträger veröffentlichte Computermagazin „Input 64“ für den Commodore C-64 Homecomputer.

Vilem Flusser, Professor für Kommunikationsphilosophie in Sao Paulo, sieht gar das „Alphabet als überholte Kulturform“[200]. In seinem Essay „Die Schrift“ vertritt er die Auffassung, daß (binäre) „Codes von Tonbändern, Schallplatten, Filmen, Videobändern, Bildplatten oder Disketten die Aufgaben der Schrift bald ganz übernehmen werden. Und mit ihrer Hilfe soll in Zukunft sogar besser korrespondiert, Wissenschaft getrieben, politisiert, gedichtet und philosophiert werden können.“[201] Das Essay erschien folgerichtig außer in traditioneller Buchform auf Diskette.

Auch die Gepflogenheit, analoge audiovisuelle Datenträger, sprich bespielte Audio- und Videokassetten privat per Briefpost zu versenden, ist als Vorläufer der privaten audiovisuellen Kommunikation in zukünftigen breitbandigen Telematiknetzen zu sehen. Die Tatsache, daß hier aufgrund des Briefgeheimnisses[202] weder eine Kontrolle über die Verbreitung dieser Gepflogenheit, geschweige denn über den eventuell urheberrechtlich relevanten Inhalt dieser Datenträger möglich ist, weist abermals darauf hin, wie schwer beziehungsweise hoffnungslos angesichts der Kommunikationsmöglichkeiten in zukünftigen Telematiknetzen das Aufrechterhalten eines direkten Urheberrechts werden wird.[203] Dies gilt allerdings nur solange, wie Datenschutzregelungen im Sinne heutiger Auslegung des Grundgesetzes Priorität eingeräumt wird. Davon müßte man jedoch ausgehen können.[204]

3.2.2.6 Beispiele für mögliche telematische Infrastrukturen und potentielle Auswirkungen auf die Gesellschaft

3.2.2.6.1 *Informationsversorgung mittels Telematiknetzen*

Datenbankabfragen als typische Methode der Informationsgewinnung über Telematiknetze werden nach Voraussagen führender Fachleute[205] folgende Weiterentwicklung durchmachen: Mit der zu erwartenden Leistungssteigerung und Verbilligung bei digitalen Speichern und Datenübertragungsnetzen werden in einer insgesamt stark ansteigenden Anzahl von Datenbanken immer mehr und immer vollständigere Informationen immer leichter und bequemer abrufbar sein. Die Benutzersprachen werden verbessert werden, und es wird erhebliche Arbeitserleichterungen geben: Simultanrecherchen in mehreren Datenbanken (multifile search), Verwendung eines Rechercheergebnisses als Input für die nächste Recherche (mapping), automatisches sinnvolles Sortieren von Rechercheergebnissen (ranking) und vielerlei mathematische, graphische und gestalterische Bedienungsmöglichkeiten. Die Verbreitung von Mikrocomputern wird die Recherche durch den privaten oder geschäftlichen Informationsnutzer selbst begünstigen, professionelle Informationsvermittler werden an Bedeutung verlieren. Die Kosten für Online-Recherchen werden weit unterhalb der allgemeinen Inflationsraten ansteigen. Überdies wird die Weiterentwicklung von Mikroelektronik und Software Endgeräte hervorbringen mit der Möglichkeit zur „Offline-Frageformulierung und anschließenden schnellen Übermittlung der Suchfrage bzw. des schnellen Downloading der Rechercheergebnisse".[206] Dies bedeutet eine gesteigerte Benutzerfreundlichkeit bei reduzierten Kosten durch kurze Verbindungszeiten.

Weitere Prognosen besagen, daß im Zuge der Entwicklung der Künstlichen Intelligenz (KI)[207] „Mensch-Maschine-Kommunikation in natürlicher Sprache durch kontextgesteuerte Wissensakquisition und -repräsentation"[208] möglich ist, wobei der Begriff „Datenbank" durch „Wissensbasis/Wissensverarbeitung" zu ersetzen wäre, da hier auch unstrukturierte Anfragen die Erschließung von Wissenszusammenhängen ermöglichen.[209]

Bereits heutige Mikrocomputer können im Einsatz als intelligente Btx-Endgeräte auf Knopfdruck ganze Ketten von Befehlen im Btx-System ausführen, sogenannte Macros. Auch kommen gegenwärtig in der Bundesrepublik Computersysteme auf den Markt, die softwaregesteuert völlig selbständig Online-Datenabfragungen vornehmen können. Diese Systeme werden vorerst nahezu ausschließlich im Börsenwesen eingesetzt. Sie rufen zum Beispiel zu bestimmten Tageszeiten die Börsenkurse der Weltbörsen ab, führen einen Abgleich der abgerufenen Werte mit den vom Benutzer eingegebenen Soll- oder Grenzwerten durch und leiten dann softwaregesteuert gegebenenfalls Aktionen im Sinne des Nutzers ein, zum Beispiel indem sie über Btx ein Telex absetzen, welches die Hausbank des Nutzers zu bestimmten Kauf/Verkaufstätigkeiten veranlaßt. Der weltweite Börsenkrach im Oktober 1987 soll zu einem nicht unwesentlichen Teil durch derartige automatische Verkäufe in den USA zustande gekommen sein.

In den USA wird bereits heute auch im Bereich der Markt- und Meinungsforschung von spezifischen Computerfähigkeiten Gebrauch gemacht, so zum Beispiel der Fähigkeit des Computers, menschliche Sprache wiederzugeben. Man programmiert Computer darauf, selbständig Telefonverbindungen herzustellen, die Bitte um ein Interview mittels digitalisierter Sprache oder Tonband vorzubringen und, für den Fall, daß der Angerufene dazu bereit ist, die Antworten auf Tonband mitzuschneiden beziehungsweise zu einem menschlichen Interviewer weiterzuschalten. Bei Antwortvorgaben besteht die vom Befragten erwartete Reaktion teilweise auch darin, eine der Antwortvorgabe entsprechende Nummerntaste auf seinem Telefonapparat zu drücken. Dabei erweist sich das in den USA verbreitete akustische Wählverfahren (tone dialing) als hilfreich.

Außer der Sprachausgabe, die heute bereits fast jeder Homecomputer beherrscht, wird in den nächsten Jahren die Spracheingabe die Anpassung des Computers an den Menschen in Form einer sprachlichen Schnittstelle perfektionieren. Eine Anpassung des Computers an die menschlichen Kommunikationsschnittstellen ist zwingend, denn „Da der Mensch mit seinen Fähigkeiten praktisch festgelegt ist, kann eine Verbesserung des Mensch-Maschine-Dialoges nur durch eine Veränderung der Maschine bewerkstelligt werden."[210] Denkbar ist hier die sprachliche Ein- und Ausgabe von Daten. Ferner besteht die Möglichkeit der gleichzeitigen Anzeige bewegter, hochauflösender Grafiken, beispielsweise in Form eines Gesichtes, verbunden mit dem Zugriff auf riesige externe Speicher in Form von Peripheriegeräten wie der CD-ROM und auf eine Vielzahl von Daten-/Wissensbanken über leistungsfähige breitbandige Telematiknetze. Zusammengenommen ist dies durchaus geeignet, für den Nutzer einen fast menschlichen Kommunikationspartner darzustellen, der über ein schier unerschöpfliches Wissen verfügt. Manche Prognosen sagen sogar eine Abbildung spezifischer menschlicher Persönlichkeitstypen auf wissensverarbeitenden Systemen der Zukunft voraus.[211]

Der Mikrocomputer der Zukunft wird zweifellos eine gewisse Lernfähigkeit und Anpassungsfähigkeit bezüglich der Interessen und kommunikativen Eigenarten seines Nutzers aufzubringen. So kann er beispielsweise bei Datenbankrecherchen die wichtigsten Interessengebiete seines Nutzers generell mitberücksichtigen und von sich aus auf Zusammenhänge des Untersuchungsgegenstandes mit anderen Interessengebieten des Nutzers aufmerksam machen.

Auch kann sich ein Computer hinsichtlich des Wortschatzes, den er verwendet, seinem Nutzer anpassen beziehungsweise bei Recherchen simultane Übersetzungs- und Erklärungsarbeit leisten.

Textverarbeitungsprogramme neuerer Generation verleihen Mikrocomputern bereits die Lernfähigkeit, aus einmal erfolgten Fehlerkorrekturen den Schluß zu ziehen, daß beim nächsten Tippfehler derselben Art dieselbe Korrektur auszuführen ist. Aus einem Werbetext:

„Selbstverständlich machen Sie jetzt absichtlich Tippfehler, nämlich Kürzel wie etwa sg. WITCHPEN hat ja von Ihnen begierig gelernt, soche Kürzel sofort in Ausdrücke wie Sehr geehrte Herren usw. zu übersetzen. Mit besonderen Wörterbüchern übersetzt WITCHPEN Ihre Texte auch Wort für Wort in Fremdsprachen − not perfect, but understandable. Die Lernkapazität: bis 1 Million Wörter."[212]

All diese Entwicklungstendenzen, die für die Zukunft eine kostengünstige, komfortable und individuelle Informationsversorgung erwarten lassen, machen einen Bedeutungsverlust der Massenmedien wahrscheinlich. Es wäre allerdings bestimmt übertrieben, zu erwarten, daß allein die technische Möglichkeit die Bevölkerung dazu veranlassen wird, sich nur noch aus persönlichen Datenbankabfragen nach individuellen Präferenzen über das Weltgeschehen zu informieren. Die Nachrichtenselektion und das Agenda-Setting (Themenauswahl) werden sicherlich zu einem guten Teil weiterhin den Nachrichtenagenturen und den Redaktionen der Massenmedien überlassen werden, allerdings weniger aufgrund technischer Notwendigkeiten, sondern ausschließlich als Dienstleistung für eine Bevölkerung, der eine individuelle Nachrichtenselektion zu aufwendig ist und die auf eine öffentlich zugängliche Selektion durch Profis nicht verzichten will. Selbstverständlich werden in einer solchen Situation die Spielräume größer und langfristig ist eine Tendenz zur Aufsplittung der Nachrichtenkanäle wahrscheinlich. In eine ähnliche Richtung tendierende Beispiele sind die Öko-Bank, die in Frankfurt am Main von der alternativen Szene nahestehenden Menschen gegründet wurde und die alternative Tageszeitung TAZ. Angesichts der Möglichkeiten zukünftiger Kommunikationsnetze sollte es nicht verwundern, wenn es beispielsweise zur Gründung von Öko-Datenbanken und Öko-Nachrichtenagenturen kommt,[213] beziehungsweise wenn mehr und mehr wie auch immer geartete Interessengruppen eigene Nachrichtennetze aufbauen. Zwar sind die internationalen Korrespondentennetze der Weltnachrichtenagenturen und allein deren finanzielle Möglichkeiten zum Abschluß von Exklusivverträgen (zum Beispiel bei Sportveranstaltungen) konkurrenzlos, jedoch kann bereits durch die heutige Videotechnik ein jeder mit taschenbuchgroßen Geräten die Vorgänge in seiner Umgebung audiovisuell archivieren. Zusammen mit der Verfügbarkeit breitbandiger Telematiknetze wird dadurch zumindest theoretisch ein jeder zum potentiellen Nachrichtenkorrespondenten für den Bereich seiner unmittelbaren Umgebung – von der Wahrung von Urheber- und Exklusivrechten ganz zu schweigen.[214]

3.2.2.6.2 Unterhaltung mittels Telematiknetzen

Der Trend zur audiovisuellen Individualkommunikation in Telematiknetzen ist eingeleitet spätestens seit der Einführung des Sprachspeicherdienstes der Bundespost TELEKOM[215]. Mit Einführung des Bildtelefon-Versuchsbetriebes über ISDN ab 1990[216] wird sie erstmals Realität. Natürlich ist auch hier zu Anfang mit verhältnismäßig hohen Kosten und einer hauptsächlich geschäftlichen Nutzung zu rechnen. Allerdings ist es gut vorstellbar, daß sich zukünftige Microcomputer zu Bildtelefon-Endgeräten ausbauen lassen. Dies könnte bewirken, daß auch in Privathaushalten Bildtelefone verfügbar werden, ohne daß allzu hohe Investitionen erforderlich sind.[217]

Das Verwendungsspektrum für ein solches Medium zum Zweck der Unterhaltung ist breit: Es reicht von der Möglichkeit der individuellen Überspielung ganzer Spielfilme, in breitbandigen Telematiknetzen sogar innerhalb kürzester Zeiträume, bis zu aufwendigen Weiterentwicklungen von Dialogsystemen, wie sie im Btx-Dienst oder in amerikanischen Mailboxsystemen bereits heute realisiert sind.[218]

Berücksichtigt man hierbei noch die Entwicklung unterhaltender Software für Mikrocomputer in Richtung hochauflösender animierter Text-Sound-Grafikadventures,[219] dann zeichnen sich Dialogsysteme ab, die es durchaus verdienen, als „alternative Realitäten"[220] bezeichnet zu werden. So könnten beispielsweise über ISDN-Bildtelefon-Dialogsysteme anstatt kurzer alphanumerischer Mitteilungen wie in heutigen Btx-Dialogsystemen audiovisuelle Mitteilungen anonym ausgetauscht werden.

Mit einem breitbandigen Telematiknetz wie dem IBFN könnten sogar perfektionierte Varianten des animierten Text-Grafik-Dialogsystems „Habitat"[221] möglich werden, bei denen von den Nutzern detailliert konstruierte, realistische Handlungsfiguren in einer vom Dialogsystem perfekt simulierten Umwelt sich bewegen und interagieren.

Hierbei eröffnet die Entwicklung KI-unterstützer, lernfähiger Systeme[222] die Perspektive, daß die Aktionsfreiheit der Handlungsfiguren der Nutzer im Vergleich zur Realität kaum eingeschränkt ist oder sogar weit über reale Handlungsmöglichkeiten hinausgeht. Darüber hinaus eröffnet sich allerdings die Perspektive, daß ein solches System auch Handlungsfiguren simulieren kann, die für die Nutzer nicht ohne weiteres von solchen unterscheidbar sein dürften, hinter denen ein menschlicher Nutzer steht.[223]

In solchen Dialogsystemen könnten sich durchaus auch höchst komplexe soziale Systeme bilden. Bereits in den heutigen alphanumerischen Dialogsystemen kommt es häufig zur Nachahmung beziehungsweise Nachbildung sozialer Interaktionsmuster. Sehr beliebt sind Hochzeiten, zu denen man sich zu verabredeten Zeitpunkten in vereinbarten Salons triff.[224] Ein Bericht über einen solchen Vorgang in einem den Salons in den bundesdeutschen Btx-Dialogsystemen entsprechenden „CB-Kanal"[225] der amerikanischen Mailbox Compuserve lautet folgendermaßen:

„Im Frühjahr gab es das Nonplusultra: eine Online-Trauung zwischen Leuten, die sich auf CB getroffen hatten. Braut und Bräutigam an einem Terminal, der Pastor an einem anderen, und Dutzende von Gästen an ihren Terminals über das ganze Land verstreut. Alle hatten die sich entwickelnde Freundschaft über Monate beobachtet. Der Organist spielte in echtem CB-Stil da di di dum im passenden Moment, der offizielle Trau-Fotograf machte blitz, und es gab eine Menge seufz,

seufz und feuchte Augen während der Zeremonie. Nachher warfen die Gäste„„„„„„„„„„ „-CB-Reis.“[226]

In den Salons des Btx-Dialogsystems „kuk“ kam es im Sommer 1987, wie der Verfasser beobachten konnte, außer zu einer Vielzahl von Hochzeiten auch zu weniger angenehmen, offiziösen sozialen Interaktionen wie zum Beispiel Gerichtsverhandlungen.

Außer komplexen Telematik-Dialogsystemen könnten zukünftige Telematiknetze in Verbindung mit den Mikrocomputern der Zukunft die Möglichkeit eröffnen, realistische audiovisuelle Animationen gleichsam am Schreibtisch zu erstellen[227] und diese über die Netze kommerziell zu vertreiben.[228]

Sollten die geschilderten Entwicklungen eintreten, so würde sich dies auch und gerade auf die Unterhaltungsfunktion der alten Massenmedien drastisch auswirken. Angesichts der sich hier abzeichnenden Aktions- und Interaktiosperspektiven, die ein Massenmedium mit vorwiegend einseitigen Kommunikationsmöglichkeiten unter keinen Umständen bieten kann, wäre mit einem weiteren Bedeutungsverlust der Massenmedien zu rechnen.

Natürlich ist es wahrscheinlich, daß derartige öffentlich zugängliche Kommunikationsinhalte in Telematiknetzen mit geltenden Gesetzen, zum Beispiel Bestimmungen zum Jugendschutz, kollidieren. Dem könnte, soweit Gesetze zum Schutz der Meinungsfreiheit hier nicht greifen,[229] leicht begegnet werden mit der bereits heute im Btx-Dienst sehr beliebten Bildung geschlossener Benutzergruppen.[230] Der Zugang zu solchen Benutzergruppen wäre dann zum Beispiel nur möglich gegen Altersnachweis und ein personengebundenes Paßwort, das als durchaus erwünschter Nebeneffekt auch kostenpflichtig sein könnte. Die Kommunikation verlöre dann ihren öffentlichen Charakter und es dürfte juristisch sehr schwierig werden, hier Zensurmaßnahmen durchzusetzen. Der Anonymität derartiger Kommunikation wäre ein solches Vorgehen allerdings eher abträglich.

3.2.2.6.3 Sonstige potentielle Auswirkungen der Telematik
auf Gesellschaft und Alltag

Zukünftige Telematiknetze sind zweifellos geeignet, außer den herkömmlichen kommunikativen Strukturen der Gesellschaft auch deren wirtschaftliche Strukturen in Frage zu stellen und zu revolutionieren. Allein das gigantische Rationalisierungspotential der Telematik in der Produktion und besonders in Logistik und Verwaltung, speziell dem Bürobereich, kann den Arbeitsmarkt praktisch dicht machen und die Arbeitslosenzahlen in dramatische Höhen schnellen lassen. Dies ist auch der Hauptgrund, aus dem starke gesellschaftliche Kräfte der Telematik äußerst skeptisch gegenüberstehen und ihren Ausbau verhindern wollen.[231] Allein die Umstellungen im Geldverkehr durch Kreditkarten mit Magnetstreifen oder eingearbeiteten Mikrochips, der dadurch mögliche bargeldlose Warenverkehr, Kassenautomaten und Bargeld-Kontenautomaten versprechen mittelfristig riesige Kosten- und Arbeitsplatzeinsparungen.

Telematik bringt jedoch auch eine deutliche Steigerung der Lebensqualität mit sich. Wenn von Computern gesteuerte Maschinen schwere und gesundheitsschädliche Arbeit verrichten, wenn Computer über digitale Kommunikationsnetze eintönige Büro- und Verwaltungsarbeit verrichten, so ist darin zunächst ein Fortschritt zu sehen; ein Forschritt insofern, als derartige geradezu unmenschliche Arbeit nun nicht mehr von Menschen verrichtet werden muß. Menschen, die im Verlauf dieser Entwicklung ihren Arbeitsplatz verlieren, wird diese Gewißheit freilich wenig trösten.

Es sind hier allerdings nicht die technischen Möglichkeiten, die herkömmlichen Strukturen angepaßt werden müssen, sondern umgekehrt müssen angesichts neuer revolutionärer technischer Möglichkeiten Strukturen gefunden werden, die den Menschen vom Fortschritt profitieren lassen.

Dies ist bereits insofern unerläßlich, als eine Marktwirtschaft nicht auf die Massenkaufkraft verzichten kann, die bei einer Verarmung breiter Bevölkerungsschichten durch Arbeitlosigkeit schwinden würde; – ganz zu schweigen von sozialen Unruhen, die in einer solchen Situation entstehen würden. Keine größere Gruppe oder Schicht einer demokratischen Wohlstandsgesellschaft in der Art der westlichen Demokratien würde sich auf Dauer in den Status eines vierten Standes zurückdrängen lassen, erst recht nicht, wenn sie sich über alte und neue elektronische Kommunikationsmittel jederzeit ein genaues Bild der gesellschaftlichen Gesamtlage machen kann.

Man wird sich einer gewissen Umverteilung des durch die technischen Fortschritte erzielten Mehrwerts nicht entziehen können. Wie dies im einzelnen praktisch umzusetzen sein könnte, muß das Ergebnis eines umsichtigen und sensiblen politischen Entscheidungsfindungsprozesses sein. Gerade die politische Entscheidungsfindung könnte allerdings sehr gut ebenso einen erheblichen Veränderungsprozeß durchmachen.[232] Neue Strukturen müßten sich hier sofort bei einer sehr schwierigen Aufgabe bewähren. Ob in diesem Zusammenhang bedingungslose Grundrenten, erhöhte Sozialhilfesätze – sinnvollerweise eventuell unter anderer Bezeichnung –, intensive beschäftigungspolitische Maßnahmen zum sogenannten qualitativen Wachstum oder ähnliches, finanziert durch eine Art Maschinensteuer, sinnvoll und wirtschaftlich angesichts der internationalen Lage vertretbar sind, wird noch herauzufinden sein. Dasselbe gilt für die Frage, inwieweit die in den nächsten Jahrzehnten stark rückläufige Bevölkerungsentwicklung in der Bundesrepublik geeignet ist, die Situation zu entschärfen. In dieser Hinsicht dürften allerdings die abzusehenden Erweiterungen der Europäischen Gemeinschaft einen Gegentrend erzeugen, der selbst wiederum soziale und innenpolitische Probleme mit sich bringen könnte.

Eine weitere mögliche Entwicklung, die für die Wirtschaft erhebliche Probleme, für die alltägliche Lebensqualität und auch für die Umwelt jedoch einen großen Fortschritt bedeutet, wäre die konsequente Weiterentwicklung der Kleinanzeigenkultur in Telematiknetzen.[233] Bereits heute stöhnt der Einzelhandel unter den Umsatzeinbußen, die der innerhalb des letzten Jahrzehnts aufgekommene Trend zu publikumsintensiven privaten Gebrauchtmärkten, sogenannten Flohmärkten, verursacht. Ein über Telematiknetze realisiertes Datenbanksystem könnte diesen Trend potenzieren. Ein nahezu totales Recycling beziehungsweise die vollkommene Ausnutzung des Gebrauchswertes von Gebrauchsgütern wäre machbar. Der Bedarf an Kaufkraft zum Erreichen oder Erhalten eines bestimmten Lebensstandards würde erheblich sinken. Bei alledem würde ein socher Markt eine Produktpalette bieten, deren Breite herkömmliche wirtschaftliche Einzelorganisationen nicht bieten könnten. Auch ein über Telematiknetze abgewickelter Neuwarenmarkt hätte im übrigen die Folge, daß der Handel weitgehend einheitlich und sehr knapp kalkulieren müßte, da der Verbraucher perfekte Vergleichsmöglichkeiten hat.

Bezüglich des Arbeitsalltags in der Zukunft dürfte die Telematik eine Entwicklung begünstigen, die auf die Auflösung fester örtlicher und zeitlicher Strukturen in diesem Bereich hinausläuft. Ein großer Teil der vorhandenen Arbeit sowie der damit verbundenen menschlichen und maschinellen Kommunikation dürfte über Hometerminals im privaten Wohnbereich zu bewältigen sein. Dies hätte das Ende der heutigen Büro- und Verwaltungskomplexe mit allen städtebaulichen, verkehrstechnischen und umweltbezogenen Konsequenzen sowie das endgültige Aufweichen genormter Arbeitszeitregeln zur Folge.[234]

Auch angesichts des zu erwartenden Zusammenbruchs des Urheberrechtes[235] werden neue Strukturen gefunden werden müssen, die den gesamtgesellschaftlich schließlich immer weiter an Bedeutung gewinnenden Bereich der Softwareproduktion funktionstüchtig erhalten. Bereits heute beginnen private (und illegale professionelle) Kopien von Software die Existenz ganzer Industriezweige zu gefährden. Aufgrund der qualitätsverlustfreien „Clonebarkeit"[236] ihrer (digitalen) Produkte war hier die Computersoftware-Branche von Anfang an am härtesten betroffen. Aber auch die Musik- und die Videoindustrie sind stark betroffen; bei der Musiksoftware ist die Digitalisierung mit allen Folgen bereits im Gange und für die audiovisuelle Software steht mittelfristig eine Digitalisierung bevor.[237]

Der Verdacht, daß mit restriktiven Maßnahmen hier nicht allzuviel auszurichten ist, verdichtet sich bereits angesichts vielerlei gegenwärtig stattfindender Entwicklungen. So ist es unter Jugendlichen in jüngster Zeit eine beliebte Beschäftigung, sehr kleine Videokameras mit integriertem Aufzeichnungsgerät unbemerkt mit in Kinovorstellungen zu nehmen und so aktuelle Kinofilme aufzuzeichnen und untereinander weiterzugeben. Derartiges wird auch in großem Stil von professionellen sogenannten „Videopiraten" betrieben.[238]

Eine Kontrolle des privaten Kopierens und Weitergebens von Videokassetten und sonstiger Software ist ohne einen einer freiheitlichen Demokratie unwürdigen, riesigen polizeistaatlichen Aufwand nicht durchzuführen. Auch technische Kopierschutzvorrichtungen, die sich seit neuestem in Form von Störsignalen auf den in Videotheken auszuleihenden Videokassetten befinden, werden gegenwärtig, also innerhalb kürzester Zeit nach ihrer Einführung, durch die Anwendung entsprechender mikroelektronischer Kleingeräte unterlaufen.

Noch deutlicher ist die Situation bei der Computersoftware. Hier haben sich die „Cracker" bisher noch immer als raffinierter als der beste Kopierschutz erwiesen.[239] Im Computerbereich ist mittlerweile selbst die Hardware nicht mehr tabu, es gibt immer mehr Programme, die den Computer einer Marke A einen Computer der Marke B simulieren lassen. Solche sogenannten Emulationsprogramme werden natürlich auch privat weitergegeben. Insiderkreisen sollen sogar schon vielfache Emulationen gelungen sein – in dem Sinn, daß Emulationsprogramm A aus Computer A faktisch einen Computer B macht, für Computer B gibt es ein Emulationsprogramm B, das aus ihm einen Computer C macht, usw.

Bei der Musiksoftware wird auch ihre Herstellung unter Verwendung von Digitaltechnik urheberrechtlich relevant. Eine ganz aktuelle und äußerst erfolgreiche Erscheinung auf dem Musikmarkt sind Musikstücke, die aus gesampleten[240] Versatzstücken anderer Musikstücke zusammengesetzt sind. Die Möglichkeit der Ver- und Bearbeitung digitaler Musikdaten erlaubt hier eine Vielzahl interessanter und durchaus künstlerischer Verfremdungen und Effekte. Die Schöpfer der ursprünglichen Musikstücke sehen solcherlei Aktivitäten naturgemäß als eine Verletzung ihrer Urheberrechte. Hier stehen wegweisende gerichtliche Entscheidungen bevor.[241] Ein englischer Insiderstar bringt die sich anbahnende geradezu revolutionäre Entwicklung auf die provokative Formel: „Urheberrecht ist Diebstahl."[242]

Auch die hitzige, mittlerweile internationale Diskussion in den Kreisen der Filmschaffenden darüber, ob es statthaft sei, alte Schwarzweißfilme durch Digitalisierung und entsprechenden Einsatz von Computertechnik nachträglich zu colorieren[243], wird spätestens dann von der Realität überrollt werden, wenn die technischen Mittel hierzu in den meisten Haushalten in Form leistungsfähiger Mikrocomputer zukünftiger Generationen zur Verfügung stehen.

Die Lösung des Problems des Urheberrechtes wird eine weitere schwierige politische Aufgabe der Zukunft sein. Ein Ansatz, in dessen Richtung die betreffenden Überlegungen gehen könnten, wäre eine Finanzierung über den Verkauf der jeweiligen Hardware und der Bereitstellung entsprechender Mittel durch das Gemeinwesen; also eine Urheberrechtssteuer, die zu Verteilen nach einem wie auch immer gearteten Punktesystem unter Zuhilfenahme der Telematiknetze vonstatten gehen könnte.

3.2.2.6.4 Gesellschaftspolitische Zukunftsperspektiven in einer postindustriellen Informationsgesellschaft

Die Auswirkungen des geschilderten Entwicklungspotentials der Telematik müssen im Zusammenhang und in der Wechselwirkung mit der generellen Weiterentwicklung der Industriegesellschaften gesehen werden. Den gegenwärtigen Diskussionsstand und die theoretischen Hintergründe zu referieren, hieße den hier verfügbaren Rahmen zu sprengen. Deshalb sollen exemplarisch nur einige wenige Ansätze und Thesen genannt werden.

Bereits 1973 veröffentlichte der amerikanische Sozialwissenschaftler Daniel Bell ein vielbeachtetes Buch mit dem Titel „The Coming of Post-Industrial Society. A Venture in social Forecasting"[244]. Das Ergebnis seiner Überlegungen lautet im Kern:

- Die Information wird in ihrer Eigenschaft als Produktionsfaktor immer bedeutender werden und die herkömmlichen Produktionsfaktoren wie Rohstoffe, Energie, Arbeit, Kapital usw. dominieren.
- Nicht mehr Eigentum und Besitz, sondern Wissen und Information wird die Stellung des einzelnen in dieser Gesellschaft bestimmen.

– Die Gruppe der Wissenschaftler wird die im Mittelpunkt stehende
  Elite dieser Gesellschaft bilden.

Bells Thesen liegt eine Auffassung von Gesellschaftsentwicklung zugrunde, die in Abgrenzung zur marxistischen Theorie nicht von einer
historischen Notwendigkeit der Wandlung des Kapitalismus über
Klassenkampf und Wirtschaftskrise in Sozialismus und Kommunismus ausgeht. Bell sieht vielmehr, und die Geschichte scheint ihm hier
recht zu geben, in Kapitalismus und Sozialismus Varianten ein und
desselben Gesellschaftstyps, der Industriegesellschaft.[245] Im Zuge der
Weiterentwicklung der Industriegesellschaft ergeben sich nach Bell
Veränderungen und Trendfortsetzungen, die zu Umstrukturierungen
der Industriegesellschaft im Sinne der genannten Thesen führen.[246]
Die am meisten evidente dieser von Bell prognostizierten Entwicklungen ist zweifellos die vitale Bedeutung von Information für die Gesellschaft der Zukunft, wobei dies über den wirtschaftlichen Bereich hinaus sicherlich auch für den sozialen und politischen Bereich gilt.

Bezüglich der These von der Bildung einer gesellschaftlichen Elite der
Wissenschaftler und Ingenieure ist angesichts der jüngeren Entwicklung im Bereich der allgemein verfügbaren Datenbanken, der Künstlichen Intelligenz und der wissensbasierten Systeme[247] auch ein eher ge-
genteiliger Trend denkbar. Die allgemeine Verfügbarkeit von Bildung
und individuell aufbereitetem Wissen könnte die Entstehung einer wie
immer gearteten Gruppe mit Herrschaftswissen wirksam verhindern.[248]

1980 veröffentlichte der amerikanische Journalist und Wissenschaftler Alvin Toffler ein Buch mit dem Titel „The Third Wave", dessen
deutsche Ausgabe den Untertitel trägt „Perspektiven für die Gesellschaft des 21. Jahrhunderts"[249]. Toffler beschreibt hier die Menschheitsgeschichte als eine Abfolge übergreifender Innovationswellen,
wobei die erste die Wandlung der primitiven Gesellschaft in die Agrargesellschaft und die zweite den Sprung von der Agrargesellschaft zur
Industriegesellschaft bewirkte. Wie Bell sieht auch Toffler in Kapitalismus und Kommunismus lediglich verschiedene Erscheinungsformen der Industriegesellschaft, deren markantestes Kennzeichen die

Trennung von Produktion und Konsumtion durch die Einführung der Institution des industriellen Marktes ist.[250]

Die am weitesten entwickelten Industrienationen wie die USA, Japan und Westeuropa sieht er seit Beginn der 60er Jahre einer dritten Innovationswelle ausgesetzt, die ebenso drastische Umstrukturierungen mit sich bringen wird wie die zweite Innovationswelle, die industrielle Revolution. Nach Auffassung Tofflers sind nahezu alle sozialen, politischen und ökonomische Krisen und Konflikte national wie international auf den strukturverändernden Innovationsdruck der dritten Welle gegen die alternden Strukturen der Industriegesellschaft und deren Gegendruck zurückzuführen.[251]

Als „das wirtschaftliche Rückrat der Dritten Innovationswelle"[252] sieht Toffler aufsteigende Industriezweige wie die Produktion im Weltraum, Rohstoffgewinnung aus den Meeren sowie deren Nutzung als Nahrungslieferant durch „Aquakultur"[253], die Gen-Industrie und in ganz besonderem Maße die Computer- und Kommunikationsindustrie,[254] also die Telematik.

Wie Brepohl[255] sieht auch Toffler gerade durch die Möglichkeiten der Telematik[256] eine Entwicklung hin zu einer dezentralisierten Arbeitswelt, in der die Sphären Familie und Arbeit in Form von Terminalarbeitsplätzen in der Wohnung oder entsprechenden Nachbarschaftszentren wieder zusammengeführt werden.[257] Er geht sogar so weit, den endgültigen Zerfall der Kernfamilie als Relikt der Industriegesellschaft der zweiten Welle zugunsten einer Vielfalt alternativer Formen menschlichen Zusammenlebens zu prognostizieren.[258]

Auch macht er darauf aufmerksam, daß die für die Industriegesellschaft typische Massenproduktion von Gütern möglicherweise zu Ende geht.[259] Die zukünftigen Kommunikationsmöglichkeiten könnten den direkten Eingriff des Verbrauchers in den computerisierten Produktionsprozeß erlauben, was angesichts jüngerer Entwicklungen im Bereich der computerintegrierten Produktion (Computer Integrated Manufacturing CIM)[260] in der Tat immer wahrscheinlicher wird.

Die frappierendsten Thesen Tofflers sind jedoch die zur weltpolitischen Entwicklung und zur Entwicklung des politischen Systems der USA und anderer Demokratien.

Nicht zuletzt aufgrund der zukünftigen Kommunikationsmöglichkeiten[261] kommt es zu einem Trend der Internationalisierung von wirtschaftlichen Konzernen und der Bildung von internationalen, nationalitätenunabhängigen Interessengruppen. Gleichzeitig erweisen sich immer mehr Probleme als zu weitreichend, als daß sie im nationalen Alleingang gelöst werden könnten. Dies forciert die Bildung und Stärkung internationaler politischer Organisationen wie der UNO oder der EG und damit den nationalen Souveränitätsverlust.

Gleichzeitig entsteht sozusagen „von unten" ein Druck auf nationale Strukturen. Er entsteht zum Beispiel durch den Zerfall industrieller Wirtschaftszweige und die unterschiedliche Betroffenheit nationaler Regionen. Auch die durch die Individualisierung der Massenkommunikation mitverursachte Tendenz zur Aufsplittung der Gesellschaften in wirtschaftliche, kulturelle oder ethnische Interessengruppen spielt hier eine Rolle. Toffler nennt in diesem Zusammenhang eine Vielzahl von Sezessionstendenzen.[262] Er schreibt: „Unter diesen Voraussetzungen müssen wir damit rechnen, daß innerhalb der Vereinten Nationen ein erbitterter Kampf darüber ausbrechen wird, ob die Weltorganisation eine Handelsvereinigung von Nationalstaaten bleiben soll oder ob auch andere Einheiten, wie zum Beispiel Regionen, eventuell Religionen oder sogar Konzerne und ethnische Gruppen, in ihr vertreten sein können."[263]

Bezüglich der Entwicklung der politischen Ordnung der liberalen Demokratien sind die Prognosen Tofflers noch drastischer, gleichwohl recht schlüssig. Er diagnostiziert eine „Krise der repräsentativen Demokratie"[264] aufgrund einer kaum mehr zu bewältigenden Entscheidungslast, der die Regierenden ausgesetzt sind. Eine immer komplexer werdende Realität erzeugt eine widersprüchliche Informationsflut, die nicht mehr und vor allem nicht schnell genug in sinnvolle und geplante Politik umsetzbar ist. Es entsteht ein dysfunktionaler Output an widersprüchlichen Gesetzen und eine blühende Bürokratie, die zusätzlich

„ein immer undurchdringlicheres Netz von Vorschriften"[265] produziert. Speziell auf die amerikanische Situation anspielend, zitiert Toffler einen hohen Beamten des Weißen Hauses: „Der Präsident kommt sich vor, als brülle er ins Telefon – und am anderen Ende der Leitung ist keiner."[266] Toffler weist weiter auf die ausgesprochen negative Einstellung der Bevölkerung gegenüber ihren politischen Repräsentanten sowie gegenüber dem Repräsentationsprinzip selbst hin. Die „politischen Parteien verlieren an Anziehungskraft", und das 'Selbstbestätigungs-Ritual' der Zweiten Welle – die Wahlen – beginnt aus diesen Gründen seinen Einfluß zu verlieren",[267] was sich in sinkender Wahlbeteiligung und sinkendem politischen Interesse manifestiert.

In der immer weiter fortschreitenden Aufsplittung der Gesellschaft in Interessengruppen sieht Toffler ein geradezu evolutionäres Anheben des gesamten Sozialsystems auf ein höheres Komplexitätsniveau, was den Zusammenbruch des Konsenses zur Folge habe. Dies zeige sich unter anderem im Aufkommen von immer mehr sogenannten „single issue groups", also Organisationen, die sich nur einem einzigen Thema verschreiben. „In einer im Mittleren Westen erscheinenden Zeitschrift wird sogar über die Bildung einer Organisation homosexueller Nazis berichtet, wovon sowohl heterosexuelle Nazis wie die Bewegung zur Befreiung der Homosexuellen (Gay Liberation Movement) peinlich berührt sein dürften."[268] Die multidimensionale Polarisierung der Gesellschaft nach im Gegensatz zu diesem Beispiel durchaus ernst zu nehmenden Gruppierungen führt zu der Überlegung: „Da es keinen allgemeinen Willen mehr gibt, kann er auch nicht repräsentiert werden. Was geschieht unter solchen Umständen mit der 'repräsentativen Demokratie'?"[269]

Wohl wissend, daß seine unorthodoxe Sichtweise bei den meisten Menschen reflexartig den Verdacht eines sozusagen totalitären Erkenntnisinteresses wecken könnte, verurteilt Toffler ausdrücklich die Tendenz, angesichts der sich abzeichnenden Probleme nach einer vermeintlich starken, totalitären Führung oder gar dem „starken Mann" zu rufen.[270] In einem fast rührenden „offenen Brief" an die amerikanischen Gründereltern, die Schöpfer der amerikanischen Verfassung, zollt er den demokratischen Prinzipien in ihrem historischen Zusammenhang ausdrücklich Tribut, beschwört jedoch gleichzeitig die gerade von den Gründervätern in der damaligen Situation sehr wohl erkannte Notwendigkeit, selbst Verfassungen sich verändernden Realitäten anzupassen.[271]

Abschließend beschreibt Toffler drei Prinzipien, die er sich als Grundlage zukünftiger Regierungsformen vorstellen könnte. Er nennt sie
- Minoritätsprinzip,
- semidirekte Demokratie und
- Entscheidungsteilung.

Das Minoritätsprinzip[272] besagt, daß es in einer immer pluralistischeren Gesellschaft immer sinnloser wird, nach Mehrheiten zu suchen. „… selbst in der Massengesellschaft von gestern war dieses 51-Prozent-Prinzip ein stumpfes, rein quantitatives Instrument. Eine Wahl, in der eine Mehrheit ermittelt wird, sagt uns nichts über die Qualität dessen, was die Leute denken. Sie sagt uns lediglich, wie viele Menschen zu einem gegebenen Zeitpunkt X wollen, aber nichts darüber, wie dringend sie es wollen. Vor allem aber gibt sie uns keinen Aufschluß darüber, was die Wähler für X einzutauschen bereit sind – und enthält uns damit eine Information vor, die in einer aus vielen Minderheiten zusammengesetzten Gesellschaft von entscheidender Bedeutung ist."[273] Allein schon deshalb, weil in der komplexen, hochempfindlichen Gesellschaft der Zukunft Minderheiten im Gegensatz zu früher die strategische Macht zur Lahmlegung des Systems haben, müssen sie sich in der Zukunft vieldimensional in den politischen Entscheidungsfindungsprozeß einbringen können. Eine entscheidende Rolle hierbei spielt das zukünftige Angebot an Kommunikationstechnologien. Ein differenzierter Abgleich der verschiedensten Minderheitenpositionen in oben genanntem Sinne ließe sich durch diese Kommunikationstechnologien sicherlich durchführen und könnte dann verbindlich in den politischen Entscheidungsprozeß einbezogen werden.[274] Toffler macht in dieser Hinsicht verschiedene Vorschläge, so zum Beispiel die Einführung von Umfragen über Computernetze und die Einführung entsprechender Boni oder Mali bei Parlamentsabstimmungen, die Einbeziehung von Losverfahren bei der Besetzung von Gesetzgebungskörperschaften und die Einrichtung neuer öffentlicher Diskussionsforen nach Zufallsauswahl und Rotationsprinzip.[275]

Unter dem Stichwort „semidirekte Demokratie" faßt Toffler seine Einschätzung zusammen, nach der die zunehmende Erschwerung der Vertretbarkeit und Repräsentierbarkeit der pluralistischen Gesamtbevölkerung durch Volksvertreter zu zunehmender Realisierung von Strukturelementen direkter Demokratie führen wird. Die beiden Argumente, die dem widersprechen, technische Probleme und die Gefahr temporärer und emotionaler Reaktionen, relativiert Toffler. Die technischen Probleme seien angesichts der Fortschritte im Kommunikationswesen nicht mehr relevant, und der Gefahr emotionaler Reaktionen könne durch eine „Abkühlungs- Phase" oder „Zweit-Abstimmungen vor Inkraftsetzung wichtiger Entscheidungen" begegnet werden.[276]

Mit dem Begriff „Entscheidungsteilung" beschreibt Toffler die Notwendigkeit, einerseits zur Lösung transnationaler Probleme die Kompetenzen entsprechender internationaler Organisationen auf Kosten der Nationalstaaten zu erweitern beziehungsweise solche Organisationen überhaupt erst zu schaffen; – andererseits die drückende Entscheidungslast der Nationalregierungen auch nach unten auf Regionen und regionale Instanzen umzuverteilen.[277] Er sieht den bisherigen Demokratisierungsprozeß politischer Herrschaft generell als die Folge einer aufgrund von Arbeitsteilung und Industrialisierung immer komplexer werdenden Gesellschaft, deren Führungseliten die stetig steigende Entscheidungslast immer weniger zu tragen imstande waren und deshalb immer neuen gesellschaftlichen Gruppen Plätze in den Elite-Strukturen einräumen mußten. Die gegenwärtige Entwicklung laufe auf einen „großen demokratischen Sprung nach vorn" hinaus, „auf eine radikale Erweiterung der politischen Mitbestimmung."[278]

4. Zusammenfassung

Diese Zusammenfassung ist sehr formal gehalten und streng chronologisch am Gesamttext orientiert. Der Leser, der eine prägnante Wiedergabe der Kernthesen des Buches erwartet, sei auf das Vorwort hingewiesen.

Abschnitt 1

Die Entwicklung gesellschaftlicher Kommunikation wird im historischen Rückblick als ein Prozeß reflektiert, der in einer stetigen Wechselwirkung mit der gesamtgesellschaftlichen politischen, ökonomischen und sozialen Entwicklung stand. Damit wird die Folgerung nahegelegt, daß bevorstehende sprunghafte Weiterentwicklungen sich massiv auf alle gesellschaftlichen Bereiche auswirken werden.

Als technische Basisvoraussetzung neuer Individual- und Massenkommunikationsformen wird die Weiterentwicklung und das Zusammenwachsen von Nachrichtentechnik (Telekommunikation) und Mikroelektronik (Informatik) genannt. Dafür wurde das Kunstwort „Telematik" geprägt.

Abschnitt 2

Nur ein sinnvolles Erfassen der bisherigen Entwicklung der Telematik kann Grundlage auch einer wertenden Beurteilung gegenwärtiger und zukünftiger Auswirkungen der Telematik sein. Aus diesem Grunde wird die technische und historische Entwicklung der beiden Basistechnologien der Telematik, der Nachrichtentechnik und der Mikroelektronik, ausführlich geschildert.

Die technisch-historische Entwicklung der Mikroelektronik wird von den ersten Anfängen wie der Entstehung von Zahlensystemen bis zum aktuellen Stand (z. B. Parallelrechner und Expertensysteme) dargestellt. (Abschnitt 2.2)

Schließlich wird das vor dem Hintergrund der jeweiligen technisch-historischen Entwicklung als konsequent erscheinende Verwachsen von

Nachrichtentechnik und Mikroelektronik erläutert. Es wird ermöglicht durch die Digitalisierbarkeit und Verarbeitbarkeit jeglicher Art von Information mit Computern sowie die Übertragbarkeit all dieser Informationen über Telekommunikationsnetze. (Abschnitt 2.3)

Abschnitt 3

In Abschnitt 3 werden Überlegungen zu Stand und Perspektive der Telematik in der Bundesrepublik Deutschland angestellt.

Hierzu werden die jüngst durchgeführten Überlegungen und Maßnahmen zur Neustrukturierung des Telekommunikationswesens erläutert. (Abschnitt 3.1)

Zuerst wird der Regierungsbericht Fernmeldewesen vorgestellt. Er leitete die gesetzgeberischen Maßnahmen ein, die auf eine Umstrukturierung des Telekommunikationswesens der Bundesrepublik abzielen: die Monopolstellung der Deutschen Bundespost soll aufgehoben werden und marktwirtschaftliche Elemente verstärkt in die Telekommunikation einbezogen werden. Hierdurch soll insbesondere die Entwicklung der Telematik als Wirtschaftsfaktor von immer größerer Bedeutung gefördert und gesichert werden. (Abschnitt 3.1.2)

Danach werden die durch die Verabschiedung des Poststrukturgesetzes tatsächlich ergriffenen Maßnahmen erläutert. Sie bleiben zum Teil hinter den Empfehlungen der Regierungskommission Fernmeldewesen zurück. (Abschnitte 3.1.3 und 3.1.4)

Außerdem werden die für die zukünftige Entwicklung in diesem Bereich ganz entscheidenden Vorgaben der Eurpäischen Gemeinschaft skizziert. (Abschnitt 3.1.5)

Weiter wird das in der Bundesrepublik gegenwärtig durch die Deutsche Bundespost TELEKOM bereitgehaltene Angebot an Telekommunikationnetzen und -diensten vorgestellt. Dabei wird deutlich, daß es bereits eine ganze Reihe von Telematikdiensten gibt, die unter Ausnutzung der Möglichkeiten der Mikroelektronik Kommunikationsformen ermöglichen, welche als neue Mischformen zwischen Individual- und Massenkommunikation eingeordnet werden können. Ferner wird deutlich, daß die in den nächsten Jahren oder Jahrzehnten entstehenden Digitalnetze noch weitaus leistungsfähigere telematikunterstützte Individualkommunikationsdienste ermöglichen werden. (Abschnitt 3.2.1)

Im weiteren werden verschiedene Entwicklungstendenzen vorgestellt, welche die Entstehung neuer telematikunterstützter Kommunikationsformen und deren gesellschaftliche Auswirkungen betreffen. (Abschnitt 3.2.2)

So birgt das in einem steten Ausbau begriffene internationale Datenbanksystem im Idealfall geradezu gigantische wirtschaftliche, wissenschaftliche und bildungspolitische Möglichkeiten. Es birgt aber in einer Welt voller wirtschaftlicher und politischer Spannungen und Konflikte aufgrund seiner Internationalität ebenso die Gefahr einer Vielzahl von Abhängigkeiten und Verletzlichkeiten. (Abschnitt 3.2.2.1)

Im Bildschirmtextdienst der Deutschen Bundespost wiederum sind heute bereits in Form von Diskussionsrunden und Dialogsystemen Kommunikationsformen möglich, die einen Ausblick auf zukünftig machbare Kommunikationsformen in Telematiknetzen gewähren. Audiovisuelle Individualkommunikationsdienste mit dem Erscheinungsbild heutiger Massenkommunikation in den breitbandigen Digitalnetzen der Zukunft könnten den allgemein verfügbaren kommunikativen Horizont drastisch erweitern. Angesichts der zu erwartenden völlig neuen Qualität und Attraktivität dieser Kommunikationsformen dürften die klassischen Massenmedien an Bedeutung verlieren.[1] Wie intensiv bereits heutige telematikunterstützte Kommunikationsdienste das kommunikative Sozialverhalten beeinflussen können und wie derartige Kommunikationsformen auch eine politisch relevante Eigendynamik entwickeln können, wird u. a. am Beispiel der Minitelgeräte des französischen Teleteldienstes anschaulich gemacht. (Abschnitt 3.2.2.2)

Eine zentrale Rolle bei der Einführung telematikunterstützter Kommunikationsformen in Wirtschaft, Verwaltung und Privathaushalten werden die dort in immer größerem Maße vorhandenen Home- und Personalcomputer spielen. Die zukünftigen Telematikdienste werden in Form der Übertragung digitaler Signale über Digitalnetze realisiert und Computer sind eben Maschinen, deren Fähigkeit darin besteht, digitale Signale aufzunehmen, beliebig zu verarbeiten und abzugeben. Deshalb sind Computer im Prinzip als Endgeräte für alle Arten von Telematikdiensten einsetzbar.[2]

Professionelle und private Computeranwendungen der Gegenwart, für die zahlreiche Beispiele genannt werden, deuten auf eine Entwicklung hin, die mittels digitaler Telematiknetze und Computern als Endgeräten eine nahezu totale Kommunikation ermöglicht. Das bedeutet eine uneingeschränkte individuelle oder massenhafte Übermittlung geschriebener, gesprochener oder audiovisueller Inhalte. Hierbei erlaubt die Bearbeitbarkeit digitaler Signale durch Computer praktisch eine Simulation beliebiger Realitäten. (Abschnitt 3.2.2.3)

Mailboxen, also über Telefonverbindungen mit Computerterminals erreichbare Computersysteme, sind ebenfalls als ein Vorläufer zukünftiger breitbandiger Telematikdienste anzusehen. Sie stellen ein Bindeglied zwischen dem einzelnen Mailboxnutzer und dem weltweiten Datenbanksystem dar. Außerdem sind die heutigen Betreiber privater Mailboxsysteme wahrscheinlich die Kommunikations-Großunternehmen der liberalisierten Telekommunikations-Landschaft von morgen. In den großen Mailbox-Systemen der USA werden heute schon interaktive Unterhaltungsformen angeboten, welche die Möglichkeiten vorhandener Kommunikationsnetze mit denen von Computer-Spielesoftware kombinieren und einen Ausblick auf zukünftige interaktive Realitätssimulationen in breitbandigen Telematiknetzen gewähren. Als Beispiel wird das animierte Online-Dialogsystem „Habitat" von Quantum Link und Lucas Film genannt. Da in der Bundesrepublik bestimmte Kreise meist jugendlicher Mailboxnutzer teilweise Aktivitäten nachgehen, die sie in das Umfeld des Personenkreises rücken, den man die „Hacker" nennt, wird das Hacker-Phänomen, also das Praktizieren des unerlaubten Eindringens in Computeranlagen über Telematiknetze, dargestellt und problematisiert. (Abschnitt 3.2.2.4)

Vor dem Hintergrund der wirtschaftlichen Unverzichtbarkeit einer breiten Akzeptanz neuer Kommunikationsdienste für den Ausbau zukünftiger telematischer Infrastrukturen werden Beispiele für den sich bereits heute abzeichnenden Bedarf an breitbandigen Telematiknetzen zur Individualkommunikation genannt. Dies geschieht auch, um zu demonstrieren, daß die in der Literatur wie in der aktuellen politischen Diskussion häufig propagierte Verweigerungs- und Verhinderungshaltung am privaten Bedarf wie an einer freiheitlichen sozialen, politischen und wirtschaftlichen Weiterentwicklung der Gesellschaft vorbeigeht.

Diese Beispiele sind unter anderem die Möglichkeit des uneingeschränkten und unkontrollierbaren individuellen Austauschs der Kulturgüter Musik, Audiovision (Film), Grafik und Schrift über Telematiknetze. Das dürfte übrigens langfristig ein Aufrechterhalten des Urheberrechts in seiner gegenwärtigen Form sehr schwer machen. Gleiches gilt für den technisch möglichen ebenso freien Austausch von Computerprogrammen über diese Netze, wobei das heute bereits übliche sogenannte Raubkopieren und „Cracken" (Kopierschutz entfernen) von Computersoftware sowie das Phänomen der Computerviren (sich selbst kopierende Späh- und Störprogramme) berücksichtigt werden.

Ein weiteres Beispiel ist die Möglichkeit, ein ungemein effektives Kleinanzeigenwesens auf der Basis von Telematiknetzen zu realisieren. Hierfür können die heute immer mehr an Bedeutung gewinnenden Gratisanzeigenblätter durchaus als Vorläufer angesehen werden. Weitere in diesem Zusammenhang relevante gegenwärtige Tendenzen sind auf digitalen Datenträgern angebotene Zeitschriften, Datenträger als Werbeträger und der private, zum Teil postalische Austausch von audio-, audiovisuellen oder sonstigen Datenträgern. (Abschnitt 3.2.2.5)

Abschließend werden Beispiele für zukünftig mögliche telematische Infrastrukturen und potentielle Auswirkungen auf die Gesellschaft genannt. So dürfte die Möglichkeit einer ebenso umfassenden wie individuellen Informationsversorgung der Bevölkerung über Telematiknetze einen Bedeutungsverlust der klassischen Massenmedien bezüglich deren Informationsfunktion bewirken. Es werden technische

Möglichkeiten genannt, die in diesem Zusammenhang denkbar sind, und es werden gleichzeitig relativierende Überlegungen angestellt, die für eine teilweise Beibehaltung einer massenmedialen Informationsversorgung sprechen.

Auch bezüglich ihrer Unterhaltungsfunktion dürften die Massenmedien einen empfindlichen Bedeutungsverlust erfahren – angesichts in Zukunft realisierbarer audiovisueller Dialogsysteme in breitbandigen Telematiknetzen. An einigen Beispielen aus entsprechenden Vorläufersystemen der Gegenwart wird belegt, daß es selbst angesichts der sehr wenig komplexen Realitätssimulation in heutigen Systemen bereits zu recht komplexen sozialen Interaktionen der Nutzer kommt. Die Möglichkeit, in realitätsnahen audiovisuellen Dialogsystemen zu *agieren,* oder auch die Möglichkeit, audiovisuelle Vorlagen mit Hilfe leistungsfähiger Computer selbst zu erstellen oder zu bearbeiten, könnte sich in Zukunft als attraktiver erweisen als die Konsumtion audiovisueller Massenmedien.

Massive Auswirkungen der Telematik sind insbesondere auch im Bereich der Wirtschaft zu erwarten, wo das Rationalisierungspotential der neuen Informations- und Kommunikationstechniken außer in der Produktion auch in Verwaltung und Bürobereich voll zum Tragen kommen wird. Der hierdurch entstehende soziale und politische Konfliktstoff wird analysiert, und die Chancen einer solchen Entwicklung für neue gesellschaftliche Strukturen und gesteigerte Lebensqualität werden herausgestellt. Auch die Unhaltbarkeit des Urheberrechtes in seiner jetzigen Form wird nochmals anhand von aktuellen Beispielen erläutert, und Überlegungen zu einer Neustrukturierung werden angestellt.

Zuletzt werden gesellschaftspolitische Zukunftsperspektiven in einer postindustriellen Informationsgesellschaft untersucht. Es werden beispielhaft zwei Entwicklungsthesen vorgestellt; von Daniel Bell und von Alvin Toffler. Näher eingegangen wird auf Tofflers ebenso kühne wie stringente These der zukünftigen Dysfunktionalität des politischen Willensbildungssystems „repräsentative Demokratie" in einer postindustriellen Informationsgesellschaft und seine entsprechenden Umgestaltungsvorschläge. (Abschnitt 3.2.2.6)

Anmerkungen

Anmerkungen zu Abschnitt 1

1 Zur Problematik der Abgrenzung des Zivilisations- vom Kulturbegriff vgl. Elias, Norbert: Über den Prozeß der Zivilisationen, Bern u. München 1969

2 vgl. u.a. P.Watzlawik, J.H. Bearin, D.D. Jackson: Menschliche Kommunikation, Bern 1969, S. 51; vgl. auch Institut für Völkerkunde der Universität Wien (Hg.): Kultur und Sprache, Wien 1952

3 vgl. Noelle-Neumann, Elisabeth; Schulz, Winfried: Publizistik, Frankfurt am Main 1971, S. 245 ff.

4 In diesem Zusammenhang darf allerdings nicht die Erfindung des Rotationsdrucks im Jahre 1860 vergessen werden. Vgl. ebenda S. 258

5 vgl. Noelle-Neumann/Schulz, a.a.O. S. 249 ff.

6 vgl. u.a. Hillmann, Karl-Heinz: Industrielle Gesellschaft, in Rombach, Heinrich (Hg.): Wörterbuch der Pädagogoik, zweiter Band, Freiburg-Basel-Wien 1977, S. 91 ff.

7 vgl. Kepplinger, Hans Mathias: Massenkommunikation, Stuttgart 1982, S. 9 ff.

8 recipire = (lat.) annehmen, aufnehmen

9 vgl. hierzu auch: Koszyk, Kurt; Pruys, Hugo: Handbuch der Massenkommunikation, München 1981, S. 94 ff. u. 122 ff.

10 vgl. Noelle-Neumann/Schulz, a.a.O. S. 89 ff.

11 vgl. „Post verbindet", Broschüre des Bundesministeriums für das Post- und Fernmeldewesen, Bonn 1986, S. 10

12 Zum Begriff der Bandbreite vgl. auch unten, Abschnitte 2.3 u. 3.2.1.4

13 vgl. v.Weiher, Siegfried: Tagebuch der Nachrichtentechnik, Berlin 1980 S. 65 ff.

14 vgl. Bundesministerium für das Post- und Fernmeldewesen (Hg.): Deutsche Bundespost − Geschäftsbericht 1987, Bonn 1988, S. 42

15 vgl. unten, Abschnitte 3.2.2 ff., speziell Abschnitt 3.2.2.6

16 vgl. Nora, Simon, Mink, Alain: Die Informatisierung der Gesellschaft, Frankfurt am Main, New York 1979, S. 35 ff., sowie Brepohl, Kaus: Telematik − Die Grundlage der Zukunft, Bergisch Gladbach 1982

17 vgl. unten, Abschnitt 3.2.2.6.4

18 vgl. ebenda

19 vgl. Pitzner, Sissi: Erster terrestrischer TV-Sender gestartet, in MEDIEN BULLETIN Nr.10 1986, S.18

20 vgl. hierzu unten, Abschnitt 3.2.1.1.1, Teledialog

21 vgl. unten, Abschnitt 3.2.1.5

22 vgl. unten, Abschnitte 3.2.1.1.1.10, 3.2.1.4 u. 3.2.1.5

23 vgl. Kubicek, Herbert, Rolf, Arno: MIKROPOLIS − Mit Computernetzen in die „Informationsgesellschaft", Hamburg 1985, S. 51 f.

Anmerkungen zu Abschnitt 2

1 vgl. Nora/Mink, a.a.O. S. 29
2 vgl. Zwischenbericht der Enquete-Kommission „Neue Informations- und Kommunikationstechniken" des Deutschen Bundestages, Bonn 1983, speziell S. 72 ff.
3 vgl. Nora/Mink, a.a.O.
4 vgl. u.a. Degenhart, Werner: Akzeptanzforschung zum Bildschirmtext – Methoden und Ergebnisse, München 1986, S. 7 ff.
5 Es bedeutet in der Tat beides; vgl. Steinbruch, Karl: Probleme der Informationsgesellschaft, in: Ruprecht-Karls-Universität (Hg.): Die dritte industrielle Revolution, Heidelberg 1984, S. 11; vgl auch unten, Abschnitt 2.4.9
6 vgl. Nora/Mink, a.a.O. S. 29; sowie Brepohl, a.a.O.. S. 14
7 Koszyk/Pruys, a.a.O. S.306 ff.
8 vgl. u.a. Schulze, Hans Herbert: Das rororo Computerlexikon, Reinbek bei Hamburg 1984, S. 179
9 vgl. Brepohl, a.a.O. S. 14
10 vgl. Brepohl, ebenda; sowie Balkhausen, Dieter: Die dritte industrielle Revolution, Düsseldorf/Wien 1978; Bell, Daniel: Die nachindustrielle Gsellschaft, Frankfurt am Main/NewYork 1975; Ruprecht-Karls-Universität (Hg.), a.a.O.; Sonntag, Philipp(Hg.): Die Zukunft der Informationsgesellschaft, Frankfurt am Main 1983; Zwischenbericht..., a.a.O.
11 Bell, a.a.O., S. 17
12 vgl. Zwischenbericht..., a.a.O. S. 15
13 vgl. Kubicek/Rolf, a.a.O. S. 17; sowie Der Bundesminister für das Post- und Fernmeldewesen (Hg.): Mittelfristiges Programm für den Ausbau der technischen Kommunikationssysteme, Bonn 1986, S. 7; Kanzow, Jürgen: Neue Kommunikationstechniken im Fernmeldesystem der Deutschen Bundespost, in: Mestmäcker, Ernst-Joachim (Hg.): Kommunuikation ohne Monopole, Baden-Baden 1980, S. 11 ff., dort S. 26
14 vgl. Abschnitt 1
15 vgl. Hanson, Dirk: Die Geschichte der Mikroelektronik, München 1982, S. 21 ff.
16 vgl. Field Enterprises Educational Corporation (Hg.): The World Book Encyclopedia, Chicago/London/Rom/Stockholm/Sydney/Toronto, Vol.6, S. 153
17 Trotzdem ist es in der Elektrotechnik üblich, bei Schaltplänen u.ä. von einem Stromfluß vom Plus- zum Minuspol auszugehen, was jedoch im hier behandelten Zusammenhang von zu vernachlässigender Bedeutung ist.
18 vgl. Noelle-Neumann/Schulz, a.a.O. S. 195 ff.
19 griech. „Signalträger"
20 vgl. Fabre, Maurice: Geschichte der Übermittlungswege, Schweiz 1963
21 Das Relais wurde 1837 von Edward Davy erfunden.
22 vgl Beck, A.H.: Worte und Wellen - Geschichte und Technik der Nachrichtenübermittlung, München 1967, S. 74 ff.
23 vgl. ebenda, S. 88
24 vgl. ebenda, vgl. jedoch auch Abschnitt 3.1.2.4.1
25 vgl. Brown, Ronald: Telecommunications, New York 1970
26 1921, nach einer Erfindung des sowjetischen Technikers N. P. Trusewitch, vgl. Brown, a.a.O. S. 38 ff
27 vgl. Stansell, John: Telekommunikation, München 1983, S. 22

28 vgl. Brown, a.a.O. S. 61 ff.

29 engl. „operator". Diese Tätigkeit wurde anfangs von Männern ausgeübt, bald aber stellte sich heraus, daß Frauen geschickter und vor allem im Umgang mit den Telefonkunden freundlicher waren, so daß sich die Tätigkeit des Telefonisten zum reinen Frauenberuf entwickelte, zumal die steigende Nachfrage nach Arbeitskräften in diesem Bereich eine Versorgung mit männlichen Arbeitskräften ohnehin unmöglich gemacht hätte. Vgl. Brown, a.a.O.

30 vgl. Stansell, a.a.O. S. 12

31 So geschehen 1947; die drei Physiker Bardeen, Brattain und Shockley erhielten für diese Leistung 1956 den Nobelpreis für Physik. Vgl. u.a. Weiher, a.a.O. S. 164 f. Die Verschmelzung von Nachrichtentechnik und Mikroelektronik wird auch dadurch evident, daß in den 60er und 70er Jahren AT&T in das Computergeschäft einstieg und IBM anfing, Telefonvermittlungssysteme zu verkaufen. Vgl. Hanson, a.a.O. S.262 ff; vgl. auch Forner, Helmut: Kommunikationssysteme, in Proebster, Walter E.: Datentechnik im Wandel – 75 Jahre IBM Deutschland, Berlin-Heidelberg – NewYork – Tokyo 1986, S. 83 ff.

32 vgl. Abschnitte 2.2 u. 3.2

33 Die Bandbreite von Glasfaserkabel hängt davon ab, ob es sich um Stufenfaser-, Gradientenfaser-, oder Monomodefaserkabel handelt, deren technisch-physikalische Unterschiede hier zu erläutern zu weit führen würde. Eine anschauliche Erklärung findet sich unter anderem in Rosenberger, Dieter u.a.: Optische Informationsübertragung mit Lichtwellenleitern, Berlin 1982, S. 22 ff. Vgl. auch Papandreou, Konstantinos A.: Die Entwicklung neuer Telekommunikationsformen, Heidelberg 1984, S. 20 ff.

34 vgl. hierzu sowie für weitere Einzelheiten zur Glasfasertechnik Abschnitt 3.2.1.5

35 vgl. Bellinger, G.: Geschichte der Betriebswirtschaftslehre, Stuttgart 1967; sowie Ganzhorn, Karl; Walter, Wolfgang: Die geschichtliche Entwicklung der Datenverarbeitung, Stuttgart 1975, S. 5

36 vgl. Ganzhorn, a.a.O. S. 10

37 vgl. ebenda S. 23

38 Es gibt allerdings auch Anzeichen dafür, daß das Dualsystem bereits den alten Chinesen bekannt war. Vgl. ebenda S. 11

39 vgl. Vorndran, Edgar P.: Entwicklungsgeschichte des Computers, Berlin und Offenbach 1982

40 vgl. Siemens AG (Hg.): Herrn von Leibniz Rechnung mit Null und Eins, Berlin/München 1979, S. 44 ff.

41 vgl. Hanson, a.a.O. S.60 ff.

42 vgl. Hauptmann, Gerhart: Die Weber (Schauspiel), Erstausg. Schreiberhau 1892

43 vgl. Vorndran, a.a.O. S. 71

44 vgl. Randell, Brian: The Origins of Digital Computers, Berlin – Heidelberg – New York 1982, S. 9 ff.

45 vgl. ebenda S. 148

46 vgl. Vorndran, a.a.O. S. 65; sowie Ganzhorn, a.a.O. S. 38

47 Zuse, Konrad: Der Computer – Mein Lebenswerk, Berlin – Heidelberg – New York – Tokyo 1984, S. 31

48 vgl. Zuse, a.a.O. S. 40

49 Wenn man bedenkt, daß die Ausnutzung und der Ausbau dieses Entwicklungsvorsprungs theoretisch kriegsentscheidende Bedeutung hätte erlangen können, so ist

die Entwicklung wie sie stattfand zumindest aus politischer Sicht zu begrüßen. Vgl. Hanson, a.a.O., S. 76

50 vgl. ebenda, S. 55 ff; vgl. auch Steinbruch, Karl: Die Informierte Gesellschaft, Stuttgart 1966, S. 232 ff.

51 vgl. Vorndran, a.a.O., S. 98 sowie Ganzhorn, a.a.O., S. 53

52 Vorndran, a.a.O. S. 99

53 Ganzhorn, a.a.O. S. 52

54 vgl. Zuse, a.a.O. S. 45 u. S. 188

55 vgl. Proebster (Hg.), a.a.O. S. 30 ff

56 vgl. unten, Abschnitt 2.3

57 Diese neuen externen Speicher, ob Magnetband, -Platte oder -Kern, unterscheiden sich dadurch von der früheren, starren externen Programmsteuerung, daß hier das Programm in sehr kurzer Zeit vom Speichermedium in den Arbeitsspeicher des Computers geladen wird und dann in der Maschine flexibel arbeitet.

58 vgl. Hanson, a.a.O. S. 118 ff.

59 vgl. ebenda S. 112 ff.

60 vgl. Hofmeister, Ernst: Mikroelektronik − und was man damit anfangen kann; in Landeszentrale für politische Bildung Baden-Württemberg/KohlhammerVerlag (Hg.): Die technologische Revolution und ihre Folgen, Stuttgart 1985, S.31 ff.

61 vgl. Sacht, Hans-Joachim: Mikroprozessoren, München 1978, S. 23

62 vgl. u.a. Brepohl, a.a.O. S. 49 ff.

63 so Kubicek/Rolf, a.a.O. S. 55 ff.

64 vgl. Hansen, a.a.O. S. 234 ff.

65 vgl. Huff, Hartmut: Das große Buch der Videospiele, München 1984

66 Bushnell verließ die Firma ATARI 1979, Wozniak verließ APPLE 1985. Vgl. Seesslen, Georg, Rost, Christian: PAC MAN & CO, Reinbek bei Hamburg 1984, S. 84 sowie Edelhart, Mike; Garr, Doug: Das Computer Lesebuch, München 1985, S. 104

67 vgl. u.a. Large, Peter: Die Mikro-Revolution, Essen 1982, S. 102 ff.

68 Wenn z.B. die in der Stahlindustrie stattfindende Entwicklung bzw. Zurückentwicklung abgeschlossen sein wird und spätestens wenn, wie die meisten Prognosen besagen, zur Jahrhundertwende die Rationalisierungskraft der Mikroelektronik außer im Produktionsbereich auch noch auf dem Bürosektor bis hinauf zur Sachbearbeitertätigkeit voll durchschlägt, dann liegen in der Tat solche sozialen Probleme im Bereich des Möglichen, wie sie sich z.Zt. in Berlin − Kreuzberg abzeichnen, wobei das Ruhrgebiet und das Saarland eine traurige Vorreiterrolle spielen könnten. Vgl. hierzu auch Abschnitt 3.2.2.6

69 Vorndran, a.a.O. S. 111

70 vgl. N.N.: Die Zukunft der Halbleiter − Die Superchips, in CHIP 11/1984, S. 350 ff. Die dort gemachten Angaben gehen zurück auf Prof. Otto Folberth, Chef des IBM-Laboratoriums Böblingen.

71 vgl. u.a. Hofmeister, Ernst, a.a.O. S. 36 ff. o. Tatchell, Judy; Bennet, Bill: Mikrocomputer − Wie sie funktionieren − was sie können, Ravensburg 1984, S. 20 ff.

72 vgl. CHIP Nr. 11/84 ebenda

73 vgl. N.N.: Schätzen gelernt − Expertensysteme auf dem Vormarsch, in CHIP 2/1985, S. 240 ff.

74 vgl. Weizenbaum, Joseph: Die Macht der Computer und die Ohnmacht der Vernunft, Frankfurt am Main 1977, S. 15 ff.

75 VLSI (Very Large Scale Integration) oder SLSI (Super Large Scale Integration) sind hier die im Fachjargon gängigen Kürzel. Vgl. N.N.: Nullen vor dem Komma, in DER SPIEGEL Nr .28/1985, S. 161, vgl. auch Wurr, Peter R.: Die Integration der Wissensverarbeitung erfordert Portabilität und Kommunikationsfähigkeit, in innotech − DV-Magazin Industrie Nr.5/1987, S. 26 ff.

76 CPU (Central Processing Unit) bezeichnet den oben erwähnten Mikroprozessor, der die zentralen Funktionen eines Computers in sich vereint.

77 Auch Gründervater Zuse sieht und befürwortet diese Entwicklung. Vgl. Zuse, a.a.O. S. 153 ff.

78 vgl. N.N.: Künstliche Intelligenz − Technologie-/Markttrends im Bereich der Wissensverarbeitung, in innotech...Nr.5/1987, S. 33 ff; vgl. auch Zuse, a.a.O. S. 153 ff sowie Moto-Oka, T.: Rechner der fünften Generation, in Umschau Nr. 3/1984, S. 82 ff.

79 vgl. innotech.. Nr. 5/1987, ebenda. Zur „Künstlichen Intelligenz" (KI) vgl. Hofstadter, Douglas R.: Gödel, Escher, Bach, Stuttgart 1985, S. 683 ff. sowie Sand, Stephanie: Künstliche Intelligenz, München 1986

80 Schnittstelle, auch Interface: Übergangsstelle zwischen zwei Bereichen, z.B. zwischen verschiedenen Hardwarekomponenten wie Datenverarbeitungsanlagen und Drucker, aber auch zwischen verschiedenen Software-Arbeitsbereichen und zwischen DV-Anlage und menschlichem Benutzer. Vgl Schulze, Hans Herbert, a.a.O. S. 324; vgl. auch Röhling, Claus R.: Die Schnittstelle des Menschen zu seiner Umwelt, Aachen1982

81 Retrievelsprache: System von Befehlen und Anweisungen, mittels derer bestimmte Daten in Datenbanken gefunden und aufgerufen werden können. Suchbeispiele in: Schubert, Steffen: Online Datenbanken, Düsseldorf 1986; vgl. auch Abschnitt 3.2.2.1

82 vgl. innotech..., a.a.O. S. 34

83 vgl. Winkler, Dieter: Computer Integrated Manufacturing: CIM-Salabim, in Funkschau 4/1987, S. 91 ff. sowie Kubicek/Rolf, a.a.O. S. 72

84 vgl. ebenda

85 Solche Maschinen, deren theoretische Machbarkeit der Computerpionier John v. Neumann in den 60er Jahren nachwies, könnten beispielsweise zur Exploration des Weltalls eingesetzt werden. Vgl. Zuse, a.a.O., S. 142 ff.

86 vgl. Abschnitt 3.2.1.1.1, Bildschirmtext (Btx)

87 zur Terminologie vgl. Abschnitt 2

88 Als Beginn der industriellen Revolution bzw. erste industrielle Revolution wird im allgemeinen die Erfindung der Maschine (zuerst Dampfmaschine) angesehen, die seit Beginn des 19. Jahrhunderts eine immense Steigerung im Bereich der Güterproduktion und -verteilung bewirkte. Vgl. oben, Abschnitt 1 sowie Treue, Wilhelm: Technik und Geschichte, Grundlagen und Perspektiven des elektronischen Zeitalters, in Ruprecht Karls-Universität (Hg.), a.a.O. S. 22 ff., dort S. 24 f. und Balkhausen, a.a.O. S. 13. Als sogenannte zweite industrielle Revolution bezeichnet man die Umstrukturierungen ganzer Gesellschaften durch die Industrialisierung und das Entstehen der Industrienationen Ende des letzten Jahrhunderts sowie die Bildung weltweiter gigantischer Konzerne seit den frühen 20er Jahren. Vgl. ebenda

89 vgl. unter anderem Bell, a.a.O. sowie Toffler, Alvin: Die Zukunftschance, München 1980
90 vgl. Abschnitt 2.2.8
91 vgl. Kubicek/Rolf, a.a.O. S. 20
92 vgl. Abschnitt 2.2.8
93 vgl. oben, Abschnitt 2.2.4; zur Informationstheorie vgl. Noelle-Neumann/Schulz, a.a.O., S. 44 ff.
94 Die Funktionsweise eines Computers wird sehr anschaulich erklärt in Tatchell, Judy; Bennett, Bill, a.a.O. S. 22-29
95 Aufgrund der rasanten Entwicklung sind diese Teilmärkte kaum noch zu trennen; neue Homecomputer mit teilweise nur dreistelligen Preisen sind häufig mindestens ebenso leistungsfähig wie sich erst relativ kurze Zeit auf dem Markt befindliche professionelle Personalcomputer mit bis zu zehnfachen Preisen. Vgl. hierzu auch Abschnitt 3.2.2.3
96 Auch 32-Bit-Prozessoren sind im professionellen Bereich bereits Realität, 64-Bit-Prozessoren sind absehbar.
97 Schulze, a.a.O. S. 17
98 vgl. Abschnitt 2.1.3.5
99 Für mathematische Spezialanwendungen gibt es auch Analogrechner. Dies ist allerdings die (hier vernachlässigbare) Ausnahme. Vgl. Schulze, a.a.O., S. 17
100 siehe Abschnitt 2.1.3.1
101 Deutsche Bundespost (Hg.): Datenübertragung über Fernmeldewege der Deutschen Bundespost, Bonn 1987, S. 10
102 vgl. Stansell, a.a.O. S. 68 f sowie Albensöder, Albert: Telekommunikation Netze und Dienste der Deutschen Bundespost, Heidelberg 1987, S. 121 ff.
103 vgl. Hennings, Ralf-Dirk: Neue Aufzeichnungs-, Wiedergabe- und Einzelverarbeitungstechnologien, in: Wersig, Gernot: Informatisierung und Gesellschaft — Wie bewältigen wir die neuen Informations- und Kommunikationstechnologien, München-NewYork-London-Paris 1983, S. 31 ff., dort S.79 ff.
104 vgl. hierzu Abschnitt 3.1
105 Wersig, Gernot: Informatisierung und kommunikative Revolution, ebenda S. 10 ff., dort S. 13

Anmerkungen zu Abschnitt 3.1

1 vgl. Abschnitte 3.1.3 ff.
2 vgl. Elias, Dietrich: Telekommunikation in der Bundesrepublik Deutschland 1982, Heidelberg/Hamburg 1982, S. 11 ff.
3 vgl. Hesse, Albrecht: Die Verfassungsmäßigkeit des Fernmeldemonopols der Deutschen Bundespost, Heidelberg 1984, S. 6
4 Hesse, ebenda
5 Hesse, a.a.O. S. 2. Vgl. auch Bundesministerium für das Post- und Fernmeldewesen (Hg.): Deutsche Bundespost — Geschäftsbericht 1986, Bonn 1987, S. 6 ff.
6 vgl. Wiechert, Eckhart: Das Recht des Fernmeldewesens der Bundesrepublik Deutschland — Staatliche Aufgabe und private Betätigung im Fernmeldewesen

nach geltendem Recht, in Schwarz-Schilling, Christian; Florian, Winfried: Jahrbuch der Deutschen Bundespost 1986, BadWindsheim 1986, S. 119 ff, hier S. 123

7 ebenda

8 ebenda sowie Maunz/Dürig/Herzog/Scholz: Kommentar zum Grundgesetz, München 1978 ff., Artikel 87, Randnummer 32

9 Lerche, Peter: Das Fernmeldemonopol - öffentlich-rechtlich gesehen, in Mestmäcker, Ernst-Joachim (Hg.): Kommunikation ohne Monopole, Baden-Baden 1980, S. 139 ff., dort S. 146

10 vgl. Abschnitte 3.1.3 ff.

11 vgl. Monopolkommission: Sondergutachten Nr.9, Die Rolle der Deutschen im Fernmeldewesen, Baden-Baden 1981, TZ47, sowie Hesse, a.a.O. S. 55 ff. Es gibt freilich auch Stimmen, die eben dies bezweifeln. So zum Beispiel Busch, Axel: Brauchen wir ein Fernmeldemonopol?, Arbeitspapier Nr. 228 des Instituts für Weltwirtschaft, Kiel 1985, S. 7 ff. In der Tat gilt ein „natürliches Monopol" wahrscheinlich nur für Nahverkehrsnetze. Hier wird von jedem einzelnen Teilnehmer aus eine Leitung zum jeweils untersten Netzknoten gelegt. Von hier aus braucht die Leitungskapazität lediglich auf die wahrscheinliche Anzahl gleichzeitiger Verbindungen ausgerichtet zu sein. Je mehr Teilnehmer an das Nahverkehrsnetz angeschlossen sind, desto größer werden die durch diesen Effekt erzielten Kostenvorteile. Dies spricht für ein natürliches Monopol in Nahverkehrsnetzen, dagegen spricht die technisch theoretische Möglichkeit des „Bypassing" (vgl. unten, Abschnitt 3.1.2.4.1). Für den Fernverkehr gilt dieser Einsparungseffekt in viel geringerem Maße, hier werden ohnehin parallele Übertragungskapazitäten aufgebaut, wenn die vorhandenen erschöpft sind. Vgl. Witte, Eberhart (Hg.): Neuordnung der Telekommunikation – Bericht der Regierungskommission Fernmeldewesen, Vorsitz Eberhart Witte, Heidelberg 1987, S. 74

12 vgl. Abschnitt 3.1.2.4.1

13 vgl. Entscheidungen des Bundesverfassungsgerichts BVerfGE 12, S. 205 ff.

14 vgl. ebenda S. 238

15 vgl. BVerfGE 46, S. 120 ff.

16 vgl. Wiechert, a.a.O. S. 122

17 Computer Aided Design, -Engeneering, Computer Integrated Manufacturing, vgl. Abschnitt 2.2.9 sowie Abschnitt 3.2.1.4

18 Wiechert. a.a.O. S. 122

19 Pressemitteilung des Bundesministeriums für das Post und Fernmeldewesen Bonn, 03.12.1985, S. 1

20 vgl. hierzu Abschnitt 3.2.1.4

21 vgl. Telekommunikationsordnung TKO § 107, in Amtsblatt des Bundesministers für das Post- und Fernmeldewesen Nr. 91, Bonn, 13.08.1987, S. 1393 ff., hier S.1456

22 Pressemitteilung…, a.a.O. S. 3

23 vgl. ebenda

24 vgl. ebenda

25 ebenda, S. 4

26 vgl. Witte, a.a.O. S. 95 ff.; vgl. auch Abschnitt 3.2.1.4.2

27 Der Bundesminister für Forschung und Technologie (Hg.): Informationstechnik – Konzeption der Bundesregierung zur Förderung der Mikroelektronik, der Informations- und Kommunikationstechniken, Bonn 1984

28 ebenda S. 64

29 Witte, a.a.O. S. 9

30 vgl. ebenda, S. 3

31 ebenda S. VII

32 ebenda S. 1

33 vgl. ebenda S. 28

34 Das Einführen neuer Techniken oder das Aufbrechen vorhandener Strukturen mit dem Hinweis auf die Rolle der Telematik als Schlüsselindustrie stößt zum Teil auf heftige Kritik, die in einer solchen Argumentation einen völlig falschen Denkansatz sieht. Vgl. Hierzu Kubicek / Rolf, a.a.O. Vgl. hierzu auch Abschnitt 3.2.2.5.1

35 Witte, a.a.O. S. 22

36 ebenda S. 24

37 ebenda S. 26

38 Die Kommission bezieht sich hier unter anderem auf die Studie von Mc Kinsey & Company, Inc.: Leistungsstand, Tarife und Innovationsförderung im Fernmeldewesen, Mai 1987; vgl. Witte, a.a.O. S. 26

39 Witte, a.a.O. S. 27

40 ebenda, S. 29

41 vgl. ebenda

42 siehe Abschnitt 3.1.1

43 vgl. Witte, a.a.O. S. 30 ff.

44 Hier wird das Vertragsverletzungsverfahren geregelt (Artikel 169) und die Entscheidungskompetenz der Kommission, „geeignete Richtlinien oder Entscheidungen" bezüglich öffentlicher und monopolartiger Unternehmen an die Mitgliedstaaten zu richten (Artikel 90, Abs. 3).

45 Witte, a.a.O. S. 40

46 EWG-Vertrag, Artikel 37, Abs. 1

47 vgl. Witte, a.a.O., S. 40 ff., sowie Grünbuch Telekommunikation der EG-Kommission, Bundesrat-Drucksache 341/87, Bonn 1987, S. 37. Vgl. hierzu Abschnitt 3.1.5

48 Witte, a.a.O. S. 42, vgl. Abschnitt 3.1.5

49 vgl. Witte, a.a.O. S. 42 ff.

50 ebenda, S. 66

51 vgl. ebenda S. 66 f.

52 vgl. ebenda S. 68 f.

53 vgl. ebenda S. 69 f. Vgl. hierzu Abschnitt 3.1.3.2

54 vgl. hierzu unter anderem v. Weizsäcker, Carl Christian: Wirtschaftspolitische Begründung und Abgrenzung des Fernmeldemonopols, in Mestmäcker (Hg.), a.a.O. S. 127 ff, dort S. 135

55 Der Bundesminister für Forschung und Technologie (Hg.), a.a.O. S. 70. Vgl. hierzu Abschnitt 3.1.3.4

56 Witte, a.a.O. S. 71

57 vgl. ebenda S. 46 ff.

58 vgl. Abschnitt 3.1.1, sowie Witte, a.a.O. S. 49

59 vgl. Witte, a.a.O. S. 48/49

60 vgl. zum gesamten Inhalt dieses Abschnitts ebenda, S. 47 ff.

61 vgl. zum gesamten Inhalt dieses Abschnitts ebenda, S. 51 ff.

62 vgl. zum gesamten Inhalt dieses Abschnitts ebenda, S. 55 ff.

63 So arbeitet in Ländern, in denen Post- und Telekommunikationsbereich getrennt sind, das Postwesen meist kostendeckend. Vgl. ebenda, S. 111

64 vgl. ebenda S. 73

65 ebenda S. 82

66 ebenda S. 83

67 Von einer festen, geostationären Position aus vermag ein Satellit jeden innerhalb der Grundfläche seiner „Sendekeule" liegenden Punkt zu erreichen. Vgl. unter anderem Dimitriu, Petru: Die Neuen Medien, Heidelberg 1985, S. 92

68 vgl. Witte, a.a.O. S. 83

69 ebenda S. 86

70 ebenda

71 vgl. ebenda, S. 87/88

72 ebenda S. 90

73 vgl. Abschnitt 2.1.3.5

74 vgl. Witte, a.a.O. S. 89 ff., sowie oben, Abschnitt 3.1.1

75 vgl. Abschnitt 3.1.2.3

76 Witte, a,.a.O. S.93

77 vgl. ebenda S. 94/95

78 vgl. Abschnitt 3.1.2.4.3

79 Die bisher von der Bundespost verlangten Gebühren für Mietleitungen im Nahbereich (Hauptanschlüsse für Direktruf) sind im internationalen Vergleich relativ preisgünstig, diejenigen für Fernleitungen übertreffen jedoch zum Beispiel die in den USA oder Großbritannien zu zahlenden Preise um das zwei- bis dreifache. Vgl. Witte, a.a.O. S. 96

80 vgl. ebenda S. 94 ff.

81 vgl. ebenda S. 103. Die klassische Gegenargumentationslinie hierzu findet sich unter anderem in Arnold, Franz (Hg.): Endeinrichtungen der öffentlichen Fernmeldenetze, Heidelberg 1981

82 ebenda, S. 106

83 vgl. Abschnitt 3.1.1

84 Witte, a.a.O. S. 113

85 vgl. ebenda S. 106 ff.

86 vgl. hierzu Abschnitt 3.1.4

87 vgl. Kubicek/Rolf, a.a.O. sowie Kubicek, Herbert: Kabel im Haus – Satellit über'm Dach, Ein Informationsbuch zur aktuellen Mediendiskussion, Reinbek bei Hamburg 1984

88 vgl. Eurich, Claus: Das verkabelte Leben – Wem schaden und wem nützen die neuen Medien?, Reinbek bei Hamburg 1980, sowie derselbe: Computerkinder – Wie die Computerwelt das Kindsein zerstört, Reinbek bei Hamburg 1985

89 Von der Bundesdelegiertenkonferenz der Grünen, 26.-28.09.1986 in Nürnberg als Programm verabschiedet: Umbau der Industriegesellschaft – Schritte zur Überwindung von Erwerbslosigkeit, Armut und Umweltzerstörung, S. 75

90 vgl. ebenda, vgl. auch Pressemitteilung Nr. 323/1986

91 vgl. Abschnitte 3.1.2.6.2. und 3.1.2.6.3

92 vgl. Abschnitte 3.1.2.5.1 und 3.1.2.5.2

93 So erklärte der damalige Bundeswirtschaftsminister Bangemann (FDP) im März 1986 in einer Rede zur Hannovermesse mit Hinweis auf die Verhältnisse in den USA, daß er sich in seiner „postalischen Freiheit" in der Bundesrepublik einge-

schränkt fühle, was zu heller Aufregung und heftigem Widerspruch unter anderem seitens der Deutschen Postgewerkschaft (DPG) führte. Vgl. van Haaren, Kurt (Vorsitzender der DPG): Sichert die Post – Rettet das Fernmeldewesen, in Gewerkschaftliche Monatshefte Nr.11/1986, S. 678 ff., hier S. 681

94 vgl. Geers, Volker (Vorsitzender der Arbeitsgemeinschaft selbständiger Unternehmer ASU): „Aufhebung aller Monopolstellungen im grauen und gelben Bereich" (Interview), in Kabelkom – Magazin für Kommunikation 9/10 1987, S. 6

95 vgl. Witte, a.a.O. S. 134 ff.

96 ebenda, S. 139

97 ebenda

98 ebenda S. 141

99 vgl. ebenda

100 vgl. ebenda S. 142 ff.

101 vgl. hierzu unter anderem Deutscher Gewerkschaftsbund DGB (Hg.): Bundespost in Gefahr: Die Privatisierungspläne und ihre Hintergründe, Düsseldorf 1986; sowie Deutsche Postgewerkschaft (Hg.): VL-Info Nr.35/1987 vom 28.08.1987: Zum Bericht der Regierungskommission Fernmeldewesen – DPG-Hauptvorstand nimmt Stellung. Vgl. ferner Deutscher Postverband (Hg.): Stellungnahme des Deutschen Postverbandes zum Bericht der Regierungskommission Fernmeldewesen über die Neuordnung der Telekommunikation, Bonn 1987

102 van Haaren, a.a.O. S. 12

103 Stegmüller, Albert: Abweichende Stellungnahme, in Witte, a.a.O., S. 140 ff., dort S. 142

104 Straube, Gerhard: Der Fetisch Wettbewerb, in Gewerkschaftliche Praxis-Zeitschrift für Funktionäre der Deutschen Postgewerkschaft Nr.4/1987, S. 9

105 Stegmüller, Albert, a.a.O. S. 142

106 DGB (Hg.), a.a.O. S. 16

107 vgl. Deutsche Postgewerkschaft (Hg.): VL-Info Nr.35/1987 vom 28.08.1987, S. 4, sowie Stegmüller, Albert, a.a.O. S. 148

108 vgl. Tuffin, Allen (Generalsekretär der Union of Communication Workers Großbritannien UCW): Rede vom 04.10.1986 in Köln anläßlich einer von der DPG organisierten Demonstration, in DGB (Hg.), a.a.O. S. 13. Vgl. ferner Morris, Charles (UCW-Funktionär und ehemaliger Minister für den öffentlichen Dienst): Rede bei einer DPG-Fachtagung am 3.u.4.6.1987 in Bonn, in Gewerkschaftliche Praxis 4/1987, S. 6 ff; sowie N.N.: Großbritannien – Ärger mit der privaten Telefongesellschaft, in DER SPIEGEL Nr. 40/1987, S. 186 f.

109 vgl. Broschüre der DPG „Mit einer starken DPG – sichere Perspektiven für Bundespost und Arbeitnehmer", Frankfurt am Main 1986, S. 65

110 vgl. DPG (Hg.): „Bürgerpost"-Flugblatt vom 18.11.1987, sowie DPG (Hg.): Flugblatt „Unsere Post ist in Gefahr", sowie van Haaren, Kurt, a.a.O. S. 678 ff., sowie derselbe: Pro Bürgerpost – Contra Profit, in Deutsche Post Nr. 11/1987, S. 6

111 vgl. unter anderem BDI (Hg.): Neue Informations- und Kommunikationstechniken und ihre gesamtgesellschaftlichen Auswirkungen, Köln 1982; sowie Verband Deutscher Maschinen und Anlagenbau VDMA, Fachgemeinschaft Büro und Informationstechnik(Hg.): Wirtschaftliche und gesellschaftliche Chancen und Herausforderungen der Informations- und Kommunikationstechnik, Frankfurt am Main 1986; sowie VDMA...(Hg.): Moderne Kommunikationsdienste – eine Herausforderung für Wirtschaft und Staat, Frankfurt am Main 1987

112 siehe Abschnitt 3.1.2.6.1

113 Rede Neckers anläßlich des BDI-Symposiums „Telekommunikation" am 01.06.1987 in Köln, in BDI (Hg.): Telekommunikation – technische, ökonomische und ordnungspolitische Herausforderung, Köln 1987

114 ebenda S. 89, 91 u. 93

115 ebenda S. 117

116 vgl. van Haaren: Sichert.., a.a.O. S. 678

117 vgl. DIHT (HG.): Zur Neuordnung des öffentlichen Fernmeldewesens in der Bundesrepublik, Bonn 1987

118 vgl. Abschnitt 3.1.2.6.1

119 Möller, Günther (Geschäftsführer FG BIT/VDMA): Position des VDMA zur Neuordnung der Telekommunikation, in VDMA BIT Nachrichten Nr.35/1987, S. 1 f., vgl. auch Möve, J.: Standpunkte zur Telekommunikation, in Proinfo – Strategien für effektives Informationsmanagement Nr.8/1987, S. 1 f.

120 vgl. FVI + K und Zentralverband Elektrohandwerk und Elektronikindustrie e.V. ZVEI (= Dachverband) (Hg.): Neuordnung der Telekommunikation – Stellungnahme des ZVEI Fachverband Informations- und Kommunikationstechnik, Frankfurt am Main 1987

121 vgl. ebenda S. 12

122 Busch, Axel, a.a.O. S. 25

123 Kaske, Karlheinz: Technische und wirtschaftliche Entwicklungslinien der Informations- und Kommunikationstechnik in Europa, Japan und den USA, in BDI (Hg.): Telekommunikation..., S. 23 ff.

124 Bundesminister für das Post- und Fernmeldewesen, (Hg.): Reform des Post- und Fernmeldewesens in der Bundesrepublik Deutschland – Konzeption der Bundesregierung zur Neuordnung des Telekommunikationsmarktes, Heidelberg 1988

125 vgl. Gesetzentwurf der Bundesregierung zum Poststrukturgesetz, Bundestagsdrucksache 11/2845 vom 02.09.88

126 Bundesminister für das Post- und Fernmeldewesen, (Hg.): Reform..., Heidelberg 1988, S. 22

127 vgl. ebenda S. 4 ff.

128 ebenda S. 22

129 vgl. ebenda S. 4 sowie S. 40 ff.

130 ebenda S. 62. Vgl. auch Bundesminister für das Post- und Fernmeldewesen, (Hg.): Begründung zum Entwurf eines Gesetzes zur Neustrukturierung des Post- und Fernmeldewesens und der Deutschen Bundespost, Bonn 1988, S. 36 f. Es soll allerdings einmal pro Legislaturperiode dem Bundestag ein Telekommunikationsbericht durch die Monopolkommission oder ein anderes Gutachtergremium vorgelegt werden.

131 Bundesminister für das Post- und Fernmeldewesen, (Hg.): Reform..., Heidelberg 1988, S. 46

132 ebenda S. 43, vgl. auch oben, Abschnitt 3.1.2.2 sowie unten, Abschnitt 3.1.5

133 vgl. ebenda S. 4 f sowie S. 45 ff.

134 vgl. ebenda S. 50 ff. Vgl. auch oben, Abschnitt 3.1.2.4.1

135 vgl. Abschnitt 3.1.3.2

136 vgl. Bundesminister für das Post- und Fernmeldewesen (Hg.): Reform..., Heidelberg 1988, S. 54

137 vgl. ebenda S. 56 ff. Vgl. auch Abschnitt 3.2.1.1.1, Funkdienste

138 vgl. ebenda S. 58 ff. Vgl. auch Abschnitt 3.2.1.1.1, Funkdienste
139 vgl. ebenda S. 60 f. u. 62
140 vgl. Fachgemeinschaft Büro- und Informationstechnik im VDMA (Verband Deutscher Maschinen- und Anlagenbau e.V.) (Hg.): Stellungnahme des VDMA zur Strukturreform des Fernmeldewesens in der Bundesrepublik Deutschland, Frankfurt, den 08.04.1988, S. 2 sowie derselbe: Pressemitteilung zur Neustrukturierung des Post- und Fernmeldewesens, Frankfurt, 26.05.1988
141 vgl. ebenda S. 66 ff. sowie S.80 ff.
142 vgl. Witte, a.a.O. S. 122
143 vgl. Bundesminister für das Post- und Fernmeldewesen, (Hg.): Reform..., Heidelberg 1988, S. 81
144 vgl. Witte, a.a.O. S. 112 f.
145 vgl. ebenda S. 92
146 vgl. Abschnitt 3.1.2.4.2
147 vgl. Bundesminister für das Post- und Fernmeldewesen, (Hg.): Reform..., Heidelberg 1988, S. 68
148 vgl. Abschnitt 3.2.1.4.1, ISDN Bildfernsprechen
149 vgl. Fachgemeinschaft...: Stellungnahme..., S. 3
150 vgl. Abschnitt 3.1.2.4.2
151 vgl. Bundesminister für das Post- und Fernmeldewesen, (Hg.): Reform..., Heidelberg 1988, S. 66
152 vgl. ebenda S. 72. Vgl. auch Model, Otto; Creifelds, Carl: Staatsbürger-Taschenbuch, München 1979, Abschnitt 68, S. 135 f. Vgl. ferner Postverfassungsgesetz § 22 (2). Den Interessen der Bundesländer wird Rechnung getragen durch die Einrichtung eines sogenannten Infrastrukturrates. Er ist mit je 11 Bundesrats- und Bundestagsmitgliedern paritätisch besetzt. Seine Aufgabe ist die Festlegung der Pflichtleistungen.
153 vgl. Witte, a.a.O. S. 86
154 vgl. Fernmeldeanlagengesetz § 1a (2), unter anderem in: Bundesminister für das Post- und Fernmeldewesen, Der (Hg.): Entwurf eines Gesetzes zur Neustrukturierung des Post- und Fernmeldewesens und der Deutschen Bundespost, Bonn 1988, S. 98
155 Fachgemeinschaft...: Stellungnahme..., S. 3
156 vgl. Bundesminister für das Post- und Fernmeldewesen (Hg.): Reform..., Heidelberg 1988, S. 6
157 vgl. Fachgemeinschaft...: Stellungnahme..., S. 3
158 vgl. Abschnitt 3.1.2.4.2
159 vgl. Witte, a.a.O. S. 94 ff. sowie Bundesminister für das Post- und Fernmeldewesen, (Hg.): Reform..., Heidelberg 1988, S. 88 ff.
160 ebenda S. 89 f. Vgl. hierzu auch Fachgemeinschaft...: Stellungnahme..., S. 4
161 vgl. Bundesminister für das Post- und Fernmeldewesen, (Hg.): Reform..., Heidelberg 1988, S. 74 ff.
162 vgl. ebenda S. 76
163 vgl. hierzu Abschnitt 3.1.3.4
164 vgl. Bundesminister für das Post- und Fernmeldewesen, (Hg.): Reform..., Heidelberg 1988, S. 76
165 vgl. Witte, a.a.O. S. 102. Vgl. auch Abschnitt 3.1.2.4.3

166 vgl. Fachverband Informations- und Kommunikationstechnik (FV I + K) im Zentralverband Elektrotechnik- und Elektronik- industrie e.V. (ZVEI) (Hg.): Neuordnung des Telekommunikationsmarktes − Entwurf eines Gesetzes zur Neustrukturierung des Post- und Fernmeldewesens und der Deutschen Bundespost, Mai 1988 - Stellungnahme des ZVEI FV I + K, Frankfurt/M. 1988, S. 9 f.

167 vgl. Witte, a.a.O. S. 106 ff.

168 vgl. ebenda S. 112. Diese Beschränkung des Aufgabengebietes der Regierungskommission hatte heftige Kritik der Gewerkschaften hervorgerufen. Vgl. unter anderem Deutscher Postverband (Hg.): Stellungnahme zum Bericht der Regierungskommission Fernmeldewesen, Bonn 1987, S. 7

169 Bundesminister für das Post- und Fernmeldewesen, (Hg.): Begründung..., Bonn 1988, S. 17

170 Witte, a.a.O. S. 71

171 Bundesminister für das Post- und Fernmeldewesen, (Hg.): Begründung..., Bonn 1988, S. 17

172 vgl. Bundesminister für das Post- und Fernmeldewesen, (Hg.): Konzeption..., Heidelberg 1988, S. 67

173 vgl. Witte, a.a.O. S. 113. Vgl. auch Abschnitt 3.1.3.2

174 vgl. ebenda S. 116 f.

175 vgl. Bundesminister für das Post- und Fernmeldewesen, (Hg.): Konzeption..., Heidelberg 1988, S. 78 u. 80

176 vgl. ebenda S. 80 f. sowie Abschnitt 3.1.3.2

177 vgl. Bundesminister für das Post- und Fernmeldewesen (Hg.): Begründung..., Bonn 1988, S. 26

178 vgl. Witte, a.a.O. S. 122. Vgl. auch Abschnitt 3.1.3.2

179 vgl. Bundesminister für das Post- und Fernmeldewesen, (Hg.): Konzeption..., Heidelberg 1988, S. 85 ff. sowie Witte, a.a.O. S. 118 f.

180 vgl. Bundesminister für das Post- und Fernmeldewesen, (Hg.): Konzeption..., Heidelberg 1988, S. 86

181 vgl. Witte, a.a.O. S 81 f.

182 vgl. Bundesminister für das Post- und Fernmeldewesen, (Hg.): Begründung..., Bonn 1988, S. 13 ff.

183 ebenda S. 6

184 vgl. Kepplinger, a.a.O. S. 9 ff.

185 vgl. hierzu auch Schwarz-Schilling, Christian: Rede vor der VDMA-Jahrestagung 1987, in Fachgemeinschaft Büro- und Informationstechnik im VDMA (Hg.): Moderne Kommunikationsdienste, Frankfurt/Main 1987, S. 11 ff.

186 Ein gutes Beispiel für das Aufsprengen ordnungspolitischer Strukturen durch die technische Entwicklung ist das Verwischen von Netz-, Vermittlungs- und Endgeräteintelligenz. So können viele Mehrwertdienste wie beispielsweise Sprachspeicherung oder Verbindungsweiterschaltung in Form intelligenter Vermittlungsanlagen in das Netz integriert werden, was im Interesse des Inhabers eines Netzmonopols liegt. Computerintelligenz kann aber auch als Dienstleistung oder über entsprechende Endgeräte in das Netz eingespeist werden (zum Beispiel intelligente Anrufbeantworter/Weiterschalter). Strebt man die Förderung des Wettbewerbs in der Telekommunikation an, so muß man verhindern, daß immer mehr Dienstleistungen in das Netz und damit das Monopol integriert werden, indem man Diensteanbietern Zugriff auf Vermittlungsleistungen des Netzmonopolisten verschafft. Dies

wird sowohl von der Regierungskommission Fernmeldewesen (vgl. a.a.O. S. 87) als auch von der EG-Kommission (vgl. Grünbuch, a.a.O. S. 33) grundsätzlich angestrebt (Schlagwort Open Network Provision – ONP, offener Netzzugang; vgl. Abschnitt 3.1.5)

187 vgl. Abschnitt 3.1.2.2

188 Bundesminister für Forschung und Technologie, und Bundesminister für Wirtschaft, (BMFT/BMWi): Zukunftskonzept Informationstechnik (Diskussionsentwurf vom Dezember 1988), S. 49

189 Vgl. Witte, a.a.O., S. 40 ff u. 63 f. sowie Abschnitt 3.1.2.2. Vgl. ferner Bundesminister für das Post- und Fernmeldewesen, (Hg.): Konzeption..., S. 38

190 zu den einzelnen Positionen vgl jeweils: Grünbuch Telekommunikation der EG-Kommission, Bundesrat-Drucksache 341/87, Bonn 1987, S. 36 ff.

191 vgl. hierzu Abschnitt 3.1.4, Anmerkung 186

192 vgl. hierzu Abschnitt 3.1.2.2

193 vgl. ebenda

194 vgl. Grünbuch Telekommunikation der EG-Kommission, a.a.O. S. 126 f.

195 Als Rosinenpicken oder cream skimming wird die Möglichkeit der Gebührenarbitrage über Mietleitungen bezeichnet. Sie ist dann gegeben, wenn Privatunternehmen über Mietleitungskapazitäten auf hochfrequentierten Strecken die Tarife des Unternehmens der Fernmeldeverwaltung unterbieten, das seine Tarife bezüglich der gesamten Netzfläche kalkulieren muß.

196 Grünbuch Telekommunikation der EG-Kommission, a.a.O. S. 128

197 ebenda

198 ebenda S. 129

199 vgl. ebenda S. 30 f.

200 vgl. ebenda S. 32 ff.

201 Witte, a.a.O. S. 40

Anmerkungen zu Abschnitt 3.2

1 Aus Gründen der Einheitlichkeit wird in diesem Abschnitt die Bezeichnung Bundespost oder Deutsche Bundespost beibehalten.

2 Laut fernmündlicher Auskunft der Oberpostdirektion Frankfurt/Main. Zur langfristigen Entwicklung dieser Zahlen vgl. Bundesministerium für das Post- und Fernmeldewesen (Hg.): Deutsche Bundespost-Geschäftsbericht 1986, Bonn 1987, S. 39

3 vgl. Degenhart, Werner: Akzeptanzforschung zu Bildschirmtext, München 1986, S. 11. Andere Netzwerk-Topologien sind beispielsweise das Bus- und das Ring-Netzwerk.

4 vgl. Abschnitt 2.3

5 vgl. Abschnitt 2.1.3.5 sowie 2.3. Zur Umstellung des Telefonnetzes auf Digitaltechnik vgl. Abschnitt 3.2.1.4

6 vgl. hierzu Abschnitte 3.2.1.1.1, 3.2.2.1, 3.2.2.2 und 3.2.2.4

7 vgl. Abschnitte 2.1.3.2 und 2.1.3.5

8 Diese Tarifstruktur wird im Regierungsbericht Fernmeldewesen kritisiert. Vgl. Abschnitt 3.1.2.5.2

9 vgl. DeutscheBundespost (Hg.): Telekonferenz – Der richtige Weg, Konferenzen für alle Beteiligten effektiver zu gestalten (Werbebroschüre), Bonn 1986. Die Telekonferenz ist im übrigen ein typisches Beispiel für einen Dienst, der außer durch den Netzträger mit geringem Aufwand von jedem Teilnehmer, der über mehrere Anschlüsse verfügt, mittels intelligenter Endgeräte realisiert werden kann; als Minimalkonfiguration genügen hier mehrere Telefonapparate mit Lauthör/Freisprech-Einrichtung (engl. „Speakerphone"). Vgl. Abschnitt 3.1.3, Anmerkung 86

10 vgl. N.N.: Kaffee-Klatsch im Kölner Telefontreff, in Wiesbadener Kurier vom 14./15.03.1987. Vgl. auch Worst, Anne: Telefontreff Köln – Beim Zeitzeichen ist's Sex, in WIENER Nr. 4/1988, S. 114

11 vgl. Deutsche Bundespost (Hg.): Sprachspeicherdienst – Eine Telefondienstleistung, die Sie immer und überall erreichbar macht (Werbebroschüre), Bonn 1986 vgl. auch Radke, Georg-Ludwig: Akustisches Postfach, in Funkschau Nr. 2/1987, S. 41 ff.

12 vgl. Deutsche Bundespost (Hg.): Telebox – Der persönliche Mitteilungsdienst, der seine Empfänger überall erreicht (Werbebroschüre), Bonn 1986. Zu Datex-P vgl. Abschnitt 3.2.1.5

13 vgl. Oberpostdirektion Frankfurt am Main (Hg.): Leitfaden Telekommunikation Bd.1 – Fernmeldenetze und Dienste, Frankfurt am Main 1986, S. 34. Auch diese Netzleistung ist für Telefonteilnehmer, die über 2 Leitungen verfügen (Doppelanschluß) auf Endgeräteebene mit einem in der Bundesrepublik freilich verbotenen taschenrechnergroßen Gerät zu realisieren, das zwischen die beiden Leitungen geschaltet wird. Vgl. Abschnitt 3.1.3, Anmerkung 186

14 vgl. Bundesminister für das Post- und Fernmeldewesen, Der (Hg.): Service 130 – Ein neuer Telefondienst eröffnet Perspektiven (Werbebroschüre), Bonn 1985

15 vgl. Albensöder, Albert, a.a.O., S. 70 f.

16 vgl. Oberpostdirektion Frankfurt am Main, a.a.O. S. 37 u. 76

17 vgl. Noll, Herbert: C-Netz: Start mit Schwächen, in Funkschau Nr. 9/1987, S. 36 ff. Die hier angesprochenen Probleme resultieren hauptsächlich aus dem unerwartet starken Teilnehmer-Andrang im C-Netz.

18 vgl. Seetzen, Jürgen: Neue Nachrichtentechniken, in Landeszentrale…(Hg.), a.a.O. S. 49 ff, hier S. 43

19 vgl. N.N.: SFuRD, Funkrufdienst auf kommunaler Ebene, in Funkschau Nr. 7/1987, S. 39

20 vgl. Lanzendorf, Peter: Neue Tele-Medien, Berlin 1983/84, S. 127 sowie Brepohl, Klaus: Lexikon der neuen Medien, Köln 1977, S. 82

21 vgl. N.N.: Boom bei Fax und Btx, in Funkschau Nr. 19/1987, S. 3

22 vgl. Lanzendorf, Peter: Medien von Morgen, München 1986, S. 65

23 zu Datex-P vgl. Abschnitt 3.2.1.2.1, Datex. Vgl. auch Förster, Hans-Peter: Bildschirmtext, München 1983, S. 62 ff.

24 vgl. Kubicek/Rolf, a.a.O. S. 39 ff.

25 vgl. N.N.: Boom…, a.a.O. sowie Raasch, Albert; Kühlwein, Wolfgang (Hg.): Bildschirmtext, Tübingen 1984, S. 101 f. Vgl. auch Biermann, Gudrun: Bildschirmtext, Bergisch Gladbach 1984, S. 75

26 siehe Abschnitt 3.2.2.2. Allein die Tatsache, daß über den Btx-Dienst mehrere andere Digitaldienste wie Telex, Telefax oder Stadtfunkrufdienst abgewickelt werden können, deutet auf seine wegweisende Vorläuferrolle als erster diensteintegrierender Digitaldienst und auf die Möglichkeit einer zukünftigen gänzlich diensteintegrierten Kommunikationslandschaft hin.

27 vgl. Albensöder, a.a.O. S. 71
28 vgl. ebenda S. 156
29 vgl. Oberpostdirektion..., a.a.O. S. 39
30 vgl. ebenda S. 88
31 vgl. nachrichten elektronik + telematik net, special, Sondernr. März 1986, S. 2
32 Fender, Manfred: Fernwirken, Stuttgart 1981, S. 9
33 vgl. Schmidt, Günter: TEMEX – ein neuer Dienst, in Technik-Computer-Kommunikation, Verlagsbeilage zur Frankfurter Allgemeinen Zeitung vom 20.10. 1987, S. B4
34 vgl. hierzu N.N.: Sicherheit am Handgelenk, in net special, März 1986, s. 22 ff. Zu den anderen Anwendungsbeispielen vgl. auch Albensöder, a.a.O., S. 164 f.
35 zu Festverbindungen und Datennetzen vgl. Abschnitte 3.2.1.2 und 3.2.1.2.1, Festverbindungen
36 vgl. Böhm, Jürgen: Stand und Entwicklung der Datenübertragung im Bereich der Deutschen Bundespost, in Elias, Dietrich, a.a.O. S. 95 ff., hier S. 113
37 Die erste automatische Telexverbindung wurde 1933 zwischen Berlin und Hamburg in Betrieb genommen. Vgl. Deutsche Bundespost (Hg.): Die Post informiert: Telex – weltweite Textkommunikation mit Fernschreibern, Bonn 1985, S. 2. Vgl. auch, Abschnitt 2.1.3.3
38 vgl. ebenda
39 vgl. Albensöder, a.a.O. S. 35. Vgl. auch oben, Abschnitt 2.1.3.3
40 Schmidt, Konrad: Weiterentwicklung der Text- und Datendienste, in Elias, a.a.O., S. 349 ff., hier S. 354. Vgl. auch unten, Abschnitt 3.2.1.2.1, Teletex. Hinzu kommt die Tatsache, daß der Telexdienst auch über Btx voll in Anspruch genommen werden kann, das heißt Btx-Teilnehmer können Mitteilungen an Telexteilnehmer absetzen und Mitteilungen von diesen als Btx-Mitteilungen empfangen.
41 Zur Funktionsweise der Datexnetze vgl. oben, Abschnitt 2.3; vgl. ferner Hillebrand, Friedhelm: DATEX, Heidelberg/Hamburg 1981
42 vgl. Albensöder, a.a.O. S. 41
43 vgl. ebenda S. 46
44 vgl. Oberpostdirektion..., a.a.O. S. 23. Vgl. auch Deutsche Bundespost (Hg.): Datenübertragung..., a.a.O. S. 8
45 vgl. Albensöder, a.a.O. S. 49/50
46 vgl. Abschnitt 2.3 sowie Deutsche Bundespost (Hg.): Datex-P-Hauptgebührenpositionen, Bonn 1986
47 vgl. Deutsche Bundespost (Hg.): Tippen und schicken: Teletex, Bonn 1985, S. 8
48 vgl. Bundesminister für das Post- und Fernmeldewesen, (Hg.): Teletex. Die Bürokommunikation, Bonn 1986, S. 3 f.
49 vgl. Abschnitt 3.2.1.1.1, Telefax
50 vgl. hierzu Abschnitte 3.2.1.5 und 3.2.2.3
51 vgl. Oberpostdirektion..., a.a.O. S. 25
52 vgl. Abschnitte 3.2.1.4 ff.
53 vgl. Albensöder, a.a.O. S. 55
54 vgl. unten, Abschnitt 3.2.1.5
55 vgl. Schwarz-Schilling, Christian (Bundespostminister): Rede vor dem medienpolitischen Kongreß der CDU/CSU in Mainz am 27./28.02.1985, in Zeitschrift für das Post- und Fernmeldewesen Nr. 4/1985, S. 4 ff.

56 vgl. Kabelcom Wiesbaden GmbH (Hg.): Information Kabelfernsehen Wiesbaden (Werbebroschüre), Wiesbaden o.J., S. 2: Schlagzeile: „Kabelanschluß so einfach wie ein Telefonanschluß"

57 vgl. Abschnitt 2.1.3.5. Gemäß Beschluß der Bundespost aus dem Jahre 1979 wurden seither bevorzugt digitale Vermittlungsanlagen eingerichtet. Vgl. Schön, Helmut: Die Deutsche Bundespost auf ihrem Weg zum ISDN, in Zeitschrift für das Post- und Fernmeldewesen Nr. 6/1984, S. 2 sowie Schwarz-Schilling, Christian (Bundespostminister): Rede anläßlich des NTT-Symposiums am 20.05.1985 in Tokyo, in Presse- und Informationsamt der Bundesregierung (Hg.): Bulletin Nr. 57 vom 22.05.1985, S. 486

58 vgl. Abschnitt 2.3

59 vgl. Abschnitt 2.1.3.5

60 vgl. Deutsche Bundespost (Hg.): Vom analogen Telefonnetz zum integrierten Breitbandfernmeldenetz, Bonn 1986, S. 2

61 vgl. Bundesminister für das Post- und Fernmeldewesen, Der (Hg.): Konzept der Deutschen Bundespost zur Weiterentwicklung der Fernmeldeinfrastruktur, Bonn 1984, S. 16

62 vgl. hierzu Schwarz-Schilling, Christian: Rede vor dem medienpolitischen Kongreß..., a.a.O., hier S. 7

63 vgl. Lemme, Helmuth: Mit ISDN zum gläsernen Bürger?, in ELO-Magazin für Elektronik und Computer, Nr. 9/1987, S. 84 ff.

64 ebenda S. 86

65 vgl. Abschnitt 2.2.9, Anmerkung 75

66 vgl. Radke, Georg-Ludwig: ISDN-Pilotprojekte: Probelauf mit neuen Chips, in Funkschau Nr. 3/1987, S. 91

67 vgl. oben, Abschnitt 2.3; vgl auch Schambeck, Herbert: Mit ISDN in die Informationsgesellschaft: Zauberwort Integration, in Funkschau Nr. 5/1987, S. 42 ff.

68 vgl. Bundesminister für das Post- und Fernmeldewesen, (Hg.): ISDN – die Antwort der Deutschen Bundespost auf die Anforderungen der Telekommunikation von morgen, Bonn 1984, S. 13

69 Rosenbrock, Karl Heinz: ISDN – Eine folgerichtige Weiterentwicklung des digitalen Fernsprechnetzes, in Jahrbuch der Deutschen Bundespost 1984, Bonn 1984, S. 509 ff, hier S. 540 f.

70 vgl. Bundesminister für das Post- und Fernmeldewesen, (Hg.): Mittelfristiges Programm für den Ausbau der technischen Kommunikationssysteme, Bonn 1986, S. 8 ff. spez. S. 10

71 vgl. Interview mit Theodor Irmer (Direktor des CCITT, Genf): „Im Grunde eine Jahrhundertaufgabe", in Funkschau Nr. 21/1987, S. 29 ff.

72 vgl. Lemme, a.a.O. S. 88

73 vgl. Bundesminister für das Post...: ISDN – die Antwort..., a.a.O. S. 24 f.

74 vgl. ebenda; vgl auch Radke, Georg-Ludwig: Das ISO-Referenzmodell: Ein Rahmen für die offene Kommunikation, in Funkschau Nr. 5/1987, S. 39 ff.

75 vgl. ebenda sowie Bundesminister für das Post...: ISDN – die Antwort, a.a.O. S. 25. Vgl. ferner Kahl, Peter (Hg.): ISDN: Das künftige Fernmeldenetz der Deutschen Bundespost, Heidelberg 1985, S. 117

76 vgl. Radke: Das ISO..., a.a.O. S. 41

77 vgl. Interview mit Theodor Irmer, a.a.O.

78 Ein sehr gutes Beispiel für die unerwartete Realisierbarkeit eines Dienstes im ISDN durch Fortschritte in der Mikroelektronik ist der Bildtelefondienst, vgl. unten, Abschnitt 3.2.1.4.1, ISDN-Bildfernsprechen

79 vgl. Telekommunikationsordnung TKO, a.a.O. § 98 (2), S. 1453

80 vgl. Schambeck, Herbert, a.a.O. S. 43. Vgl auch Schröter, Otto F.: ISDN – das Dienste-integrierende Fernsprechnetz: Baustein der Bürokommunikation, in bit (Büro-undInformationstechnik) Nr. 2/3 1987, S. 28 ff. sowie Bundesminister für das Post..., ISDN – die Antwort..., a.a.O S. 16

81 vgl. Schön, Helmut: Gegenwart und Zukunft der Telekommunikation in der Bundesrepublik Deutschland, in Zeitschrift für das Post- und Fernmeldewesen Nr. 10/1985, S. 6

82 vgl. Schwarz-Schilling, Rede NTT-Symposium..., a.a.O. S. 486

83 vgl. Rosenbrock, Karl Heinz: Die Dienste im ISDN: Schneller, klarer, vielseitiger, in Funkschau Nr. 13/1987, S. 40 ff. Vgl. auch unten, Abschnitt 3.2.2.3

84 Bundesminister für das Post...: ISDN – die Antwort..., a.a.O. S. 14

85 vgl. ebenda

86 vgl. hierzu Bartl, Harald: Handbuch Btx-Recht, Heidelberg 1984, S. 76 f.

87 vgl. Krüger, Friedrichwilhelm: Mit Telefon und Grafiktablett: Teleschreiben im Zeichenkanal, in Funkschau Nr. 4/1987, S. 42 ff.

88 vgl. Radke, Georg-Ludwig: Gefahrenmeldung via ISDN: Alarm im D-Kanal, in Funkschau Nr. 7/1987, S. 48 ff.

89 Als Beispiel sei hier nur die verfassungsrechtliche Problematik des Fernwirkens in Privatwohnungen genannt – im Bezug auf Artikel 13 Grundgesetz (Unverletzlichkeit der Wohnung). Zweifellos würde ein Teil der Bevölkerung in derartigen TEMEX-Diensten ein verspätetes „1984" sehen – nach dem Roman von George Orwell, Stichwort „Big Brother".

90 vgl. May, Franz: Bildtelefon für 64 kBit/s: Weniger Daten – bessere Bilder, in Funkschau Nr. 10/1987, S. 42 ff. Vgl. auch Lemme, a.a.O.

91 vgl. May, a.a.O. S. 43

92 vgl. N.N.: Fernsehbilder bei niedrigen Übertragungsraten, in Physik in unserer Zeit, Nr. 2/1987, S. 12

93 vgl. N.N.: Einführungsstrategie für Bildtelefon, in kabelkom Nr. 11/12 1987, S. 20 f.

94 Lemme, a.a.O. S. 88

95 Bücken, Rainer: Nachlese zur Telecom in Genf: Olympiade der Nachrichtentechnik, in Medien Bulletin Nr. 12/1987, S. 34 ff, hier S. 35

96 vgl. N.N.: Einführungsstrategie..., a.a.O. S. 20

97 vgl. Deutsche Bundespost (Hg.): Vom analogen Telefonnetz..., a.a.O. S. 5

98 vgl. Oberpostdirektion..., a.a.O. S. 78 u. 92

99 vgl. Bundesminister für das Post...: Mittelfristiges Programm..., a.a.O. S. 16

100 vgl. ebenda S. 18

101 vgl. Albensöder, a.a.O. S. 147 ff.

102 vgl. Kersten, Ralf Th.: Einführung in die optische Nachrichtentechnik, Berlin/Heidelberg/NewYork 1983, S. 7 ff.

103 vgl. Bundesminister für das Post...: Mittelfristiges Programm..., a.a.O., S. 27

104 vgl. Bundesministerium für das Post...: Geschäftsbericht 1986, a.a.O. S. 41 sowie N.N.: Per Video ans Ende der Welt, in Wiesbadener Kurier vom 24.02.1988, S. 8

105 vgl. Albensöder, a.a.O. S. 147 ff sowie Gerfen, Wilfried: Videokonferenz, Heidelberg 1986, S. 139 ff.
106 vgl. Bundesminister für das Post...: Mittelfristiges Programm..., a.a.O. S. 30 f.
107 vgl. Schön, Helmut: Die Deutsche Bundespost..., a.a.O. S. 12
108 Bundesminister für das Post...: Konzept..., a.a.O. S. 12
109 Schön, Helmut: Die Deutsche Bundespost..., a.a.O. S. 12
110 vgl. Bundesminister für das Post...: ISDN − die Antwort..., a.a.O. S. 27
111 vgl. Plank, Ludwig: Grundgedanken zur Gestaltung zukünftiger Fernmeldenetze, Heidelberg 1983, S. 160
112 vgl. Bundesminister für das Post...: Konzept..., a.a.O. S. 13
113 vgl. Schwarz-Schilling, Rede NTT-Symposium, a.a.O. S. 487
114 vgl. Bundesminister für das Post...: Konzept..., a.a.O. S. 14/15; Albensöder, a.a.O. S. 55; Bundesminister für das Post...: ISDN-die Antwort, a.a.O., S. 27; vgl. auch Bundesminister für das Post- und Fernmeldewesen, Der (Hg.): Chance und Herausforderung der Telekommunikation in den 90er Jahren, Bonn 1986, S. 22 ff.
115 vgl. Abschnitt 3.2.1.1.1, Funkdienste
116 vgl. Plank, a.a.O. S. 160

Anmerkungen zu Abschnitt 3.2.2

1 vgl. Abschnitt 3.2.1.2.1, Festverbindungen.
2 vgl. Abschnitt 3.2.1.2.1, Datex, sowie Abschnitt 2.3 (Modem)
3 vgl. u.a. Brehpohl: Telematik, a.a.O. S. 89 f. u. 264 f.
4 vgl. hierzu Abschnitt 3.2.2.6.4
5 vgl u.a. Witte, a.a.O. S.29
6 Es gilt freilich nicht, wenn man Planungsdefizite und Fehlentscheidungen aufgrund des Verzichts auf die Anwendung neuer Technologien billigend in Kauf nimmt, weil man grundsätzliche Vorbehalte gegen diese hat. Solche Vorbehalte könnten sinnvoll begründet werden beispielsweise mit Bedenken gegen das Rationalisierungspotential neuer Technologien oder der Angst vor dem Überwachungsstaat. Vgl. u.a. Kubicek/Rolf, a.a.O.; vgl. auch Abschnitt 3.2.2.5.1
7 vgl. Kepplinger, a.a.O. S. 9 ff.
8 vgl. Abschnitt 3.2.2.1.3
9 vgl. u.a. Ahrens, Walter: Datenbanksysteme, Berlin/NewYork 1971, S. 144
10 vgl. Schulze, a.a.O. S. 269
11 Schubert, Steffen: Online Datenbanken, Düsseldorf 1986, S. 20
12 vgl. ebenda
13 Hierzu ist zu bedenken, daß lediglich Daten, nicht aber Informationen in Computern gespeichert werden können. Informationen setzen den Akt des Verstehens und des cognitiven Einordnens voraus. Vgl. ebenda. Vgl. auch Vallee, Jacques: Computernetze, Reinbek bei Hamburg 1984, S. 63 f.
14 vgl. hierzu Abschnitt 3.2.1.4
15 Schulte-Hillen, Jürgen: IuD − online-Datenbanknutzung in der Bundesrepublik Deutschland, München/NewYork/London/Paris 1984, S. 62
16 vgl. Schubert, a.a.O. S. 127 f.
17 Dies ist beispielsweise beim IPSANET der kanadischen Firma I.P.Sharp Associates Ltd. der Fall, die seit 1973 dieses Paketvermittlungsnetz bereithält. Über IPSA-

NET, das auf Mietleitungen und Privatleitungen realisiert ist, kann von Kanada, USA, Europa, Australien, Honkong und Singapur direkt auf die Datenbank I.P.Sharp Communications Network zugegriffen werden. Vgl. Schubert, a.a.O. S. 113 ff. Die multinationalen Liberalisierungstendenzen im Telekommunikationswesen und speziell die sich in der Bundesrepublik abzeichnende Entwicklung machen den Aufbau mehrerer solcher nationaler und internationaler Privatnetze denkbar. Vgl. hierzu Abschnitte 3.1.2 ff.

18 vgl. Schulte-Hillen, a.a.O. S. 62
19 vgl. Schubert, a.a.O. S. 20 ff.
20 Schwuchow, Werner: Der Markt für Online-Dienste: Ein Milliarden-Dollar- Geschäft, in cogito − Neue Wege zum Wissen der Welt- Zeitschrift für die Nutzung elektronischer Medien Nr. 1/1987, S. 28 ff.
21 vgl. Schubert, a.a.O. S. 11 u. 16
22 zum Beispiel der Eusidic-Database-Guide, N.N., Oxford/NewYork 1980 f, vgl. Schulte- Hillen, a.a.O. S. 45
23 vgl. Schulte-Hillen, ebenda
24 vgl. Schwuchow, a.a.O. S. 30
25 vgl. Schulte-Hillen, a.a.O. S. 48 u. 63
26 vgl. Schwuchow, a.a.O. S. 30
27 vgl. Schulte-Hillen, a.a.O. S. 48 u. 63
28 vgl. Schwuchow, a.a.O. S. 30
29 vgl. ebenda. In Schubert, a.a.O. werden bezüglich des Anteils der verschiedenen Länder an der Datenbankproduktion folgende Angaben gemacht: Kanada und USA 76 Prozent, Europa 21 Prozent (BRD 3 Prozent) und Afrika, Asien, Australien 3 Prozent. Vgl. dort S. 65
30 vgl. Schulte-Hillen, a.a.O. S. 78
31 vgl. Schubert, a.a.O. S. 77
32 vgl. Schulte-Hillen, a.a.O. S. 47 ff. u. 62 ff.
33 Bundesminister für Forschung und Technologie, Der (Hg.): Fachinformationsprogramm 1985-88 der Bundesregierung, Bonn 1985, S. 13
34 vgl. ebenda
35 vgl. Schubert, a.a.O. S. 69 ff.
36 vgl. ebenda S. 71
37 Ulbricht, H.W.: Gestütztes Fach-Werk, in cogito Nr. 2/1987, S. 2 f.
38 vgl. ebenda
39 Bundesminister für Forschung...: Fachinformationsprogramm..., a.a.O. S. 14 (ff.)
40 Dies sind im wesentlichen grundgesetzlich ausdrücklich anerkannte Zuständigkeiten des Bundes wie zum Beispiel die für Statistik (Artikel 73,11 Grundgesetz), ungeschriebene verfassungsrechtliche Zuständigkeiten qua Sachzusammenhang wie zum Beispiel Förderung der Auslandsbeziehungen oder Wirtschaftsförderung, Zusammenarbeit mit den Ländern gemäß Artikel 91 b Grundgesetz u.ä. Vgl. Fachinformationsprogramm a.a.O. S. 15
41 ebenda
42 ebenda
43 vgl. ebenda S. 17 sowie Schubert, a.a.O. S. 70

44 vgl. N.N.: Endgültig Schluß, in DER SPIEGEL Nr. 27/1987, S. 42/43. Vgl. auch
   Altenmüller, Hartmut G.: Kritik an der Fachinformation, in Blick durch die Wirtschaft, 01.10.1985

45 vgl. Abschnitt 3.2.2.1.1

46 vgl. Schulte-Hillen, a.a.O. S. 16

47 vgl. Nora/Mink, a.a.O. S. 75 ff, spez. S. 83 f.

48 vgl. Schulte-Hillen, a.a.O. S. 14 f.

49 vgl. ebenda S. 16 f.

50 vgl. ebenda S. 11. Vgl auch Kepplinger, a.a.O. S. 18 f.

51 Zur Thematik der Funktionalität eines freien Informationsflusses in verschiedenen
   politischen Ordnungssystemen vgl. Kepplinger, a.a.O. S. 12 f.

52 vgl. Schulte-Hillen, a.a.O. S. 110 ff.

53 vgl. ebenda S. 17 f. u. 35. Vgl. auch Kepplinger, a.a.O. S. 44 f.

54 vgl. ebenda S. 20 ff. Schulte-Hillen bezieht sich hier in der Hauptsache auf den Bericht des schwedischen SARK Komitees von 1979.

55 vgl. Abschnitt 3.2.2.4.3

56 zu allen genannten Problemen vgl. Schulte-Hillen, S. 20 ff.

57 Schulte-Hillen stellt a.a.O. allerdings keine Überlegungen in dieser Richtung an.
   Vgl. hierzu jedoch Abschnitt 3.2.2.6.4

58 vgl. Abschnitt 3.2.1.1.1

59 vgl. u.a. Bundesminister für das Post...: ISDN – die Antwort..., a.a.O. S. 27

60 Beispiele hierfür sind die Btx-Programme von Gruhner & Jahr, dpa (noch als ge-
   schlossene Benutzergruppe – GBG – für Journalisten), die Presse-GBG der Deutschen Bundespost, die Btx Südwest Datenbank, die Datenbank der Druckindustrie
   und die Datenbank des Deutschen Instituts für medizinische Dokumentation
   DIMDI; – im Btx-System jeweils auffindbar durch Eingabe von *Anbieter-
   name #.

61 ASCII = American Standard Code of Information Interchange; vgl. Schulze,
   a.a.O. S. 30

62 vgl. Abschnitt 3.2.1.1.1

63 vgl. hierzu auch Abschnitt 3.2.1.4.1

64 Aufgrund der hohen technischen Anforderungen, die das für die Endgerätezulas-
   sung zuständige Fernmeldetechnische Zentralamt (FTZ; vgl. oben, Abschnitt
   3.1.1) an zuzulassende Endgeräte stellt, findet die zunehmende Verwendung von
   Computern in Verbindung mit privaten Modems gleichsam in einem rechtsfreien
   Raum statt. Das FTZ besteht bei Modems aus politischen und wirtschaftlichen
   Gründen auf Einhaltung der CCITT-Normen und die massenhaft privat eingesetz-
   ten Billigmodems entsprechen dem amerikanischen Hayes-Standard. Auch besitzen viele zum Btx-Betrieb eingesetzte Softwaredecoder, also Computerprogramme,
   die einen Decoder simulieren, keine FTZ-Zusassung. Die Anschließung von Modems, moralisch unterstützt von der Fachpresse (vgl. u.a. Thomas, Franz: Ohne
   den Segen der Post - Hayes-kompatible Modems im Test, Coverschlagzeile: „Besser
   als die Post erlaubt", in c't – magazin für computer technik, Nr. 2/1988, S. 58 f.)
   kann von der Post kaum verhindert werden; mehr als 30000 solcher Geräte wurden
   in der Bundesrepublik bereits verkauft (vgl. ebenda). Die Verwendung von Softwaredecodern ohne FTZ-Nr. wird teilweise sogar halboffiziell geduldet, wahrscheinlich in der Erwartung liberalerer Zulassungsbestimmungen im Zusammenhang mit
   der Neuordnung des Telekommunikationswesens. Vgl. Abschnitte 3.1 ff.

65 vgl. Abschnitte 3.2.2.1 f.

66 vgl. Deutsche Bundespost (Hg.): Die Deutsche Bundespost informiert – Gebühren für den Bildschirmtext-Dienst, Bonn 1986

67 vgl. Abschnitt 3.2.1.1.1, Bildschirmtext (Btx)

68 vgl. ebenda

69 Kommunikation im Btx-Dienst beziehungsweise der Btx-Dienst generell wird grundsätzlich über feste Seiten abgewickelt, die vom Benutzer aufgerufen werden. Eine aufgerufene Seite wird vom System auf dem Bildschirm des Benutzers aufgebaut. Er kann die Seite dann zur Kenntnis nehmen und eine weitere Seite aufrufen oder ggf. auch Eingaben machen und die von ihm veränderte beziehungsweise ausgefüllte Seite bestätigen, d.h. in das Btx-System zurückschicken. Das Bestätigen einer Seite ist oft mit Kosten verbunden, zum Beispiel wenn die unmittelbar danach folgende Seite Informationen enthält, für die der jeweilige Anbieter bezahlt werden will oder wenn es sich um eine gebührenpflichtige Mitteilungsseite handelt. Kostenpflichtige Btx-Seiten sind als solche erkennbar, ein versehentliches Aufrufen ist so gut wie unmöglich. Der bei weitem überwiegende Teil der Gesamtheit der Btx-Seiten ist nicht kostenpflichtig. Die Abrechnung von Anbietergebühren für den Abruf kostenpflichtiger Seiten erfolgt über die Telefonrechnung der Post.

70 vgl. Seite *811# im Btx-System

71 vgl. zum Beispiel im Anbieterprogramm *galke# im Btx-System

72 Ambitionen der Bundespost, ihr Grußkartenangebot im Btx-Dienst zu erweitern, werden von den privatwirtschaftlichen Programmanbietern naturgemäß alles andere als gutgeheißen.

73 vgl. Btx-Anbieterprogramme *bolesta# und *rainbow#

74 vgl. ebenda

75 vgl. Noelle-Neumann, Elisabeth: Die Schweigespirale, Frankfurt am Main/Wien/ Berlin 1982. Nölle-Neumann beschreibt hier das Phänomen, daß Anhänger von Meinungen (zum Beispiel politischer Meinungen), deren Argumente weder in der unmittelbaren Umgebung dieser Menschen noch in den Massenmedien angemessen öffentlich vertreten werden, einer Isolationsfurcht verfallen, die zu einer sich immer weiter verstärkenden Tendenz zum Schweigen und evtl. zum Revidieren der eigenen Meinung führen kann.

76 Siemens, Jochen; Röhl, Bettina: Paris – und sie revoltiert doch, in TEMPO Nr. 1/1987, S. 24 ff., hier S. 29. Zu Minitel vgl. Abschnitt 3.2.2.3.2

77 vgl. Abschnitte 3.2.1.1.1 und 3.2.2.2

78 zur Charakteristik virtueller paketvermittelter Verbindungen vgl. Abschnitt 2.3

79 vgl. Deutsche Bundespost (Hg.): Datex-P..., a.a.O. sowie Langen, Bernhard u.a.: Datenübertragungskosten in Wählnetzen der Deutschen Bundespost, Heidelberg 1986, S. 57 ff.

80 vgl. zum Beispiel Bildschirmtext Magazin Nr. 10/1987, S. 4

81 vgl. ebenda

82 vgl. Ulbricht, Hans Werner: „kuk" – Was ist das eigentlich?, in cogito – Zeitschrift für die Nutzung elektronischer Medien Nr. 1/1987, S. 52

83 vgl. Abschnitt 3.2.1.1.1, Bildschirmtext (Btx)

84 Vergleichbar ist unter Umständen der Teletreff-Dienst der Deutschen Bundespost; vgl. Abschnitt 3.2.1.1.1, Teletreff

85 Mit der z.Zt. allerdings noch etwas zögerlichen Zulassung von Btx-Decodern als Zusatzhardware von Computern und Softwaredecodern sowie mit der Einführung

sogenannter Multitiels, das sind Btx-Endgeräte ähnlich den französichen Minitels mit zusätzlicher Komforttelefonfunktion, ist die Deutsche Bundespost dabei, diese Entwicklung zu korrigieren.

86 Als bei der Deutschen Bundespost vor der bundesweiten Einführung von Btx in eine ähnliche Richtung gehende Überlegungen im Gange waren, verhinderten massive Proteste aus der Wirtschaft und das Veto des Wirtschaftsministeriums eine entsprechende Entwicklung. Es war zum Beispiel im Gespräch, Modem und Decoder in einem Gerät seitens der Post sehr preisgünstig zu vermieten. Vgl. Deutscher Postverband, a.a.O. S. 9. Vgl. auch Schwarz- Schilling, Christian: Moderne Kommunikationsdienste — eine Herausforderung an Wirtschaft und Staat (Festansprache) in Verband Deutscher Maschinen- und Anlagenbau VDMA, a.a.O. S. 11 ff., hier S. 18

87 Im Teletel gibt es mehrere Teilnetze, die vom Minitelgerät aus zu unterschiedlichen zeitabhängigen Gebühren aufgerufen werden können. Eines davon ist der „service kiosque", das Netz der Messagerien. Vgl. Uber, Thomas: Btx international — Hallo Nachbarn, in Bildschirmtext Magazin Nr. 12/1987, S. 36/37. Zum technischen Konzept und hohen Verbindungskosten bei Minitel vgl. N.N.: Minitel-Erfolg unter der Gürtellinie, in Funkschau Nr. 20/1987, S. 29/30

88 Röhl, Bettina: Die elektronische Anmache, in TEMPO Nr. 3/1987, S. 116/117

89 ebenda

90 vgl. ebenda

91 vgl. Abschnitt 3.2.2.2.2

92 Uber, a.a.O. S. 37

93 vgl. Friesinger, Manfred: Bildschirmtext in Frankreich, Minden 1989, S. 57

94 siehe Abschnitt 3.2.2.2.2

95 Hiervon konnte man sich in einem u.a. vom Hessischen Rundfunk am 18.12.1987 ausgestrahlten TV-Feature überzeugen: Busse, Michael und Bobbi, Maria-Rosa (Redaktion): Bildschirm-Fieber — Frankreichs neue Droge, Produktion: ALLCOM Film i.A. des Norddeutschen Rundfunks, 1987

96 vgl. Weizenbaum, a.a.O. S. 15 ff.

97 Diese Angabe geht zurück auf eine Repräsentativumfrage der GfK Marktforschung unter 2 000 Personen im Alter von 16 bis 69 Jahren. Vgl. N.N.: GfK — Computer in fast jedem 10. Haus, in Funkschau Nr. 1/1988, S. 8

98 vgl. Abschnitte 3.2.2.1 u. 2.3

99 vgl. Abschnitte 3.2.1.1.1, Bildschirmtext (Btx) und 3.2.2.2. Bei der Bildschirmdarstellung von Btx-Grafik müßten allerdings teilweise erhebliche Abstriche gemacht werden.

100 vgl. Abschnitt 2.3

101 vgl. ebenda

102 vgl. ebenda

103 Seit Herbst 1987 bietet Commodore mit dem Segen der Bundespost, sprich FTZ-Nummer, einen Btx-Hardwaredecoder zum C-64 Homecomputer für knapp 400,- DM an.

104 Die Unterscheidung zwischen professionellen Personalcomputern und Homecomputern für private Anwendungen ist heute praktisch hinfällig. Vgl. hierzu oben, Abschnitt 2.3. Moderne Homecomputer der 16-Bit Klasse wie ATARI ST oder Commodore Amiga sind bereits in der Lage, mittels preisgünstiger Hardwareerweiterungen oder auch nur mittels Software die Betriebssysteme, also die rechnerinter-

nen Basisprogramme von professionellen Personalcomputern wie IBM- oder Apple-PCs zu emulieren, d.h. zu simulieren. Die Software der PCs läuft dann auf den Homecomputern. Vgl. hierzu auch Abschnitt 3.2.2.6.3

105 vgl. Abschnitte 2.2.9 u. 2.3

106 Neuere Homecomputer können jedoch wie gesagt durchaus Software für professionelle Anwendungen verarbeiten.

107 vgl. N.N.: Desktop Publishing — Bessere Informationen besser präsentieren, in cogito — Zeitschrift für die Nutzung elektronischer Medien Nr. 3/1986, S. 20 f.

108 vgl. u.a. N.N.: Klingende Chips — Sound Sampler im Vergleich, in ST-Computer Nr. 1/1988, S. 12 ff.

109 vgl. u.a. Brandel, Horst: Überraschungen zur Teatime, in 68 000er — Das Magazin der neuen Computer-Generation Nr. 11/1987, S. 13 f.

110 vgl. Runge, Wolfgang: Elektronisches Publizieren. Teil1: Evolution statt Revolution, in cogito Nr. 3/1986, S. 38 ff.

111 vgl. Abschnitt 3.2.2.2 f.

112 vgl. Abschnitt 3.2.2.1

113 vgl. Abschnitt 3.2.2.4 f.

114 vgl. Runge, a.a.O. S. 48

115 ebenda

116 vgl. Abschnitte 3.2.1.4 u. 3.2.1.5

117 vgl. Abschnitt 2.2.8. Vgl. auch Huff, a.a.O. S. 9

118 vgl. ebenda S. 12

119 Mittlerweile gibt es selbstverständlich auch deutschsprachige Adventures.

120 Dem Vernehmen nach ist in den USA eine Technik entwickelt worden, bei der über das Massenmedium Fernsehen vom Zuschauer daheim mittels „Schüssen" aus Ultraviolett- oder Infrarot- Spielzeuggewehren auf den Bildschirm mitgelenkt werden sollen. Die Anzahl der Schüsse auf bestimmte Objekte oder Figuren wird ausgewertet und „Von einer schnell ansteuerbaren Bildplatte aus läuft die dem Zuschauerwillen entsprechende Variante der Serie weiter." (N.N.: Interaktive Killerserien, in gp-magazin, Zeitschrift der IG Chemie-Papier-Keramik Nr. 4/1988, S. 35); vgl. auch N.N.: Krieg im Kinderzimmer — Spielzeug zum „Mitkämpfen" bei Fernsehserien, in Wiesbadener Tagblatt vom 13.02.1987. Laut gp-magazin gibt es konkrete Einführungspläne bei den französichen Privatkanälen „TF1" und „La Cinq". Die genaue technische Funktionsweise eines solchen Systems wird in den genannten Quellen allerdings nicht beschrieben.

121 Graham, Eric: Graphic Scene Simulations - Amiga graphics are so realistic, they seem to transcend reality, conjuring a vivid surrealistic world, in Amiga World Nr. 3/1987, S. 18 ff, hier S. 18/19

122 vgl. Rosin, Matthias: Scanner und Schrifterkennung — Mit den Augen des Falken, in ST-Magazin, Sonderheft Nr. 23, 1988, S. 24 ff.

123 vgl. ebenda

124 Baukhage, Manon: Ein Software-Traum wird wahr — Was die Welt zu bieten hat, hat auch Hypertext zu bieten, in P.M. Computerheft Januar/Februar 1988, S. 4 ff., hier S. 4

125 Eine Maus ist ein kleines, bewegliches an den Computer angeschlossenes Steuergerät, mittels dessen man ein graphisches Symbol (meist genannt „Cursor") auf dem Bildschirm frei bewegen und dort bestimmte Symbole ansteuern kann. Drückt man

auf einen Knopf an der Maus („Klicken"), so wird der dem Symbol entsprechende Programmteil aktiviert.

126 vgl. Baukhage, a.a.O., S. 6
127 ebenda S. 7
128 vgl. ebenda S. 8
129 vgl. oben in diesem Abschnitt (3.2.2.3.3)
130 Der Cursor ist in diesem Fall das durch die Maus gesteuerte Grafiksymbol auf dem Bildschirm.
131 Baukhage, Manon: Mit dem Computer ins Reich der Erotik?, in P.M. Computerheft Januar/Februar 1988, S. 86 ff., hier S. 89
132 zur künstlichen Intelligenz vgl. oben, Abschnitt 2.2.9
133 N.N.: Künstliche Intelligenz — Technologie-/Markttrends im Bereich der Wissensverarbeitung, in innotech — DV-Magazin Industrie Nr. 5/1987, S. 32 ff., hier S. 34
134 Die erste bundesdeutsche Mailbox ging Anfang 1983 ans Netz, die zweite erst im Frühjahr 1984. Seitdem stieg die Zahl der bundesdeutschen Mailboxen sprunghaft an, mittlerweile sind es mehrere Hundert. Vgl. Spindler, Wolfgang: Das Mailbox-Jahrbuch, Frankfurt am Main 1985, S. 29; vgl. ferner Hurth, Bruno: SYBEX Mailbox Führer, Düsseldorf/Berkeley/Paris 1985
135 vgl. Abschnitt 3.2.1.1.1, Telebox
136 vgl. Abschnitt 2.3
137 American Standard Code of Information Interchange — erlaubt die Übertragung alphanumerischer Zeichen durch definierte Bitfolgen. Vgl. Abschnitt 3.2.2.2
138 In Form dieser Mailbox-Unternehmen warten bereits heute Anbieter spezieller Telekommunikationsdienstleistungen in den Marktnischen der Telekommunikationslandschaft, die mit der bevorstehenden Liberalisierung sehr viel massiver auf den Markt drängen werden, ganz im Sinne der Witte-Kommission. Vgl. Abschnitt 3.2.1.4.2
139 vgl. N.N.: Globales Dorf — Bericht: GeoNet-Mailboxen, in DATA WELT Nr. 2/1988, S. 94 ff, hier S. 98
140 vgl. deutsche mailbox gmbh (Hg.): Wer weiß, was Mailbox leistet, leistet sich Mailbox!(Werbebroschüre), Hamburg 1987; vgl. auch RMI Nachrichtentechnik GmbH (Hg.): RMI Net Informations- und Mailboxsystem (Werbeinformation), Aachen 1986, S. 3 ff.
141 vgl. Spindler, a.a.O. S. 58
142 Dies ist ein Beispiel dafür, wie sehr durch die fortschreitende internationale telematische Vernetzung eine Kontrolle des Informationsflusses aus Datenbanken erschwert wird. Vgl. hierzu Abschnitt 3.2.2.1.3
143 vgl. N.N.: Globales Dorf..., a.a.O.
144 vgl. Spindler, a.a.O. S. 21. Von den USA gehen auch starke Tendenzen zu einer internationalen Mailbox-Vernetzung aus. Vgl. Levitan, Arlan R.: Telecomputing Today: This Fido's No Dog, in COMPUTE! No. 8/1986, S. 105
145 vgl. N.N.: Globales Dorf..., a.a.O. S. 95
146 vgl. Yakal, Kathy: Habitat — A look at the future of online games, in COMPUTE! No. 10/1986, S. 32 ff.
147 vgl. tre/pky: Btx-NET, Kostengünstige Mailbox-Vernetzung mit Btx, in ST-Vision — Das Atari Magazin von Usern für User Nr. 4/1988, S. 30. Dies ist ein weiteres Beispiel für die offensichtlich nahezu beliebige Integrierbarkeit und Kombinierbarkeit von Telematikdiensten, die um einiges weniger verblüffend erscheint, wenn man

sich vergegenwärtigt, daß alle Telematikdienste auf der Weitergabe digitaler Signalfolgen beruhen, welche wiederum grundsätzlich von Computern empfang- und verarbeitbar sind.

148 vgl. hierzu Abschnitt 3.2.2.1.3

149 vgl. Vallee, a.a.O. S. 177

150 vgl. Gliss, Hans: Hacker:Was sie tun können, was sie wollen, wer sie sind, in P.M. Computerheft Januar/Februar 1988, S. 10 ff., hier S. 12

151 Sehr beliebt ist auch das sogenannte „social engineering", das darin besteht, bei Rechnerbetreibern o.ä. anzurufen und sich mit falscher Identitätsangabe unter einem Vorwand ein Paßwort durchgeben zu lassen. Vgl. hierzu auch Heine, Werner: Die Hacker, Reinbek bei Hamburg 1985, S.22

152 ebenda S. 25

153 vgl. hierzu auch Gliss, a.a.O. S. 11

154 vgl. hierzu Abschnitt 3.2.1.4.1, ISDN – Bildschirmtext

155 vgl. Ammann, Thomas; Lehnhardt, Matthias: Die Hacker sind unter uns, München 1985, S. 105 ff.

156 vgl. Gliss, a.a.O. S. 13

157 vgl. N.N.: Festgenommen- Deutscher „Hacker" noch in Haft, in Wiesbadener Kurier, 16.03.1988, S. 17

158 N.N.: „Er konnte an jedem Ort der Welt sitzen", in DER SPIEGEL Nr. 10/ 1989, S. 112

159 N.N. (Name der CHIP-Redaktion bekannt): „Die Angst hackt mit" – Bekenntnisse eines Hackers, in CHIP Nr. 4/ 1989, S. 13

160 vgl. N.N.: „Er konnte an jedem Ort der Welt sitzen" in DER Spiegel Nr. 10/ 1989, S. 112 ff.

161 vgl. ebenda

162 vgl. N.N.: „Die Angst hackt mit" – Bekenntnisse eines Hackers, in: CHIP Nr. 4/ 1989, S. 13

163 vgl. Bradatsch, Bernhard M.: Die Hacker wurden selbst aktiv, in CHIP Nr. 5/ 1989, S. 16/17

164 N.N.: Hacker im Schatten des KGB, in CHIP Nr. 5/ 1989, S. 14 ff., hier S. 19

165 vgl. N.N.: Sicherheit im Aufwind, in CHIP Nr. 5/ 1989, S. 18

166 Horx, Matthias: Chip-Generation, Reinbek bei Hamburg 1984, S. 170

167 Vallee, a.a.O. S. 193

168 vgl. Abschnitte 3.2.1.4 u. 3.2.1.5

169 vgl. Bundesminister für das Post-...: Mittelfristiges..., a.a.O. S. 18/19

170 vgl. ebenda. Das aus dem konsequenten Einsatz der Telematik im Bürobereich erwachsende Rationalisierungspotential ist geeignet, sich noch stärker auf den Arbeitsmarkt auszuwirken, als gegenwärtige Industriekriesen dies tun. Es ist gut möglich, daß man hier drastische Auffangmaßnahmen zu ergreifen gezwungen sein wird, um den sozialen Frieden zu erhalten. Vgl. hierzu auch Abschnitte 2.2.9 (Anmerkung 68) u. 3.2.2.6.3

171 vgl. Abschnitte 3.2.1.4, 3.2.1.4.1.6 u. 2.2.9

172 vgl. Abschnitt 3.2.2.6. Zu den potentiellen Auswirkungen der Telematik auf dem internationalen Arbeitsmarkt vgl. auch Rada, Juan. F.: Die Mikroelektronik und ihre Auswirkungen, Berlin 1984, spez. S. 118

173 Man denke nur an Positionen eines Claus Eurich oder eines Herbert Kubicek, vgl. oben, Abschnitt 3.1.3.6; an verschiedene gewerkschaftliche Positionen wie die der

242

Deutschen Postgewerkschaft, vgl. Abschnitt 3.1.2.6.3 oder die der Partei DIE GRÜNEN, vgl. Abschnitt 3.1.2.6

174 Dies ist zumindest die Einschätzung des Verfassers.

175 Die in diesem Abschnitt zur Sprache kommenden Standpunkte sind als die Auffassung des Verfassers zu betrachten.

176 vgl. Horx. a.a.O. S. 27 ff.

177 vgl. Grundgesetz für die Bundesrepublik Deutschland, Artikel 5; hier speziell Absatz 1, Satz 1: „Jeder hat das Recht, seine Meinung in Wort, Schrift und Bild zu äußern und zu verbreiten und sich aus allgemein zugänglichen Quellen ungehindert zu unterrichten." Vgl. hierzu auch Reatzke, Dietrich: Handbuch der Neuen Medien, Stuttgart 1984, S. 474. Vgl. ferner Bullinger, Martin: Kommunikationsfreiheit im Strukturwandel der Telekommunikation, Baden-Baden 1980, S. 57 ff.

178 vgl. Kubicek/Rolf, a.a.O. S. 241 ff.

179 vgl. Eurich, Computerkinder., a.a.O. S. 157 ff. sowie Kubicek/Rolf, a.a.O. S. 331 ff.

180 Sie könnte sie allerdings nur so lange erhalten, bis die weltwirtschaftliche und weltpolitische Entwicklung eine solche Verweigerungshaltung als Anachronismus entlarven würde. Ein entscheidendes Datum wäre hier bereits die für 1992 geplante Einrichtung des gemeinsamen EG-Marktes.

181 vgl. Dartsch, Michael: „Studio Numerique" – Abschied von der konventionellen Technik: Pionierarbeit in digital, in Medien Bulletin Nr. 9/1987, S. 54 ff.

182 Z.B. übernahm der japanische Unterhaltungselektronik-Gigant SONY Anfang 1988 den amerikanischen Schallplatten-Riesen RCA.

183 vgl. hierzu Abschnitt 3.2.2.6.3

184 Vx.x bezeichnet in der Regel die Version einer Computersoftware; Computerprogramme werden häufig überarbeitet und aktualisiert.

185 Vgl. Btx-Diest der Deutschen Bundespost, 27.12.1987, Seiten * 65532148a #, b und c

186 Oft werden Beträge zwischen 10, – und 20, – DM genannt, kommerzielle Programme kosten das 10- bis 100-fache.

187 vgl. Abschnitt 3.2.2.4

188 vgl. N.N.: Telesoftware – Nicht nur Spiele!, in bildschirmtext magazin Nr. 11/1987 S. 14 f.

189 vgl. Abschnitt 3.2.2.4

190 vgl. ebenda

191 vgl. auch Abschnitt 3.2.2.1.3

192 vgl. N.N.: „Die großen Systeme reizten Robert", in DER SPIEGEL Nr. 47/1988, S. 252 ff. sowie N.N.: Einstieg durch die Hintertür, ebenda S. 258 ff.

193 vgl. N.N.: Computer – Hitler auf dem Monitor, in DER SPIEGEL Nr. 27/1987, S. 167 f.

194 vgl. zum Beispiel Btx-Anbieterprogramm der Gesellschaft für effektive Werbung GEW, Btx-Seite *200880010#, Stuttgarter Automarkt, Btx-Seite *44844000000#, Rheinpfalz, Btx-Seite *670070000#; beziehungsweise jeweils *Anbietername#

195 vgl. Abschnitt 3.2.2 sowie Röhl, a.a.O.

196 So Äußerungen von Vertretern der Verlage SperrMüll Zeitung GmbH und kempen Verlags GmbH (Such und Find) in Schriftwechsel und Telefonaten mit dem Verfasser Anfang 1987. Seit dem Frühjahr 1988 bietet die vom bundesdeutschen Compu-

terclub „DEHOCA" unterstützte Mailbox „Telnet" in Taunusstein in Zusammenarbeit mit dem Gratisanzeigenblatt „Such und Find" einen elektronischen Anzeigen-Annahme-Service an. Seit neuestem hat dieses Blatt sogar einen Btx-Anzeigen-Annahme-Service.

197 So verfügte das Anzeigenblatt „Blitz Tip" (Verbreitungsgebiet RheinMain, Aneigen sind hier kostenpflichtig, das Blatt wird kostenlos verteilt) über eine per Telefonanruf mündlich abfragbare „Auto-Datenbank" , die mittlerweile allerdings eingestellt wurde. (In absehbarer Zeit beabsichtigt übrigens auch der Blitz Tip Verlag mit dem „Offertenblatt" „Pink" in das Gratisaneigen-Geschäft einzusteigen.) Die Firma PS-Team, Wiesbaden, betreibt z.Zt. eine ebensolche Auto-Datenbank.

198 vgl. Zumbach, Uwe: Goldgrube oder Faß ohne Boden — Teleshopping will hierzulande Fuß fassen, in Medien Bulletin Nr. 12/1986, S. 6 f.

199 Stockhausen, Wolfgang: Duftende Marken — Ab sofort müssen Sie bei Anzeigen in Zeitschriften auf die dritte Dimension gefaßt sein, in esquire Nr. 3/1988, S. 38

200 N.N.: Binäre Ära, in CHIP Nr. 8/1987, S. 28

201 ebenda

202 vgl. Grundgesetz für die Bundesrepublik Deutschland, Artikel 10

203 vgl. Abschnitt 3.2.2.6.3

204 vgl. hierzu u.a. Bundesbeauftragter für den Datenschutz: Siebenter Tätigkeitsbericht des Bundesbeauftragten für den Datenschutz, Bonn 1985, S. 22 ff.

205 Dr. Roger K. Summit, Präsident von Dialog Information Services Inc.(vgl. Abschnitt 3.2.2.1) und Prof. Charles T. Meadow, Fakultät für Bibliotheks- und Informationswissenschaft an der Universität Toronto. -Vgl. Schwuchow, a.a.O. S. 35

206 ebenda

207 vgl. Abschnitt 2.2.9

208 N.N.: Künstliche Intelligenz..., a.a.o. S. 34

209 ebenda

210 Röhling, a.a.O. S. 3

211 vgl. N.N.: Künstliche Intelligenz..., a.a.O. S. 34. Vgl. auch Abschnitt 3.2.2.3.3

212 ct'magazin für computer technik Nr. 5/1988, S. 263

213 Bereits in den späten 70er Jahren wurde ein „großflächiges alternatives Computersystem" in der bundesdeutschen Alternativ-Szene (sehr kontrovers) diskutiert, es kam zur Gründung einer (offline-) Datenbank in Dürnau, Baden Württemberg, die zwar recht intensiv genutzt wurde, aber mangels moralischer und finanzieller Unterstützung aus der Szene wieder eingestellt wurde. Vgl. Horx, a.a.O. S. 153

214 vgl. Abschnitt 3.2.2.6.3

215 vgl. Abschnitt 3.2.1.1.1, Sprachspeicherdienst

216 vgl. Abschnitt 3.2.1.4.1, IDFN — Bildfernsprechen

217 vgl. Abschnitt 3.2.2.3

218 vgl. Abschnitte 3.2.2.2.3 sowie 3.2.2.4

219 vgl. Abschnitt 3.2.2.2

220 Alternate Reality und ähnliche Titel werden des öfteren für Computersoftware der Gattung Text/Grafik-Adventure verwandt, so zum Beispiel das der Happy Computers Inc., Californien (1985). Vgl. auch oben, Abschnitte 3.2.2.3 ff.

221 vgl. Abschnitt 3.2.2.4

222 vgl. Abschnitt 3.2.2.6.1

223 vgl. Abschnitt 3.2.2.2

224 vgl. ebenda

225 benannt nach den zur privaten Funk-Kommunikation freigegebenen Ätherfrequenz-Kanälen, dem sogenannten „Citizen Band" (Abk. CB)

226 Spindler, a.a.O. S. 21

227 Das oben beschriebene Homecomputer-Programm „Story Machine" könnte ein erster Vorläufer derartiger Softwarepakete sein. Vgl. Abschnitt 3.2.2.3

228 Dies könnte analog zu dem bereits heute möglichen „Desktop Publishing" und „Electronic Publishing" geschehen. Vgl. Abschnitt 3.2.2.3

229 vgl. Grundgesetz für die Bundesrepublik Deutschland, Artikel 5

230 vgl. Abschnitt 3.2.1.1.1.10

231 vgl. Abschnitte 3.1.2.6, 3.1.2.6.3 u. 3.2.2.5.1

232 vgl. Abschnitt 3.2.2.6.4. Zu den wirtschaftlichen Chancen der Telematik vgl. auch Balkhausen, Dieter: Elektronik-Angst...und die Chancen der Dritten Industriellen Revolution, Düsseldorf/Wien 1983, S. 191 ff.

233 vgl. Abschnitt 3.2.2.5.4

234 vgl. hierzu Brepohl, Telematik..., a.a.O. S. 270; vgl. auch Abschnitt 3.2.2.6.4

235 vgl. Abschnitte 3.2.2.5.2 u. 3.2.2.5.3

236 vgl. ebenda

237 vgl. ebenda

238 vgl N.N.: Videopiraten von Polizei dingfest gemacht, in Wiesbadener Kurier, 24.03.1988, S. 15

239 vgl. Abschnitt 3.2.2.5.3

240 vgl. Abschnitt 3.2.2.3.2

241 vgl. N.N.: Popmusik – Schnelle Küche, in DER SPIEGEL Nr.50/1987, S. 213 ff.

242 ebenda S. 213

243 vgl. u.a. Weber, Hans Jürgen: Colorisation verletzt die Rechte der Gestalter, in Film & TV-Kameramann Nr. 3/1987, S. 4/5

244 vgl. Bell, a.a.O. S. 4

245 vgl. ebenda S. 78 f.

246 vgl. ebenda S. 115 ff.

247 vgl. Abschnitte 3.2.2.1 u. 3.2.2.6.1

248 Dies dürfte zumindest gelten für liberale demokratische Systeme mit pluralistischer Herrschaftsstruktur und konkurrierender Willensbildung, in denen die neuen Kommunikationsformen einigermaßen funktional sein dürften und damit Chancen auf relativ ungehinderte Realisierung haben. Vgl. hierzu auch Kepplinger, a.a.O. S. 9 ff.

249 Toffler, a.a.O.

250 vgl. ebenda, S. 51 ff.

251 vgl. ebenda, S. 22 ff.

252 ebenda, S. 153

253 ebenda, S. 157

254 vgl. ebenda, S. 153 f.

255 vgl. Abschnitt 3.2.2.6.3

256 Toffler benutzt jedoch nicht diesen Begriff, er spricht etwas profaner von der Computer- und Kommunikationsbranche.(S. 214)

257 vgl. Toffler, a.a.O. S. 217 ff.; vgl. hierzu auch Tippmann, Michael: Telekommunikation, in Leistung und Lohn Nr. 166/7/8 1985, S. 11 f.

258 vgl. ebenda

259 vgl. ebenda S. 190 ff. u. 261 ff.

260 vgl. Abschnitte 2.2.9 u. 3.2.1.4

261 vgl. Toffler, a.a.O. S. 322 u. 328

262 vgl. ebenda S. 315 ff.; vgl. auch Abschnitt 3.2.2.1.3

263 Toffler, a.a.O. S. 330

264 ebenda S. 391

265 ebenda S. 392

266 ebenda S. 393

267 ebenda S. 394

268 ebenda S. 407

269 ebenda S. 409

270 vgl. ebenda S. 398 ff.

271 vgl. ebenda S. 414 f. Toffler zitiert hier den 3.Präsidenten der USA und Autor der Unabhängigkeitserklärung Thomas Jefferson, der eben diese Notwendigkeit ausdrücklich betonte.(S. 416) Dasselbe Jefferson-Zitat steht als Widmung dem Witte-Bericht zur Neuordnung der Telekommunikation voran. (Witte, a.a.O. S. V) Vgl. auch Abschnitte 3.1.2 ff.

272 vgl. Toffler, a.a.O. S. 417 ff.

273 ebenda S. 420

274 vgl. ebenda S. 421

275 vgl. ebenda S. 421 ff.

276 ebenda S. 426

277 vgl. ebenda S. 428 ff.

278 ebenda S. 432/433

Anmerkungen zu Abschnitt 4

1 vgl. hierzu auch oben, Abschnitte 3.2.2.6.2 u. 3.2.2.6.3

2 Die Integrierbarkeit von Digitaldiensten wird bereits heute am Beispiel des Btx-Dienstes deutlich, über den andere Digitaldienste wie beispielsweise Telex, Telefax oder Stadtfunkrufdienst abgewickelt werden können.

Literaturverzeichnis

Ahrens, Walter: Datenbanksysteme, Berlin/New York 1971

Albensöder, Albert: Telekommunikation- Netze und Dienste der Deutschen Bundespost, Heidelberg 1987

Altenmüller, Hartmut G.: Kritik an der Fachinformation, in Blick durch die Wirtschaft, 01.10.1985

Ammann, Thomas; Lehnhardt, Matthias: Die Hacker sind unter uns, München 1985

Arnold, Franz (Hg.): Endeinrichtungen der öffentlichen Fernmeldenetze, Heidelberg 1981

Balkhausen, Dieter: Die dritte industrielle Revolution, Düsseldorf/Wien 1978

Balkhausen, Dieter: Elektronik-Angst ...und die Chancen der Dritten Industriellen Revolution, Düsseldorf/Wien 1983 Bartl, Harald: Handbuch Btx-Recht, Heidelberg 1984

Baukhage, Manon: Ein Software-Traum wird wahr – Was die Welt zu bieten hat, hat auch Hypertext zu bieten, in P.M. – Computerheft Januar/Februar 1988, S. 4 ff.

Baukhage, Manon: Mit dem Computer ins Reich der Erotik, in P.M. – Computerheft Januar/Februar 1988, S. 86 ff.

Beck, A.H.: Worte und Wellen- Geschichte und Technik der Nachrichtenübermittlung, München 1967

Bell, Daniel: Die nachindustrielle Gesellschaft, Frankfurt/New York 1975

Bellinger, G.: Geschichte der Betriebswirtschaftslehre, Stuttgart 1967

Biermann, Gudrun: Bildschirmtext, Bergisch Gladbach 1984

Böhm, Jürgen: Stand und Entwicklung der Datenübertragung im Bereich der Deutschen Bundespost, in Elias, Dietrich: Telekommunikation in der Bundesrepublik Deutschland 1982, Heidelberg/Hamburg 1982, S. 95 ff.

Bradatsch, Bernhard M.: Die Hacker wurden selbst aktiv, in CHIP Nr. 5/1989, S. 16/17

Brandel, Horst: Überraschungen zur Teatime, in 68000er – Das Magazin der neuen Computer-Generation Nr. 11/1987, S. 13 f.

Brepohl, Klaus: Lexikon der neuen Medien, Köln 1977

Brepohl, Klaus: Telematik — Die Grundlage der Zukunft, Bergisch
Gladbach 1982

Brown, Ronald: Telecommunications, New York 1970; Bücken, Rainer: Nachlese zur Telecom in Genf: Olympiade der Nachrichtentechnik, in Medien Bulletin Nr. 12/1987, S. 34 ff.

Bullinger, Martin: Kommunikationsfreiheit im Strukturwandel der
Telekommunikation, Baden-Baden 1980

Bundesbeauftragter für den Datenschutz: Siebenter Tätigkeitsbericht
des Bundesbeauftragten für den Datenschutz, Bonn 1985

Bundesminister für das Post- und Fernmeldewesen, (Hg.): ISDN —
die Antwort der Deutschen Bundespost auf die Telekommunikation
von morgen, Bonn 1984

Bundesminister für das Post- und Fernmeldewesen, (Hg.): Konzept
der Deutschen Bundespost zur Weiterentwicklung der Fernmeldeinfrastruktur, Bonn 1984

Bundesminister für das Post- und Fernmeldewesen, (Hg.): Service 130
— ein neuer Telefondienst eröffnet Perspektiven, Bonn 1985

Bundesminister für das Post- und Fernmeldewesen, (Hg.): Chance
und Herausforderung der Telekommunikation in den 90er Jahren,
Bonn 1986

Bundesminister für das Post- und Fernmeldewesen, (Hg.): Mittelfristiges Programm für den Aufbau der technischen Kommunikationssysteme, Bonn 1986

Bundesminister für das Post- und Fernmeldewesen, (Hg.): Teletex.
Die Bürokommunikation, Bonn 1986

Bundesminister für das Post- und Fernmeldewesen, (Hg.): Entwurf eines Gesetzes zur Neustrukturierung des Post- und Fernmeldewesens
und der Deutschen Bundespost, Bonn 1988

Bundesminister für das Post- und Fernmeldewesen, (Hg.): Begründung zum Entwurf eines Gesetzes zur Neustrukturierung des Post-
und Fernmeldewesens und der Deutschen Bundespost, Bonn 1988

Bundesminister für das Post- und Fernmeldewesen, Der (Hg.): Reform des Post- und Fernmeldewesens in der Bundesrepublik
Deutschland — Konzeption der Bundesregierung zur Neuordnung
des Telekommunikationsmarktes, Heidelberg 1988

Bundesminister für Forschung und Technologie, (Hg.): Informationstechnik-Konzeption der Bundesregierung zur Förderung der Mikroelektronik, der Informations- und Kommunikationstechniken, Bonn 1984

Bundesminister für Forschung und Technologie, (Hg.): Fachinformationsprogramm 1985-88 der Bundesregierung, Bonn 1985

Bundesminister für Forschung und Technologie und Bundesminister für Wirtschaft (BMFT/BMWi): Zukunftskonzept Informationstechnik (Diskussionsentwurf vom Dezember 1988)

Bundesministerium für das Post- und Fernmeldewesen (Hg.): Post verbindet, Bonn 1986

Bundesministerium für das Post- und Fernmeldewesen (Hg.): Deutsche Bundespost – Geschäftsbericht 1986, Bonn 1987

Bundesministerium für das Post- und Fernmeldewesen (Hg.): Deutsche Bundespost – Geschäftsbericht 1987, Bonn 1988

Bundesverband der Deutschen Industrie e.V. (BDI) (Hg.): Neue Informations- und Kommunikationstechniken und ihre gesamtgesellschaftlichen Auswirkungen, Köln 1982

Bundesverband der Deutschen Industrie e.V. (BDI) (Hg.): Telekommunikation. Technologische, ökonomische und ordnungspolitische Herausforderungen, Köln 1987

Busch, Axel: Brauchen wir ein Fernmeldemonopol?, Arbeitspapier Nr. 228 des Instituts für Weltwirtschaft, Kiel 1985

Busse, Michael; Bobbi, Maria-Rosa (Red.): Bildschirmfieber-Frankreichs neue Droge (TV-Feature), Produktion ALLCOM-Film i.A. des Norddeutschen Rundfunks 1987, Sendedatum u.a. am 18.12.1987 im Hessischen Rundfunk

Dartsch, Michael: „Studio Numérique – Abschied von der konventionellen Technik: Pionierarbeit in digital, in Medien Bulletin Nr. 9/1987, S. 54 ff.

Degenhart, Werner: Akzeptanzforschung zum Bildschirmtext – Methoden und Ergebnisse, München 1986

Deutsche Bundespost (Hg.): Die Post informiert: Telex – weltweite Textkommunikation mit Fernschreibern, Bonn 1985

Deutsche Bundespost (Hg.): Tippen und schicken: Teletex, Bonn 1985

Deutsche Bundespost (Hg.): Datex-P – Hauptgebührenpositionen, Bonn 1986

Deutsche Bundespost (Hg.): Die Deutsche Bundespost informiert – Gebühren für den Bildschirmtext-Dienst, Bonn 1986

Deutsche Bundespost (Hg.): Sprachspeicherdienst – eine Telefondienstleistung, die Sie immer und überall erreichbar macht, Bonn 1986

Deutsche Bundespost (Hg.): Telebox – Der persönliche Mitteilungsdienst, der seine Empfänger überall erreicht, Bonn 1986

Deutsche Bundespost (Hg.): Telekonferenz – der richtige Weg, Konferenzen für alle Beteiligten effektiver zu gestalten, Bonn 1986

Deutsche Bundespost (Hg.): Vom analogen Telefonnetz zum integrierten Breitbandfernmeldenetz, Bonn 1986

Deutsche Bundespost (Hg.): Datenübertragung über die Fernmeldewege der Deutschen Bundespost, Bonn 1987 deutsche mailbox gmbh (Hg.): Wer weiß, was Mailbox leistet, leistet sich Mailbox!, Hamburg 1987

Deutsche Postgewerkschaft (Hg.): Mit einer starken DPG – sichere Perspektiven für Bundespost und Arbeitnehmer, Frankfurt am Main 1986

Deutsche Postgewerkschaft (Hg.): Zum Bericht der Regierungskommission Fernmeldewesen – DPG-Hauptvorstand nimmt Stellung, VL-Info Nr. 35/ 1987 vom 28.08.1987 Deutsche Postgewerkschaft (Hg.): Bürgerpost, Flugblatt vom 18.11.1987 Deutscher Gewerkschaftsbund (DGB) (Hg.): Bundespost in Gefahr: Die Privatisierungspläne und ihre Hintergründe, Düsseldorf 1986

Deutscher Industrie- und Handelstag (DIHT) (Hg.): Zur Neuordnung des öffentlichen Fernmeldewesens in der Bundesrepublik, Bonn 1987

Deutscher Postverband (Hg.): Stellungnahme des Deutschen Postverbandes zum Bericht der Regierungskommission Fernmeldewesen über die Neuordnung der Telekommunikation, Bonn 1987

Dimitriu, Petru: Die Neuen Medien, Heidelberg 1985

Edelhart, Mike; Garr, Doug: Das Computer Lesebuch, München 1985

Elias, Dietrich: Telekommunikation in der Bundesrepublik Deutschland 1982, Heidelberg/Hamburg 1982

Elias, Norbert: Über den Prozeß der Zivilisationen, Bern/München 1969
Eurich, Claus: Das verkabelte Leben, Reinbek bei Hamburg 1980
Eurich, Claus: Computerkinder, Reinbek bei Hamburg 1985
Fabre, Maurice: Geschichte der Übermittlungswege, Schweiz 1963
Fachgemeinschaft Büro- und Informationstechnik im VDMA (Verband Deutscher Maschinen- und Anlagenbau e.V.) (Hg.): Wirtschaftliche und gesellschaftliche Chancen und Herausforderungen der Informations- und Kommunikationstechnik, Frankfurt am Main 1986
Fachgemeinschaft Büro- und Informationstechnik im VDMA (Verband Deutscher Maschinen- und Anlagenbau e.V.) (Hg.): Moderne Kommunikationsdienste – eine Herausforderung für Wirtschaft und Staat, Frankfurt am Main 1987
Fachgemeinschaft Büro- und Informationstechnik im VDMA (Verband Deutscher Maschinen- und Anlagenbau e.V.) (Hg.): Stellungnahme des VDMA zu Strukturreform des Fernmeldewesens in der Bundesrepublik Deutschland, Frankfurt/M., 08.04.1988
Fachgemeinschaft Büro- und Informationstechnik im VDMA (Verband Deutscher Maschinen- und Anlagenbau e.V.) (Hg.): Pressemitteilung zur Neustrukturierung des Post- und Fernmeldewesens, Frankfurt/M., 26.05.1988
Fachverband Informations- und Kommunikationstechnik FVI + K im Zentralverband Elektrohandwerk und Elektronikindustrie e.V. (ZVEI) (Hg.): Neuordnung der Telekommunikation – Stellungnahme des ZVEI, Frankfurt am Main 1987
Fachverband Informations- und Kommunikationstechnik FVI + K im Zentralverband Elektrohandwerk und Elektronikindustrie e.V. (ZVEI) (Hg.): Neuordnung des Telekommunikationsmarktes – Entwurf eines Gesetzes zur Neustrukturierung des Post- und Fernmeldewesens und der Deutschen Bundespost, Mai 1988 – Stellungnahme des ZVEI FV I + K, Frankfurt/M. 1988
Fender, Manfred: Fernwirken, Stuttgart 1981 Field Enterprises Educational Corporation (Hg.): The World Book Encyclopedia, Chicago/London/Rome/Stockholm/Sydney/Toronto 1969

Forner, Helmut: Kommunikationssysteme in Proebster, Walter E.: Datentechnik im Wandel- 75 Jahre IBM Deutschland, Berlin/Heidelberg/NewYork/Tokyo 1986, S. 83 ff.

Förster, Hans-Peter: Bildschirmtext, München 1983

Frankfurter Allgemeine Zeitung (Hg.): Technik- Computer- Kommunikation, Verlagsbeilage zur FAZ vom 20.10.1987

Friesinger, Manfred: Bildschirmtext in Frankreich, München 1989

Ganzhorn, Karl; Walter, Wolfgang: Die geschichtliche Entwicklung der Datenverarbeitung, Stuttgart 1975

Geers, Volker: Aufhebung aller Monopolstellungen im grauen und gelben Bereich, in Kabelkom Nr. 9/10 1987, S. 6

Gerfen, Wilfried: Videokonferenz, Heidelberg 1986

Gesetzentwurf der Bundesregierung zum Poststrukturgesetz, Bundestagsdrucksache 11/2845 vom 02.09.1988

Gliss, Hans: Hacker: Was sie tun können, was sie wollen, wer sie sind, in P.M. Computerheft Januar/Februar 1988, S. 10 ff.

Graham, Eric: Graphic Scene Simulations, in Amiga World Nr. 3/1987. S. 18 ff.

Grünbuch Telekommunikation der EG-Kommission, Bundesrat-Drucksache 341/87, Bonn 1987

GRÜNEN, DIE (Bundesdelegiertenkonferenz in Nürnberg, 26.-28.9. 1986): Umbau der Industriegesellschaft, Bonn o.J. Hanson, Dirk: Die Geschichte der Mikroelektronik, München 1982

Hauptmann, Gerhart: Die Weber (Schauspiel), Erstausgabe Schreibenau 1892

Heine, Werner: Die Hacker, Reinbek bei Hamburg 1985

Hennings, Ralf-Dirk: Neue Aufzeichnungs-, Wiedergabe- und Einzelverarbeitungstechnologien, in Wersig, Gernot: Informatisierung und Gesellschaft, München/NewYork/London/Paris 1983, S. 31 ff.

Hesse, Albrecht: Die Verfassungsmäßigkeit des Fernmeldemonopols der Deutschen Bundespost, Heidelberg 1984

Hillebrand, Friedhelm: DATEX, Heidelberg/Hamburg 1981

Hillmann, Karl-Heinz: Industrielle Gesellschaft, in Rombach, Heinrich (Hg.): Wörterbuch der Pädagogik (3 Bde.), Freiburg/Basel/Wien 1977, S. 91 f.

Hofmeister, Ernst: Mikroelektronik — und was man damit anfangen kann, in Landeszentrale für politische Bildung Baden-Württemberg; Kohlhammer Verlag (Hg.): Die technologische Revolution und ihre Folgen, Stuttgart 1985

Hofstadter, Douglas R.: Gödel, Escher, Bach, Stuttgart 1985

Horx, Matthias: Chip-Generation, Reinbek bei Hamburg 1984

Huff, Hartmut: Das große Buch der Videospiele, München 1984

Hurth, Bruno: SYBEX Mailbox Führer, Düsseldorf/Berkeley/Paris 1985

Irmer, Theodor: Im Grunde eine Jahrhundertaufgabe (Interview), in Funkschau Nr. 21/1987, S. 29 f.

Jahrbücher der Deutschen Bundespost, Bad Windsheim 1977 - 1988

Kabelcom Wiesbaden GmbH (Hg.): Information Kabelfernsehen Wiesbaden, Wiesbaden o.J.

Kahl, Peter (Hg.): ISDN: Das künftige Fernmeldenetz der Deutschen Bundespost, Heidelberg 1985

Kanzow, Jürgen: Neue Kommunikationstechniken im Fernmeldesystem der Deutschen Bundespost, in Mestmäcker, Ernst-Joachim (Hg.): Kommunikation ohne Monopole, Baden-Baden 1980, S. 11 ff.

Kaske, Karlheinz: Technische und wirtschaftliche Entwicklungslinien der Informations- und Kommunikationstechnik in Europa, Japan und den USA, in Bundesverband der Deutschen Industrie e.V. (BDI) (Hg.): Telekommunikation — Technologische, ökonomische und ordnungspolitische Herausforderungen, Köln 1987, S. 23 ff.

Kepplinger, Hans Mathias: Massenkommunikation, Stuttgart 1982

Kersten, Ralf Th.: Einführung in die optische Nachrichtentechnik, Berlin/Heidelberg/NewYork 1983

Koszyk, Kurt; Pruys, Hugo: Handbuch der Massenkommunikation, Stuttgart 1982

Krüger, Friedrichwilhelm: Mit Telefon und Grafiktablett: Teleschreiben im Zeichenkanal, in Funkschau Nr. 4/1987

Kubicek, Herbert: Kabel im Haus — Satellit überm Dach, Reinbek bei Hamburg 1984

Kubicek, Herbert; Rolf, Arno: Mikropolis — Mit Computernetzen in die „Informationsgesellschaft", Hamburg 1985

Landeszentrale für politische Bildung Baden-Württemberg; Kohlhammer Verlag (Hg.): Die technologische Revolution und ihre Folgen, Stuttgart 1985

Langen, Bernhard u.a.: Datenübertragungskosten in Wählnetzen der Deutschen Bundespost, Heidelberg 1984

Lanzendorf, Peter: Neue Tele-Medien, Köln 1977

Lanzendorf, Peter: Medien von Morgen, München 1986

Large, Peter: Die Mikro-Revolution, Essen 1982

Lemme, Helmuth: Mit ISDN zum gläsernen Bürger?, in ELO – Magazin für Elektronik und Computer Nr. 9/1987, S. 84 ff.

Lerche, Peter: Das Fernmeldemonopol – öffentlich-rechtlich gesehen, in Mestmäcker, Ernst-Joachim (Hg.): Kommunikation ohne Monopole, Baden-Baden 1980, S. 139 ff.

Levitan, Arlan R.: Telecomputing Today: This Fido's No Dog, in COMPUTE! No. 8/1986, S. 105

Maunz/Dürig/Herzog/Scholz: Kommentar zum Grundgesetz der Bundesrepublik Deutschland, Loseblattsammlung, München 1978 ff.

May, Franz: Bildtelefon für 64 kBit/s: Weniger Daten – bessere Bilder, in Funkschau Nr. 10/1987, S. 42 ff.

Mestmäcker, Ernst-Joachim (Hg.): Kommunikation ohne Monopole, Baden-Baden 1980

Model, Otto; Creifelds, Carl: Staatsbürger-Taschenbuch, München 1979

Möller, Günther: Position des VDMA zur Neuordnung der Telekommunikation, in VDMA BIT Nachrichten Nr. 35, 1987, S. 1 f.

Monopolkommission: Sondergutachten Nr. 9, Die Rolle der Deutschen Bundespost im Fernmeldewesen, Baden-Baden 1981

Morris, Charles: Rede bei einer Fachtagung der Deutschen Postgewerkschaft am 03. u. 04.06.1987 in Bonn, in Gewerkschaftliche Praxis Nr. 4/1987, S.6 ff.

Moto-Oka, T.: Rechner der fünften Generation, in Umschau Nr. 3/1984, S. 82 ff.

Möve, J.: Standpunkte zur Telekommunikation, in Proinfo Nr. 8/1987, S. 1 f.

N.N.: Binäre Ära, in CHIP Nr. 8/1987, S. 28

N.N.: Boom bei Fax und Btx, in Funkschau Nr. 19/1987, S. 3

N.N.: Computer – Hitler auf dem Monitor in DER SPIEGEL Nr. 27/1987, S. 167 f.

N.N.: Desktop Publishing – Bessere Informationen besser präsentieren, in cogito – Zeitschrift für die Nutzung elektronischer Medien Nr. 3/1986, S. 20 ff.

N.N.: „Die Angst hackt mit" – Bekenntnisse eines Hackers, in CHIP Nr. 4/1989, S. 13

N.N.: „Die großen Systeme reizten Robert", in DER SPIEGEL Nr. 47/!1988, S. 252 ff.

N.N.: Die Zukunft der Halbleiter – Die Superchips, in CHIP Nr. 11/1984, S.350 ff.

N.N.: Einführungsstrategie für Bildtelefon, in kabelkom Nr. 11/12 1987, S. 20 f.

N.N.: Einstieg durch die Hintertür, in DER SPIEGEL Nr. 47/1988, S. 258 ff.

N.N.: Endgültig Schluß, in DER SPIEGEL Nr. 27/1987, S. 42/43

N.N.: „Er konnte an jedem Ort der Welt sitzen", in DER SPIEGEL Nr. 10/1989, S. 112 ff.

N.N.: Fernsehbilder bei niedrigen Übertragungsraten, in Physik unserer Zeit Nr. 2/1987, S. 12

N.N.: Festgenommen – Deutscher „Hacker" noch in Haft, in Wiesbadener Kurier vom 16.03.1988, S. 17

N.N.: Globales Dorf – Bericht: GeoNet, in DATA WELT Nr. 2/1988, S. 94 ff.

N.N.: Großbritannien – Ärger mit der privaten Telefongesellschaft, in DER SPIEGEL Nr. 40/1987, S. 186 f.

N.N.: Hacker im Schatten des KGB, in CHIP Nr. 5/1989, S. 14 ff.

N.N.: Interaktive Killerserien, in gp-magazin, Zeitschrift der IG Chemie-Papier-Keramik Nr. 4/1988, S. 35

N.N.: Klingende Chips – Sound Sampler im Vergleich, in ST-Computer Nr. 1/1988, S. 12 ff.

N.N.: Krieg im Kinderzimmer – Spielzeug zum „Mitkämpfen" beim Fernsehen, in Wiesbadener Tagblatt vom 13.02.1987

N.N.: Künstliche Intelligenz – Technologie-/Markttrends im Bereich der Wissensverarbeitung, in innotech – DV-Magazin Industrie Nr. 5/1987, S. 32 ff.

N.N.: Minitel – Erfolg unter der Gürtellinie, in Funkschau Nr. 20/1987, S. 29/30

N.N.: Nullen vor dem Komma, in DER SPIEGEL Nr. 28/1985, S. 161

N.N.: Per Video ans Ende der Welt, in Wiesbadener Kurier vom 24.02.1988, S. 8

N.N.: SFuRD, Funkrufdienst auf kommunaler Ebene, in Funkschau Nr. 7/1987, S. 39

N.N.: Schätzen gelernt – Expertensysteme auf dem Vormarsch, in CHIP Nr. 2/1985, S. 240 ff.

N.N.: Sicherheit am Handgelenk, in net special, Sondernummer März 1986, S. 22 ff.

N.N.: Sicherheit im Aufwind, in CHIP Nr. 5/1989, S. 18

N.N.: Telesoftware – Nicht nur Spiele!, in bildschirmtext magazin Nr. 11/1987, S. 14 ff.

N.N.: Videopiraten von Polizei dingfest gemacht, in Wiesbadener Kurier vom 20.03.1988, S. 15

Noll, Herbert: C-Netz: Start mit Schwächen, in Funkschau Nr. 9/1987, S. 36 ff.

Noelle-Neumann, Elisabeth; Schulz, Winfried: Publizistik, Frankfurt am Main 1971

Noelle-Neumann, Elisabeth: Die Schweigespirale, Frankfurt am Main/Wien/Berlin 1982

Nora, Simon; Mink Alain: Die Informatisierung der Gesellschaft, Frankfurt am Main/New York 1979

Oberpostdirektion Frankfurt am Main (Hg.): Leitfaden Telekommunikation Bd.1 – Fernmeldenetze und Dienste, Frankfurt am Main 1986

Papandreou, Konstantinos A.: Die Entwicklung neuer Telekommunikationsformen, Heidelberg 1984

Pitzner, Sissi: Erster terrestrischer TV-Sender gestartet, in Medien Bulletin Nr. 10/1986, S. 18

Plank, Ludwig: Grundgedanken zur Gestaltung zukünftiger Fernmeldenetze, Heidelberg 1983

Proebster, Walter E.: Datentechnik im Wandel — 75 Jahre IBM Deutschland, Berlin/Heidelberg/New York/Tokyo 1986

Raasch, Albert; Kühlwein, Wolfgang: Bildschirmtext, Tübingen 1984

Rada, Juan F.: Die Mikroelektronik und ihre Auswirkungen, Berlin 1984

Radke, Georg-Ludwig: ISDN — Pilotprojekte: Probelauf mit neuen Chips, in Funkschau Nr. 3/1987, S. 91

Radke, Georg-Ludwig: Gefahrenmeldung via ISDN: Alarm im D-Kanal, in Funkschau Nr. 7/1987, S. 48 ff.

Randell, Brian: The Origins of Digital Computers, Berlin/Heidelberg/New York 1982

Ratzke, Dietrich: Handbuch der Neuen Medien, Stuttgart 1984

RMI Nachrichtentechnik GmbH (Hg.): RMI Net Informations- und Mailboxsystem, Aachen 1986

Röhl, Bettina: Die elektronische Anmache, in TEMPO Nr. 3/1987, S. 116/117

Röhling, Claus R.: Die Schnittstelle des Menschen zu seiner Umwelt, Aachen 1982

Rombach, Heinrich (Hg.): Wörterbuch der Pädagogik (3Bde), Freiburg/Basel Wien 1977

Rosenbrock, Karl Heinz: ISDN — Eine folgerichtige Weiterentwicklung des digitalen Fernsprechnetzes, in Jahrbuch der Deutschen Bundespost 1984, Bonn 1984, S. 509 ff.

Rosenbrock, Karl Heinz: Die Dienste im ISDN: Schneller, klarer, vielseitiger, in Funkschau Nr. 13/1987, S. 40 ff.

Rosin, Matthias: Scanner und Schrifterkennung — Mit den Augen des Falken, in ST-Magazin, Sonderheft Nr. 23, 1988, S. 24 ff.

Runge, Wolfgang: Elektronisches Publizieren. Teil 1: Evolution statt Revolution, in cogito — Zeitschrift für die Nutzung elektronischer Medien Nr. 3/1986, S. 38 ff.

Ruprecht-Karls-Universität (Hg.): Die dritte industrielle Revolution, Heidelberg 1984

Sacht, Hans-Joachim: Mikroprozessoren, München 1978

Sand, Stephanie: Künstliche Intelligenz, München 1986

Schambeck, Herbert: Mit ISDN in die Informationsgesellschaft: Zauberwort Integration, in Funkschau Nr. 5/1987, S. 42 ff.

Schmidt, Günter: TEMEX – ein neuer Dienst, in Frankfurter Allgemeine Zeitung (Hg.): Technik-Computer-Kommunikation, Verlagsbeilage zur FAZ vom 20.10.1987, S. B4

Schmidt, Konrad: Weiterentwicklung der Text- und Datendienste, in Elias, Dietrich: Telekommunikation in der Bundesrepublik Deutschland 1982, Heidelberg/Hamburg 1982, S. 349 ff.

Schön, Helmut: Die Deutsche Bundespost auf ihrem Weg zum ISDN, in Zeitschrift für das Post- und Fernmeldewesen Nr. 6/1984, S. 2 ff.

Schön, Helmut: Gegenwart und Zukunft der Telekommunikation in der Bundesrepublik Deutschland, in Zeitschrift für das Post- und Fernmeldewesen Nr. 10/ 1985, S. 6 ff.

Schröter, Otto F.: ISDN – das Dienste-integrierende Fernsprechnetz: Baustein der Bürokommunikation, in bit (Büro- und Informationstechnik) Nr. 2/3 1987, S. 28 ff.

Schubert, Steffen: Online Datenbanken, Düsseldorf 1986

Schulte-Hillen, Jürgen: IuD – online-Datenbanknutzung in der Bundesrepublik Deutschland, München/NewYork/London/Paris 1984

Schulze, Hans-Herbert: Das rororo Computerlexikon, Reinbek bei Hamburg 1984

Schwarz-Schilling, Christian: Rede vor dem medienpolitischen Kongeß der CDU/CSU in Mainz am 27./28.02.1985, in Zeitschrift für das Post- und Fernmeldewesen Nr. 4/1985, S. 4 ff.

Schwarz-Schilling, Christian: Rede anläßlich der NTT-Symposiums am 20.05.1985 in Tokyo, in Presse- und Informationsamt der Bundesregierung (Hg.): Bulletin Nr.57 vom 22.05.1985, S. 486 ff.

Schwarz-Schilling, Christian: Moderne Kommunikationsdienste – eine Herausforderung für Wirtschaft und Staat (Festansprache), in Fachgemeinschaft Büro- und Informationstechnik im VDMA (Verband Deutscher Maschinen- und Anlagenbau e.V.) (Hg.): Moderne Kommunikationsdienste – eine Herausforderung für Wirtschaft und Staat, Frankfurt am Main 1987, S. 11 ff.

Schwuchow, Werner: Der Markt für Online-Dienste: Ein Milliarden-Dollar-Geschäft, in cogito – Zeitschrift für die Nutzung elektronischer Medien Nr. 1/1987, S. 28 ff.

Seesslen, Georg; Rost, Christian: PAC MAN&CO, Reinbek bei Hamburg 1984

Seetzen, Jürgen: Neue Nachrichtentechniken, in Landeszentrale für politische Bildung Baden-Württemberg/Kohlhammer Verlag (Hg.): Die technologische Revolution und ihre Folgen, Stuttgart 1985, S. 49 ff.

Siemens AG (Hg.): Herrn von Leibniz' Rechnung mit Null und Eins, Berlin/München 1979

Siemens, Jochen; Röhl, Bettina: Paris — und sie revoltiert doch, in TEMPO Nr. 1/1987, S. 24 ff.

Spindler, Wolfgang: Das Mailbox-Jahrbuch, Frankfurt am Main 1985

Sonntag, Philipp (Hg.): Die Zukunft der Informationsgesellschaft, Frankfurt am Main 1983

Stansell, John: Telekommunikation, München 1983

Stegmüller, Albert: Abweichende Stellungnahme, in Witte, Eberhart (Hg.): Neuordnung der Telekommunikation — Bericht der Regierungskommission Fernmeldewesen, Heidelberg 1987, S. 140 ff.

Steinbruch, Karl: Die informierte Gesellschaft, Stuttgart 1966

Steinbruch, Karl: Probleme der Informationsgesellschaft, in Ruprecht-Karls-Universität (Hg.): Die dritte industrielle Revolution, Heidelberg 1984, S. 9 ff.

Stockhausen, Wolfgang: Duftende Marken, in esquire Nr. 3/1988, S. 38

Straube, Gerhard: Der Fetisch Wettbewerb, in Gewerkschaftliche Praxis Nr. 4/1987, S. 9 ff.

Tatchell, Judy; Bennet, Bill: Mikrocomputer — Wie sie funktionieren — Was sie können, Ravensburg 1984

Telekommunikationsordnung TKO, in Amtsblatt des Bundesministers für das Post- und Fernmeldewesen Nr. 91, Bonn 13.18.1987, S. 1393 ff.

Thomas, Franz: Ohne den Segen der Post — Hayes-kompatible Modems im Test, in c't — magazin für computer und technik Nr. 2/1988, S. 58 ff.

Tippmann, Michael: Telekommunikation, in Leistung und Lohn Nr. 166/7/8 1985

Toffler, Alvin: Die dritte Welle — Zukunftschance, München 1980

tre/pky: Btx-NET, kostengünstige Mailbox-Vernetzung mit Btx, in

ST-Vision — Das Atari Magazin von Usern für User Nr. 4/1988, S. 30

Treue, Wilhelm: Technik und Geschichte — Grundlagen und Perspektiven des elektronischen Zeitalters, in Ruprecht-Karls-Universität (Hg.): Die dritte industrielle Revolution, Heidelberg 1984, S. 22 ff.

Tuffin, Allen: Rede vom 04.10.1986 in Köln anläßlich einer von der Deutschen Postgewerkschaft organisierten Demonstration, in Deutscher Gewerkschaftsbund (DGB) (Hg.): Bundespost in Gefahr: Die Privatisierungspläne und ihre Hintergründe, Düsseldorf 1986, S. 13 f.

Uber, Thomas: Btx international — Hallo Nachbarn, in bildschirmtext magazin Nr. 12/1987, S. 36/37

Ulbricht, H.W.: Gestütztes Fach-Werk, in cogito — Zeitschrift für die Nutzung elektronischer Medien Nr. 2/1982, S. 2 f.

Vallee, Jacques: Computernetze, Reinbek bei Hamburg 1984

van Haaren, Kurt: Sichert die Post — rettet das Fernmeldewesen, in Gewerkschaftliche Monatshefte Nr. 11/1986, S. 678 ff.

van Haaren, Kurt: Pro Bürgerpost — Contra Profit, in Deutsche Post Nr. 11/1987, S. 6 f.

Vorndran, Edgar P.: Entwicklungsgeschichte des Computers, Berlin und Offenbach 1982

Watzlawik, P.; Bearin, J.H.; Jackson, D.D.: Menschliche Kommunikation, Bern 1969

Weber, Hans Jürgen: Colorisation verletzt die Rechte der Gestalter, in Film & TV-Kameramann Nr. 3/1987, S. 4/5

Weiher, Siegfried: Tagebuch der Nachrichtentechnik, Berlin 1980

Weizenbaum, Joseph: Die Macht der Computer und die Ohnmacht der Vernunft, Frankfurt am Main 1977

v. Weizsäcker, Carl-Christian: Wirtschaftspolitische Begründung und Abgrenzung des Fernmeldemonopols, in Mestmäcker, Ernst-Joachim (Hg.): Kommunikation ohne Monopole, Baden-Baden 1980, S. 127 ff.

Wersig, Gernot (Hg.): Informatisierung und Gesellschaft, München/New York/London/Paris 1983

Wersig, Gernot: Informatisierung und kommunikative Revolution, in ders. (Hg.): Informatisierung und Gesellschaft, München/New York/London/Paris 1983, S.10 ff.

Wiechert, Eckhart: Das Recht des Fernmeldewesens in der Bundesrepublik Deutschland, in Jahrbuch der Deutschen Bundespost 1986, Bad Windsheim 1986, S. 119 ff.

Winkler, Dieter: Computer integrated Manufacturing: CIM-Salabim, in Funkschau Nr. 4/1987 S. 91 ff.

Witte, Eberhart (Hg.): Neuordnung der Telekommunikation — Bericht der Regierungskommission Fernmeldewesen, Heidelberg 1987

Wurr, Peter R.: Die Integration der Wissensverarbeitung erfordert Portabilität und Kommunikationsfähigkeit, in innotech — DV-Magazin Industrie Nr. 5/1987, S. 26 ff.

Yakal, Kathy: Habitat — A look at the future of online games, in COMPUTE! No. 10/1986, S. 32 ff.

Zumbach, Uwe: Goldgrube oder Faß ohne Boden — Teleshopping will hierzulande Fuß fassen, in Medien Bulletin Nr. 12/1986, S. 6 f.

Zuse, Konrad: Der Computer — Mein Lebenswerk, Berlin/Heidelberg/New York/Tokyo 1984

Zwischenbericht der Enquete-Kommission „Neue Informations- und Kommunikationstechniken" des Deutschen Bundestages, Drucksache 9/2442 des Deutschen Bundestages, Bonn 1983

Stichwortverzeichnis